水木食集
——清华大学食堂基本伙标准化食谱

魏　强　主编

清华大学出版社
北　京

内 容 简 介

本书是清华饮食人传承创新成果的浓缩和对未来的探索。在全面梳理学校半个多世纪流传下来的基本伙主副食和风味小吃品种的基础上，深入挖掘、筛选、研制和收录了 666 道菜肴，旨在将团餐菜肴制作升级为定量标准操作，并把营养健康意识融入其中，引导师生员工合理膳食，健康生活。本书对于高校食堂基本伙标准化研究工作和健康校园建设有一定的借鉴意义。

图书在版编目(CIP)数据

水木食集：清华大学食堂基本伙标准化食谱 / 魏强主编 . —北京：清华大学出版社，2021.12（2022.12重印）
ISBN 978-7-302-59522-9

Ⅰ.①水…　Ⅱ.①魏…　Ⅲ.①清华大学—食谱　Ⅳ.① TS972.166

中国版本图书馆 CIP 数据核字 (2021) 第 230606 号

责任编辑：杨爱臣
装帧设计：方加青
责任校对：王凤芝
责任印制：杨　艳

出版发行：清华大学出版社
网　　　址：http://www.tup.com.cn，http://www.wqbook.com
地　　　址：北京清华大学学研大厦 A 座　　　　邮　　编：100084
社 总 机：010-83470000　　　　　　　　　　邮　　购：010-62786544
投稿与读者服务：010-62776969，c-service@tup.tsinghua.edu.cn
质 量 反 馈：010-62772015，zhiliang@tup.tsinghua.edu.cn
印 装 者：小森印刷（北京）有限公司
经　　销：全国新华书店
开　　本：210mm×285mm　　印　　张：43.75　　字　　数：924 千字
版　　次：2021 年 12 月第 1 版　　印　　次：2022 年 12 月第 2 次印刷
定　　价：298.00 元

产品编号：095178-01

编委会成员

名誉顾问：吉俊民

基本伙标准化建设委员会

主　　任：魏　强

副 主 任：刘广东　李　伟

委　　员：吴　波　张来财　朱娉婷　芦永生

　　　　　邹志权　吴艳敏　王　强　朱昱漩

　　　　　黄韵仪

主　　编：魏　强

执行主编：李　伟

食谱推荐：吴　波　张　奇　段　凯　于长海　王　强

　　　　　朱昱漩　张其凤　黄天祥　王天遵　贾冬斌

　　　　　吕志强　荣超跃　郭启泉　刘学强　边福乐

　　　　　肖云峰　杨华利

技术总监：刘广东

执行总监：吴　波

食品质量控制专家：

副食：张　奇（组长）　吕志强　于长海　段　凯

主食：张来财（组长）　荣超跃　郭启泉

食品（烹制）制作：吉程辉　刘东荣　梁成宝　赵春梅

　　　　　　　　　张秀龙　杨振琳　李居磐　朱长江

烹饪顾问：高炳义　刘　强　刘建民（特邀）

　　　　　王志强（特邀）　李比渊　王东文　黎正开

　　　　　高云英　王春京　俞世清　刘昆生　杨贵宝

　　　　　芦　峰　刘维山　邢振秀　池晓政　吴　鹏

　　　　　薛战杰

营养分析师：黄韵仪

序

　　历经 14 个月，浓缩了清华饮食人传承创新成果的《水木食集——清华大学食堂基本伙标准化食谱》，终于在中国共产党成立 100 周年、清华建校 110 周年之际出版，为这喜庆之年增添了一抹"食在清华"的美味色彩。

　　基本伙是师生日常保障性团餐伙食，也称为"大伙"，是学校公益性办伙和教育后勤属性的重要体现。1993 年清华大学饮食服务中心由膳食处转制成立。中心坚持以师生满意、学校满意和职工满意为工作目标，秉承正确办伙方向，不断创新体制机制，形成了独特的校园饮食文化，学校伙食已成为办学软实力之一，寄托着一代又一代清华人舌尖上的记忆。

　　近年来，随着我国人民生活水平不断提高，师生对美好校园生活的期盼日益增长，对饮食的口味、健康、营养、安全、便捷等也有了越来越多的要求。如何持续提升"食在清华"的餐饮品质？这是清华饮食人面临的新考验。"开拓创新"是应对新考验的有效途径。我校饮食服务中心在开展标准化食堂建设的过程中，把推进基本伙标准化作为其中一项重要工作，其目的是将团餐菜肴制作过程中的经验化、定性化升级为可定量的操作，从"少许"精细到"克"，明确各食堂菜肴出品的质量标准，确保学校基本伙菜肴在色、香、味、形、营养搭配等方面的质量稳定。为此，饮食服务中心专门开辟场所，集中干部职工力量，全面梳理了学校食堂基本伙菜肴总计2000余道，深入挖掘和整理学校半个多世纪流传下来的基本伙主副食品种和风味小吃，认真听取师生员工意见与建议后，共筛选出666道菜肴，历经命名、实验、制作、品鉴、分析等环节，反复修改，终于奉献出了这本食谱。

特别值得一提的是，为促进我校健康校园建设，倡导师生员工健康饮食，食谱中除了图文并茂地介绍菜肴主料、调料及加工过程，还特别附上每道菜肴的主要营养成分含量，把营养健康意识融入其中，以帮助和指导师生员工合理搭配饮食，助力师生员工实现"为祖国健康工作五十年"目标！

到目前为止，团餐行业尚未有国家层面的行业生产和产品标准。编撰"基本伙标准化食谱"是推动基本伙向标准化转变而进行的一次有益探寻。我相信，这本《水木食集——清华大学食堂基本伙标准化食谱》能够成为一本"经典"的教科书，为我校食堂基本伙标准化建设打下良好基础，为提升学校饮食队伍的烹饪专业技能水平提供重要帮助。我也希望本书能为高校同行提供有益借鉴，为高校伙食事业健康发展开拓新的思路，更希望本书可以普惠社会餐饮行业和广大烹饪爱好者，让更多的人分享"食在清华"的味道。

这本食谱可能并不完美，666道菜肴也只是学校食堂基本伙众多菜品中的一部分，但它代表了我校饮食服务中心过去的经验、现在的努力和对未来的探索。这里有"食在清华"的精华，蕴含着"家的情怀"，是清华饮食人热爱清华、爱岗敬业的集中体现，诠释了清华饮食人"创造一流伙食，践行服务育人"的理念。

借此，我也代表学校向所有参加食谱策划、组织、制作、编撰的中国烹饪协会名厨委员会专家、大师及我校饮食服务中心干部职工表示衷心感谢！

希望每一位正在阅读这本书的你，与我一样喜爱它！

2021年7月1日于清华大学

目录 🍳

上篇
基本伙副食篇 *384*道

一 热菜篇

❶ 蔬菜类

❷ 家畜类

❸ 家禽类

二 凉菜篇

中篇
基本伙主食篇 *203*道

五 煎制篇

六 烙制篇

七 煮制篇

下篇
风味特色篇 79 道

上篇
基本伙副食篇

热菜篇

清华传统烧茄子

原料

圆茄子 5000g、西红柿 500g、青椒 500g

调料

植物油 150g、清水 850g、水淀粉（淀粉 70g、水 80g）、八角 5g、蒜蓉 50g

A 料：葱花 50g、姜片 50g、蒜蓉 50g

B 料：盐 50g、绵白糖 240g、醋 55g、酱油 50g、老抽 55g、料酒 30g

成熟技法 烧

成品特点 口感软嫩 咸鲜微甜

烹制份数 20 份

营养分析

名称	每 100 g
能量	57 kcal
蛋白质	1 g
脂肪	2.5 g
碳水化合物	8.1 g
膳食纤维	1.2 g
钠	352.6 mg

烹制流程

1. 西红柿切块，青椒切三角块备用。

2. 茄子切滚刀块，入六成热油中炸至八成熟，青椒过油备用。

3. 锅留底油，下入八角炸香后捞出，下入 A 料炒香。

4. 加入西红柿煸炒，放 B 料调味，倒入清水，加入茄子小火烧至成熟。

5. 加入青椒，水淀粉勾芡，撒蒜蓉出锅装盘。

清华传统烧茄子

白菜炖粉丝

原料

白菜 4000g、泡发粉丝 500g

调料

植物油 150g、清汤 3500g、料油 50g、香葱 5g

A 料：葱 50g、姜 30g

B 料：盐 60g、胡椒粉 6g、鸡精 20g

成熟技法　炖

成品特点　汤鲜味美

烹制份数　20 份

营养分析

名称	每 100 g
能量	69 kcal
蛋白质	1.4 g
脂肪	4.4 g
碳水化合物	6.4 g
膳食纤维	0.8 g
钠	554.2 mg

烹制流程

1. 白菜切条备用。

2. 锅留底油，下入 A 料炒香后加白菜翻炒。

3. 倒入清汤大火烧开，放 B 料调味，小火慢炖。

4. 下粉丝炖至成熟，淋料油，葱花点缀出锅装盘。

子菇白菜粉丝

原料

白菜茎 3000g、滑子菇 1000g、泡发粉丝 1250g

调料

清汤 180g、植物油 150g、料油 50g、水淀粉（淀粉 30g、水 50g）

A 料：葱花 50g、姜片 30g

B 料：盐 30g、老抽 8g、味精 25g、胡椒粉 6g、酱油 70g

成熟技法 炒

成品特点 白菜脆爽　滑子菇嫩滑　口味咸鲜

烹制份数 20 份

营养分析

名称	每 100 g
能量	77 kcal
蛋白质	1.3 g
脂肪	3.7 g
碳水化合物	9.8 g
膳食纤维	0.6 g
钠	338.3 mg

烹制流程

1. 白菜切条，与滑子菇、粉丝分别焯水断生。

2. 锅留底油，下入 A 料炒香。

3. 加入白菜、滑子菇翻炒，加入 B 料、清汤，大火翻炒。

4. 放入粉丝，翻炒均匀，淋料油出锅装盘。

包菜粉丝

原料

包菜 4000g、泡发粉丝 1000g

调料

植物油 150g、花椒 5g、蒜末 40g

A 料：料油 50g、老抽 20g

B 料：葱花 50g、姜片 40g

C 料：酱油 150g、老抽 20g、盐 30g、
味精 25g、胡椒粉 6g

成熟技法　炒

成品特点　口味咸鲜　色泽分明

烹制份数　20 份

营养分析

名称	每 100 g
能量	78 kcal
蛋白质	1.3 g
脂肪	3.9 g
碳水化合物	9.9 g
膳食纤维	0.8 g
钠	401 mg

烹制流程

1. 包菜切丝备用。

2. 粉丝焯水，捞出过凉，加 A 料拌匀备用。

3. 锅留底油，下入花椒炸香后捞出，下 B 料炒香，倒入包菜大火翻炒成熟。

4. 加 C 料调味，加粉丝，翻炒均匀，撒蒜末出锅装盘。

豉油蒜香茄

原料

长茄子 4000g、蒜蓉 250g、红椒粒 50g、香葱末 15g

调料

植物油 250g、蒸鱼豉油 250g

成熟技法 蒸

成品特点 口感软嫩 蒜香味浓

烹制份数 20 份

营养分析

名称	每 100 g
能量	80 kcal
蛋白质	1.6 g
脂肪	5.4 g
碳水化合物	6.8 g
膳食纤维	1.2 g
钠	385.7 mg

烹制流程

1. 茄子去皮切粗条备用。

2. 茄子码入盘中，上锅蒸熟。

3. 撒上蒜末、红椒粒、香葱末，淋蒸鱼豉油，浇热油即可。

豉油蒜香茄

醋熘白菜

原料

白菜 5000g

调料

清汤 180g、植物油 150g、水淀粉（淀粉 80g、水 120g）

A 料：葱花 50g、姜片 30g、蒜片 40g、八角 3g

B 料：盐 20g、绵白糖 20g、酱油 150g、老抽 35g、胡椒粉 8g、醋 100g

C 料：醋 80g、料油 50g

成熟技法　熘

成品特点　口味咸鲜　酸爽开胃

烹制份数　20 份

营养分析

名称	每 100 g
能量	55 kcal
蛋白质	1.6 g
脂肪	3.9 g
碳水化合物	3.8 g
膳食纤维	0.9 g
钠	370.4 mg

烹制流程

1. 白菜切片，焯水断生备用。

2. 锅留底油，下入 A 料炒香后倒入白菜翻炒，加入清汤。

3. 放 B 料调味，翻炒均匀，勾芡后淋 C 料出锅装盘。

醋熘白菜

醋烹豆芽

原料

绿豆芽 5000g

调料

植物油 200g

A 料：葱花 50g、姜片 40g、干辣椒 5g

B 料：醋 150g、盐 70g、绵白糖 20g、胡椒粉 6g

C 料：料油 25g、花椒油 25g

成熟技法 烹炒

成品特点 口感脆嫩 酸爽开胃

烹制份数 20 份

营养分析

名称	每 100 g
能量	59 kcal
蛋白质	1.6 g
脂肪	4.8 g
碳水化合物	2.8 g
膳食纤维	1.1 g
钠	539.9 mg

烹制流程

1. 豆芽焯水断生备用。

2. 锅留底油，下入 A 料炒香。

3. 倒入豆芽大火翻炒，加入 B 料调味，翻炒均匀，淋上 C 料出锅装盘。

醋烹豆芽

醋烹土豆丝

原料

土豆 6600g

调料

植物油 100g、花椒油 50g

A 料：葱丝 60g、姜丝 35g

B 料：盐 55g、绵白糖 20g、醋 180g

成熟技法　烹炒

成品特点　爽　脆　酸　香

烹制份数　20 份

营养分析

名称	每 100 g
能量	99 kcal
蛋白质	2.5 g
脂肪	2.4 g
碳水化合物	16.9 g
膳食纤维	1.1 g
钠	322.7 mg

烹制流程

1. 土豆切丝，锅内加水烧开，土豆丝焯水断生，控水备用。

2. 锅留底油，加入 A 料炒出香味，倒入土豆丝，旺火快速翻炒。

3. 加入 B 料，翻炒均匀，淋花椒油出锅装盘。

醋烹土豆丝

氽萝卜丝

原料

白萝卜 5000g

调料

清汤 3500g、植物油 150g

A 料：葱花 50g、姜片 30g

B 料：盐 60g、味精 15g、鸡精 20g、胡椒粉 6g

C 料：料油 40g、香油 5g、香菜 5g

成熟技法 氽

成品特点 口味咸鲜 汤鲜味美

烹制份数 20 份

营养分析

名称	每 100 g
能量	49 kcal
蛋白质	0.7 g
脂肪	3.8 g
碳水化合物	3.8 g
膳食纤维	1 g
钠	500.9 mg

烹制流程

1. 白萝卜切丝后焯水断生备用。

2. 锅留底油，下入 A 料炒香。

3. 倒入白萝卜丝翻炒，加入清汤，大火烧开。

4. 放 B 料调味，小火氽制，放 C 料出锅装盘。

地三鲜

原料

茄子 2500g、土豆 1500g、青椒 600g

调料

植物油 150g、水淀粉（淀粉 75g、水 75g）、清汤 1800g、蒜末 50g

A 料：葱花 50g、姜片 25g

B 料：酱油 150g、料酒 80g、盐 30g、绵白糖 50g、鸡精 25g、老抽 80g

C 料：干淀粉 200g、水 200g

成熟技法　烧

成品特点　口味咸鲜　汁芡饱满

烹制份数　20 份

营养分析

名称	每 100 g
能量	71 kcal
蛋白质	1.6 g
脂肪	3.3 g
碳水化合物	9.6 g
膳食纤维	1.1 g
钠	415.5 mg

烹制流程

1. 土豆切橘瓣块，茄子切滚刀块，青椒掰块备用。

2. 油烧至六成热，倒入土豆块炸透呈现黄色后捞出控油备用。

3. 茄子加入 C 料拌匀，入六成热油炸透至外酥里嫩捞出控油备用。

4. 青椒块入六成热油中滑熟备用。

5. 起锅放入底油，倒入 A 料爆出香味，加入清汤，放 B 料烧开。

6. 勾芡后倒入土豆、茄子、青椒块、蒜末，翻炒均匀出锅装盘。

剁椒蒜香茄

原料

茄子 4000g

调料

植物油 100g、香葱末 20g

A 料：红线椒碎 350g、小米辣碎 20g、
　　　葱末 50g、姜末 50g、蒜末 50g、
　　　植物油 500g

B 料：鸡精 25g、蚝油 50g、酱油 50g、
　　　蒸鱼豉油 40g、绵白糖 20g

成熟技法　蒸

成品特点　色泽鲜艳　香辣开胃

烹制份数　20 份

营养分析

名称	每 100 g
能量	132 kcal
蛋白质	1.3 g
脂肪	11.9 g
碳水化合物	6 g
膳食纤维	1.9 g
钠	156.1 mg

烹制流程

1. 锅留底油，加入 A 料炒香，加入 B 料调味，制成剁椒酱备用。

2. 茄子去皮切条后码入盘中，淋上剁椒酱。

3. 上锅蒸至成熟，撒香葱末，淋热油即可。

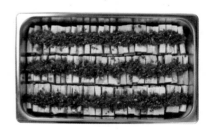

剁椒蒜香茄

剁椒娃娃菜

原料

娃娃菜 5500g、香葱末 50g

调料

植物油 100g、盐 70g（焯水）

A 料：红线椒碎 350g、小米辣碎 20g、
　　　葱末 50g、姜末 50g、蒜末 50g、
　　　植物油 500g

B 料：鸡精 25g、蚝油 50g、生抽 50g、
　　　蒸鱼豉油 40g、绵白糖 20g

成熟技法　蒸

成品特点　色泽鲜艳　香辣开胃

烹制份数　20 份

营养分析

名称	每 100 g
能量	99 kcal
蛋白质	1.9 g
脂肪	9.2 g
碳水化合物	3.7 g
膳食纤维	2.5 g
钠	132.7 mg

烹制流程

1. 锅留底油，加入 A 料炒香，加入 B 料调味，制成剁椒酱备用。

2. 娃娃菜加盐焯水，捞出码入盘中，淋上剁椒酱。

3. 上锅蒸至成熟，撒葱末，淋热油即可。

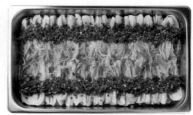

剁椒娃娃菜

番茄菜花

原料

有机菜花 3500g、西红柿 1000g

调料

清汤 500g、植物油 150g、料油 50g、水淀粉（淀粉 50g、水 90g）

A 料：葱花 50g、姜片 30g、蒜片 40g

B 料：盐 60g、鸡精 30g、胡椒粉 6g、绵白糖 30g

成熟技法　炒

成品特点　口味咸鲜　色泽鲜明

烹制份数　20 份

营养分析

名称	每 100 g
能量	58 kcal
蛋白质	1.5 g
脂肪	4.4 g
碳水化合物	4.3 g
膳食纤维	1.7 g
钠	523.5 mg

烹制流程

1. 西红柿切滚刀块备用。

2. 菜花切块，焯水断生备用。

3. 锅留底油，加入 A 料炒香，下西红柿煸炒，加入菜花翻炒。

4. 倒入清汤，放 B 料调味，大火翻炒均匀，勾芡后淋料油出锅装盘。

蚝油生菜

原料

球生菜 5000g

调料

清汤 200g、水淀粉（淀粉 110g、水 150g）、植物油 100g、盐 140g（焯水）

A 料：葱花 50g、姜片 20g

B 料：蚝油 300g、酱油 80g、老抽 20g、盐 20g、绵白糖 40g、胡椒粉 6g

C 料：料油 50g、蒜末 50g

成熟技法　扒

成品特点　口味咸鲜　口感脆嫩

烹制份数　20 份

营养分析

名称	每 100 g
能量	45 kcal
蛋白质	1.6 g
脂肪	3.1 g
碳水化合物	3 g
膳食纤维	1 g
钠	441.1 mg

烹制流程

1. 球生菜撕成块状备用。

2. 锅内加水烧开，加盐调味，生菜焯水垫入盘底。

3. 锅留底油，下入 A 料炒香，倒入清汤。

4. 大火烧开，放 B 料调味，水淀粉勾芡，加入 C 料后浇在生菜上即可。

荷塘小炒

原料

莲藕 2000g、油菜茎 1300g、胡萝卜 700g、木耳 500g

调料

植物油 100g、葱油 50g、水淀粉（淀粉 50g、水 90g）、清汤 750g

A 料：葱花 50g、姜片 30g、蒜片 40g

B 料：盐 60g、绵白糖 20g、味精 25g

成熟技法 炒

成品特点 色泽分明 清香爽口

烹制份数 20 份

营养分析

名称	每 100 g
能量	62 kcal
蛋白质	1.2 g
脂肪	3.5 g
碳水化合物	7.7 g
膳食纤维	2 g
钠	552.4 mg

烹制流程

1. 莲藕切片，油菜茎切块，胡萝卜切片，木耳撕成块状后，焯水断生备用。

2. 锅留底油，下入 A 料炒香，下入莲藕、油菜、胡萝卜、木耳翻炒。

3. 加入清汤，放 B 料调味，翻炒均匀，勾芡后淋葱油出锅装盘。

荷塘小炒

滑熘冬瓜片

原料

冬瓜 4000g、水发木耳 500g、青椒 500g

调料

植物油 150g、清汤 750g、水淀粉（淀粉 70g、水 100g）

A 料：葱花 50g、姜片 20g、蒜片 30g

B 料：盐 50g、绵白糖 20g、鸡精 30g、胡椒粉 6g

C 料：葱油 40g、香油 10g

成熟技法　熘

成品特点　口味咸鲜　口感软嫩

烹制份数　20 份

营养分析

名称	每 100 g
能量	48 kcal
蛋白质	0.5 g
脂肪	4 g
碳水化合物	3.1 g
膳食纤维	0.9 g
钠	376.5 mg

烹制流程

1. 冬瓜去皮切片，木耳撕成块状，青椒切三角块后，分别焯水断生备用。

2. 锅留底油，下入 A 料炒香，倒入清汤，放 B 料调味。

3. 放入原料翻炒均匀，勾芡，淋 C 料出锅装盘。

滑熘冬瓜片

滑熘双菇

原料

鲜杏鲍菇 4500g、滑子菇 1000g、红彩椒 300g、青椒 400g

调料

清汤 1500g、植物油 50g、水淀粉（淀粉 60g、水 90g）

A 料：葱花 50g、姜片 30g、蒜片 30g

B 料：盐 30g、鸡精 30g、绵白糖 20g、胡椒粉 5g、酱油 100g、老抽 15g

C 料：葱油 25g、香油 5g

成熟技法　熘

成品特点　口味咸鲜　口感嫩滑

烹制份数　20 份

营养分析

名称	每 100 g
能量	43 kcal
蛋白质	1.3 g
脂肪	1.3 g
碳水化合物	7.1 g
膳食纤维	1.7 g
钠	288.8 mg

烹制流程

1. 滑子菇焯水断生备用。

2. 杏鲍菇切菱形片下热油中，炸至表面微黄捞出控油，青红彩椒切菱形片过油备用。

3. 锅留底油，下入 A 料炒香，倒入清汤，放 B 料调味。

4. 大火烧开，加入原料翻炒均匀，水淀粉勾芡，淋 C 料出锅装盘。

滑熘鲜蘑

原料

平菇 4500g、小油菜 1000g、水发木耳 500g

调料

清汤 1000g、植物油 100g、水淀粉（淀粉 60g、水 100g）

A 料：葱花 50g、姜片 30g、蒜片 30g

B 料：盐 50g、味精 30g、绵白糖 20g、胡椒粉 5g

C 料：葱油 40g、香油 10g

成熟技法　熘

成品特点　口味咸鲜　鲜香爽口

烹制份数　20 份

营养分析

名称	每 100 g
能量	44 kcal
蛋白质	1.7 g
脂肪	2.7 g
碳水化合物	4.4 g
膳食纤维	2 g
钠	328.2 mg

烹制流程

1. 平菇撕成块状，小油菜去叶切块，与木耳分别焯水断生备用。

2. 锅留底油，炒香 A 料，下入平菇和木耳，大火翻炒。

3. 加入清汤，放 B 料调味，小火熘制。

4. 下入小油菜，水淀粉勾芡，淋 C 料出锅装盘。

滑子菇熘瓜片

原料

滑子菇 2000g、黄瓜 1500g、水发木耳 1300g

调料

清汤 1000g、植物油 100g、水淀粉（淀粉 50g、水 90g）

A 料：葱花 50g、姜片 20g、蒜片 30g

B 料：盐 60g、鸡精 30g、绵白糖 20g、胡椒粉 5g

C 料：葱油 40g、香油 10g

成熟技法 熘

成品特点 口味咸鲜 口感滑嫩

烹制份数 20 份

营养分析

名称	每 100 g
能量	46 kcal
蛋白质	1.1 g
脂肪	3.1 g
碳水化合物	3.5 g
膳食纤维	0.8 g
钠	505.4 mg

烹制流程

1. 黄瓜去皮切菱形片，木耳撕成块状，与滑子菇焯水断生备用。

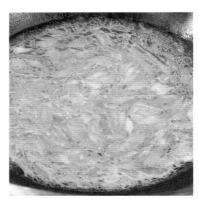

2. 锅留底油，下入 A 料炒香，加入清汤，放 B 料调味。

3. 倒入原料翻炒均匀，勾芡，淋 C 料出锅装盘。

滑子菇熘瓜片

黄豆芽炒粉条

原料

黄豆芽 4000g、泡发粉条 1000g

调料

植物油 150g、料油 50g、老抽 20g

A 料：葱花 50g、姜片 30g、蒜片 40g、
干辣椒 5g

B 料：盐 35g、绵白糖 20g、味精 30g、
料酒 60g、酱油 100g、老抽 20g、
胡椒粉 6g

成熟技法 炒

成品特点 豆芽脆爽　粉条滑嫩

烹制份数 20 份

营养分析

名称	每 100 g
能量	103 kcal
蛋白质	3.5 g
脂肪	4.9 g
碳水化合物	11.8 g
膳食纤维	1.2 g
钠	371.1 mg

烹制流程

1. 豆芽焯水断生备用，粉条加老抽拌匀备用。

2. 锅留底油，下入 A 料炒香，倒入豆芽，放 B 料调味。

3. 倒入粉条，大火翻炒均匀，淋料油出锅装盘。

黄豆芽炒粉条

鸡汁腌笋

原料

腌冬笋 3500g、香芹 1000g、红椒 500g

调料

植物油 350g

A 料：葱丝 50g、姜丝 50g

B 料：盐 25g、鸡精 20g、胡椒粉 6g、
绵白糖 10g

C 料：清汤 4000g、盐 20g、胡椒粉 5g

D 料：料油 40g、香油 10g

成熟技法　炒

成品特点　口味咸鲜　口感脆爽

烹制份数　20 份

营养分析

名称	每 100 g
能量	100 kcal
蛋白质	3 g
脂肪	7.5 g
碳水化合物	5.8 g
膳食纤维	1 g
钠	354.7 mg

烹制流程

1. 香芹切段，红椒切条备用。

2. 腌笋焯水断生备用。

3. 锅内加入 C 料、腌笋，小火煨至
八成熟后捞出。

4. 锅留底油，下入腌笋煸炒备用。

5. 锅留底油，下入 A 料炒香，加入
芹菜煸炒。

6. 倒入腌笋、红椒，放 B 料调味，
大火翻炒均匀，淋 D 料出锅装盘。

尖椒土豆丝

原料

土豆 4500g、青尖椒 1000g

调料

植物油 150g

A 料：葱丝 50g、姜丝 30g

B 料：盐 55g、绵白糖 10g、味精 25g、
　　　胡椒粉 6g

C 料：花椒油 20g、料油 30g

成熟技法　炒

成品特点　口味咸鲜　椒香味浓

烹制份数　20 份

营养分析

名称	每 100 g
能量	99 kcal
蛋白质	2.2 g
脂肪	3.7 g
碳水化合物	15 g
膳食纤维	1.2 g
钠	381.2 mg

烹制流程

1. 青尖椒、土豆切丝备用。

2. 土豆丝焯水断生备用。

3. 锅留底油，炒香 A 料，下入青尖椒煸炒。

4. 倒入土豆丝，放 B 料调味，大火翻炒均匀，淋 C 料出锅装盘。

豇豆茄子

原料

豇豆 3500g、茄子 1500g

调料

植物油 100g、葱油 50g

A 料：水 80g、淀粉 120g

B 料：葱花 60g、姜片 30g、蒜蓉 60g、
　　　干辣椒 10g

C 料：盐 40g、酱油 60g、绵白糖 25g、
　　　鸡精 15g、胡椒粉 5g、老抽 10g

成熟技法　炸、炒

成品特点　口味咸鲜　质地软嫩

烹制份数　20 份

营养分析

名称	每 100 g
能量	56 kcal
蛋白质	1.9 g
脂肪	3.1 g
碳水化合物	6.8 g
膳食纤维	3.2 g
钠	371.7 mg

烹制流程

1. 茄子切三角条，加 A 料搅拌均匀，入六成热油中炸至金黄备用。

2. 豇豆切段，入六成热油炸至表面起泡。

3. 锅留底油，下入 B 料炒香，倒入茄子、豇豆，放 C 料调味，翻炒均匀，淋葱油出锅装盘。

豇豆茄子

韭香豆芽

原料

绿豆芽 5000g、韭菜 1000g

调料

植物油 200g、料油 50g

A 料：葱花 50g、姜片 30g

B 料：盐 60g、味精 25g、绵白糖 10g、
　　　胡椒粉 7g

成熟技法　炒

成品特点　口味咸鲜　口感爽脆

烹制份数　20 份

营养分析

名称	每 100 g
能量	53 kcal
蛋白质	1.7 g
脂肪	4.1 g
碳水化合物	2.9 g
膳食纤维	1.2 g
钠	394.9 mg

烹制流程

1. 韭菜切段备用，豆芽焯水断生备用。

2. 锅留底油，炒香 A 料，下入韭菜炒至五成熟。

3. 加入豆芽，放 B 料调味，翻炒均匀，淋料油出锅装盘。

韭香豆芽

米酒老南瓜

原料

南瓜 5000g、醪糟 300g、泡水枸杞 50g

调料

清水 1500g、 水淀粉（淀粉 60g、水 70g）

A 料：盐 15g、绵白糖 120g

成熟技法 蒸

成品特点 口味微甜 酒香浓郁

烹制份数 20 份

营养分析

名称	每 100 g
能量	38 kcal
蛋白质	0.9 g
脂肪	0.1 g
碳水化合物	8.8 g
膳食纤维	0.9 g
钠	111.6 mg

烹制流程

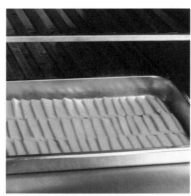

1. 南瓜切长方片摆入盘中，上锅蒸熟后取出。

2. 锅内倒入清水，加入醪糟稀释后放入枸杞。

3. 放 A 料调味，大火烧开，水淀粉勾芡，浇在南瓜上即可。

米酒老南瓜

南瓜炒山药

原料

南瓜 3000g、山药 1500g、水发木耳 500g

调料

植物油 150g、清汤 800g、水淀粉（淀粉 50g、水 90g）

A 料：葱花 50g、姜片 25g

B 料：盐 60g、绵白糖 10g、鸡精 30g、胡椒粉 6g

C 料：香油 10g、葱油 40g

成熟技法　炒

成品特点　色泽艳丽　口味咸鲜

烹制份数　20 份

营养分析

名称	每 100 g
能量	67 kcal
蛋白质	1.1 g
脂肪	4 g
碳水化合物	7.3 g
膳食纤维	0.9 g
钠	454.5 mg

烹制流程

1. 山药、南瓜切菱形片，与木耳焯水断生备用。

2. 锅留底油，下入 A 料炒香，倒入清汤，放 B 料调味。

3. 下入南瓜、山药、木耳，翻炒均匀，水淀粉勾芡，淋 C 料出锅装盘。

南瓜炒山药

芹菜炒木耳

原料

芹菜 3500g、水发木耳 1000g

调料

植物油 150g、水淀粉（淀粉 25g、水 50g）

A 料：葱花 50g、姜片 30g

B 料：盐 45g、绵白糖 15g、鸡精 30g

C 料：葱油 40g、香油 10g

成熟技法 炒

成品特点 口味咸鲜 口感爽脆

烹制份数 20 份

营养分析

名称	每 100 g
能量	61 kcal
蛋白质	1.2 g
脂肪	4.4 g
碳水化合物	4.9 g
膳食纤维	1.4 g
钠	490.8 mg

烹制流程

1. 芹菜斜刀切段，与木耳焯水断生备用。

2. 锅留底油，下入 A 料炒香，倒入芹菜、木耳。

3. 放 B 料调味，翻炒均匀，水淀粉勾芡，淋 C 料出锅装盘。

芹菜炒木耳

清炒菠菜

原料

菠菜 3000g

调料

植物油 200g、葱油 50g

A 料：葱花 50g、蒜片 40g

B 料：盐 55g、绵白糖 20g、味精 30g

成熟技法　炒

成品特点　口味咸鲜　清香适口

烹制份数　20 份

营养分析

名称	每 100 g
能量	96 kcal
蛋白质	2.3 g
脂肪	7.8 g
碳水化合物	4.7 g
膳食纤维	1.6 g
钠	727.8 mg

烹制流程

1. 菠菜切段焯水断生备用。

2. 锅留底油，炒香 A 料，加入菠菜。

3. 放 B 料调味，大火翻炒均匀，淋葱油出锅装盘。

清炒菠菜

清炒西蓝花

原料

西蓝花 4500g、胡萝卜 250g

调料

葱油 50g、植物油 150g、清汤 500g、水淀粉（淀粉 50g、水 90g）、葱花 60g、盐 30g（焯水）

A 料：盐 40g、绵白糖 20g、味精 30g

成熟技法 炒

成品特点 口味咸鲜 色泽翠绿

烹制份数 20 份

营养分析

名称	每 100 g
能量	63 kcal
蛋白质	3.2 g
脂肪	4.6 g
碳水化合物	4.1 g
膳食纤维	1.6 g
钠	362.2 mg

烹制流程

1. 西蓝花切块加盐焯水备用。

2. 胡萝卜切菱形片焯水断生备用。

3. 锅留底油，下入葱花炒香，倒入西蓝花，放 A 料调味。

4. 倒入清汤，大火翻炒，水淀粉勾芡，淋葱油出锅装盘。

清炒小油菜

原料

小油菜 5000g

调料

植物油 150g、水淀粉（淀粉 40g、水 100g）

A 料：葱花 50g、蒜片 40g

B 料：盐 60g、绵白糖 15g、味精 30g

C 料：料油 40g、香油 10g

成熟技法　炒

成品特点　口味咸鲜　清香脆嫩

烹制份数　20 份

营养分析

名称	每 100 g
能量	47 kcal
蛋白质	1.3 g
脂肪	4 g
碳水化合物	1.8 g
膳食纤维	0.7 g
钠	497.7 mg

烹制流程

1. 小油菜对半切开，焯水断生备用。

2. 锅留底油，下入 A 料炒香，倒入小油菜翻炒，加 B 料调味。

3. 翻炒均匀，水淀粉勾芡，淋 C 料出锅装盘。

清炒小油菜

软炸平菇

原料

平菇 2500g

调料

植物油

A 料：鸡蛋 7 个、蛋黄 5g、面粉 300g、
淀粉 700g、清水 460g、植物
油 250g、盐 10g、胡椒粉 5g

B 料：绵白糖 2g、胡椒粉 2g、盐 4g

C 料：干花椒 30g、小茴香 3g、白芝
麻 10g、盐 15g

成熟技法　炸

成品特点　色泽金黄　外酥里嫩

烹制份数　20 份

营养分析

名称	每 100 g
能量	161 kcal
蛋白质	3.3 g
脂肪	7.1 g
碳水化合物	21.3 g
膳食纤维	1.1 g
钠	303.4 mg

烹制流程

1. 平菇撕成条状备用。

2. 将 C 料入锅，炒干炒香，碾碎，
制成椒盐。

3. 将 A 料混合均匀，制成面糊。

4. 平菇焯水，捞出，加入 B 料腌制。

5. 倒入面糊，搅拌均匀，入五成热
油中炸熟，装盘，配椒盐食用。

软炸平菇

三丝爆豆

原料

土豆丝 4000g、圆葱丝 1000g、香菜 250g、花生米 1000g

调料

植物油 150g、姜丝 20g

A 料：鸡精 15g、盐 35g

成熟技法 炸、炒

成品特点 色泽金黄　酥香可口

烹制份数 20 份

营养分析

名称	每 100 g
能量	171 kcal
蛋白质	5.6 g
脂肪	9.4 g
碳水化合物	16.7 g
膳食纤维	1.6 g
钠	289.4 mg

烹制流程

1. 香菜切段备用。

2. 花生米入四成热油中小火炸熟，土豆丝入六成热油中炸透，圆葱丝煸炒备用。

3. 锅留底油，下入姜丝炒香，倒入土豆、圆葱、花生米，撒入 A 料、香菜，翻炒均匀出锅装盘。

三丝爆豆

山菌扒盖菜

原料

盖菜 4000g、山菌 1000g

调料

植物油 100g、清汤 1800g、水淀粉（淀粉 70、水 80g）、葱油 50g、盐 70g（焯水）

A 料：葱花 50g、姜片 20g、蒜片 40g

B 料：盐 50g、绵白糖 12g、味精 25g、胡椒粉 3g

成熟技法 扒

成品特点 口味咸鲜 颜色翠绿

烹制份数 20 份

营养分析

名称	每 100 g
能量	41 kcal
蛋白质	1.7 g
脂肪	3.1 g
碳水化合物	3.2 g
膳食纤维	2 g
钠	435.4 mg

烹制流程

1. 盖菜切片加盐焯水，码入盘底，山菌焯水断生备用。

2. 锅留底油，下入 A 料炒香，倒入清汤，放 B 料调味。

3. 滤出小料，下入山菌，大火烧开，水淀粉勾芡，淋葱油，扒在盖菜上即可。

山菌扒盖菜

山药炒木耳

原料

山药 2500g、水发木耳 1000g、胡萝卜 750g

调料

清汤 600g、植物油 100g、水淀粉（淀粉 50g、水 90g）、料油 50g

A 料：葱花 50g、姜片 25g

B 料：盐 60g、绵白糖 20g、鸡精 30g、胡椒粉 6g

成熟技法　炒

成品特点　色泽分明　鲜咸适口

烹制份数　20 份

营养分析

名称	每 100 g
能量	75 kcal
蛋白质	1.6 g
脂肪	3.6 g
碳水化合物	10 g
膳食纤维	1.6 g
钠	559.3 mg

烹制流程

1. 山药切片、木耳撕成块状、胡萝卜切片后，焯水断生备用。

2. 锅留底油，下入 A 料炒香，放入所有原料，下 B 料调味。

3. 倒入清汤，大火翻炒，勾芡后淋料油出锅装盘。

山药炒木耳

山药玉米粒

原料

山药 1750g、玉米粒 1750g、豌豆 500g

调料

植物油 100g、清汤 600g、水淀粉（淀粉 50g、水 90g）

A 料：葱花 50g、姜片 25g

B 料：盐 60g、绵白糖 20g、鸡精 30g、胡椒粉 6g

成熟技法 炒

成品特点 色泽分明 鲜咸适口

烹制份数 20 份

营养分析

名称	每 100 g
能量	107 kcal
蛋白质	3.5 g
脂肪	3.1 g
碳水化合物	17.6 g
膳食纤维	1.8 g
钠	572.9 mg

烹制流程

1. 山药切丁备用。

2. 山药、玉米粒、豌豆焯水断生备用。

3. 锅留底油，下入 A 料炒香，倒入所有原料翻炒，加入清汤，放 B 料调味，大火翻炒，勾芡出锅装盘。

山药玉米粒

烧二冬

原料

水发冬菇 2000g、冬笋 2500g

调料

植物油 150g、清汤 1800g、水淀粉（淀粉 100g、水 100g）

A 料：葱花 60g、姜片 40g、蒜片 50g

B 料：蚝油 100g、盐 12g、绵白糖 15g、鸡精 20g、胡椒粉 6g、料酒 50g、酱油 70g、老抽 40g

C 料：葱 段 100g、姜 片 100g、清水 4000g、盐 30g、胡椒粉 5g

D 料：葱 段 100g、姜 片 100g、清水 3000g、盐 30g、绵白糖 10g、胡椒粉 10g

E 料：葱油 25g、料油 25g

成熟技法　烧

成品特点　口味咸鲜　汁红芡亮

烹制份数　20 份

营养分析

名称	每 100 g
能量	73 kcal
蛋白质	3.1 g
脂肪	4.2 g
碳水化合物	6.4 g
膳食纤维	1.7 g
钠	728.2 mg

烹制流程

1. 冬笋切块，加 C 料入锅烧开，小火煨至八成熟，捞出备用。

2. 冬菇去根斜刀片开，加 D 料上锅蒸至八成熟，捞出备用。

3. 锅留底油，下入 A 料炒香，倒入清汤，放 B 料调味，大火烧开。

4. 滤出小料，下入冬笋、冬菇，小火烧至成熟，水淀粉勾芡，淋 E 料出锅装盘。

素炒白萝卜丝

原料

白萝卜丝 5000g、香菜 5g

调料

植物油 300g、八角 5g

A 料：葱丝 50g、姜丝 50g

B 料：盐 40g、绵白糖 15g、鸡精 30g、
胡椒粉 10g

C 料：料油 60g、香油 20g

成熟技法　炒

成品特点　口味咸鲜　质地脆嫩

烹制份数　20 份

营养分析

名称	每 100 g
能量	74 kcal
蛋白质	0.7 g
脂肪	6.6 g
碳水化合物	4 g
膳食纤维	0.9 g
钠	341.4 mg

烹制流程

1. 白萝卜丝焯水断生备用。

2. 锅留底油，下入八角炒香，捞出八角，下入 A 料炒香。

3. 倒入白萝卜丝煸炒，放 B 料调味，翻炒均匀，淋 C 料，香菜点缀出锅装盘。

素炒白萝卜丝

素炒葱头

原料

圆葱丝 5000g

调料

植物油 250g、香油 30g、干花椒 5g

A 料：盐 40g、鸡精 20g、老抽 35g

成熟技法　炒

成品特点　口味咸鲜　清香适口

烹制份数　20 份

营养分析

名称	每 100 g
能量	85 kcal
蛋白质	1.1 g
脂肪	5.5 g
碳水化合物	8.5 g
膳食纤维	0.9 g
钠	300.1 mg

烹制流程

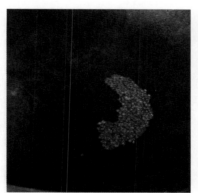

1. 锅留底油，下入干花椒炒香。

2. 捞出花椒，下入圆葱丝煸炒。

3. 放 A 料调味，翻炒均匀，淋香油出锅装盘。

素炒葱头

素炒大白菜

原料

白菜丝 5000g、胡萝卜丝 500g

调料

植物油 300g

A 料：干辣椒 10g、葱花 40g、姜片 40g、蒜片 40g

B 料：盐 50g、味精 30g、酱油 60g、老抽 25g、胡椒粉 6g

C 料：料油 40g、香油 10g

成熟技法 炒

成品特点 口味咸鲜 清爽不腻

烹制份数 20 份

营养分析

名称	每 100 g
能量	73 kcal
蛋白质	1.5 g
脂肪	6.1 g
碳水化合物	3.6 g
膳食纤维	1 g
钠	456.2 mg

烹制流程

1. 锅留底油，下入 A 料炒香。

2. 倒入大白菜丝、胡萝卜丝煸炒。

3. 放 B 料调味，翻炒均匀，淋 C 料出锅装盘。

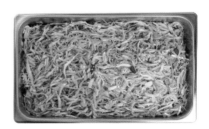

素炒大白菜

素炒茄条

原料

圆茄子 4000g、青尖椒 1000g

调料

植物油 300g、水淀粉（淀粉 40g、水 60g）

A 料：葱花 50g、姜片 50g

B 料：盐 40g、绵白糖 15g、鸡精 15g、酱油 60g、老抽 30g、胡椒粉 6g

C 料：料油 50g、蒜末 80g

成熟技法 炒

成品特点 口味咸鲜　口感软糯

烹制份数 20 份

营养分析

名称	每 100 g
能量	87 kcal
蛋白质	1.4 g
脂肪	6.6 g
碳水化合物	6.2 g
膳食纤维	1.6 g
钠	355.1 mg

烹制流程

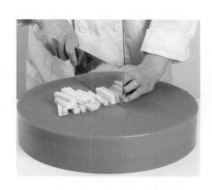

1. 茄子去皮切条，青尖椒切条备用。

2. 锅留底油，下入 A 料炒香，倒入茄子煸炒，放 B 料调味。

3. 下入青尖椒，翻炒均匀，水淀粉勾芡，撒 C 料翻炒出锅装盘。

素炒茄条

素炒圆白菜

原料

圆白菜 5500g

调料

植物油 200g、干花椒 5g

A 料：葱花 50g、姜片 50g、蒜片 50g、
干辣椒 5g

B 料：盐 50g、鸡精 20g、胡椒粉 6g

成熟技法 炒

成品特点 口味咸鲜 色泽翠绿

烹制份数 20 份

营养分析

名称	每 100 g
能量	54 kcal
蛋白质	1.4 g
脂肪	3.7 g
碳水化合物	4.4 g
膳食纤维	1 g
钠	368.2 mg

烹制流程

1. 圆白菜切块焯水断生备用。

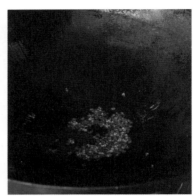

2. 锅留底油，下入干花椒炒香后
捞出。

3. 下入 A 料炒香，加入圆白菜，放
B 料调味，翻炒均匀出锅装盘。

素炒圆白菜

素烧冬瓜

原料

冬瓜 5000g、香菜 10g

调料

清汤 1500g、植物油 150g、水淀粉（淀粉 70g、水 100g）

A 料：葱花 60g、姜片 40g、蒜片 50g、八角 5g

B 料：盐 40g、鸡精 15g、胡椒粉 6g、酱油 60g、老抽 20g

C 料：香油 10g、葱油 40g

成熟技法　烧

成品特点　口味咸鲜　口感软嫩

烹制份数　20 份

营养分析

名称	每 100 g
能量	44 kcal
蛋白质	0.4 g
脂肪	4 g
碳水化合物	2.4 g
膳食纤维	0.7 g
钠	364.2 mg

烹制流程

1. 冬瓜切片焯水断生备用。

2. 锅留底油，下入 A 料炒香，倒入清汤，放 B 料调味，大火烧开。

3. 滤出小料，加入冬瓜小火烧至成熟，水淀粉勾芡，淋 C 料，香菜点缀出锅装盘。

素烧冬瓜

素烧萝卜

原料

白萝卜 6000g、香菜 10g

调料

清汤 1000g、植物油 150g、水淀粉（淀粉 70g、水 100g）

A 料：葱花 60g、姜片 40g、蒜片 50g、八角 5g

B 料：盐 40g、鸡精 15g、胡椒粉 6g、酱油 60g、老抽 30g

C 料：葱油 40g、香油 10g

成熟技法 烧

成品特点 口味咸鲜 口感软糯

烹制份数 20 份

营养分析

名称	每 100 g
能量	44 kcal
蛋白质	0.7 g
脂肪	3.3 g
碳水化合物	3.9 g
膳食纤维	1 g
钠	355.9 mg

烹制流程

1. 白萝卜切菱形块焯水断生备用。

2. 锅留底油，下入 A 料炒香，倒入清汤，放 B 料调味。

3. 滤出小料，下入白萝卜小火烧至成熟，水淀粉勾芡，淋 C 料，香菜点缀出锅装盘。

素烧萝卜

酸辣藕片

原料

莲藕 4000g、胡萝卜 250g、水发木耳 250g

调料

清汤 1000g、植物油 150g、水淀粉（淀粉 70g、水 100g）、葱油 70g

A 料：葱花 50g、蒜片 50g、干辣椒 30g、辣椒 10g

B 料：盐 60g、绵白糖 70g、白醋 180g

成熟技法　炒

成品特点　口感脆爽　酸辣开胃

烹制份数　20 份

营养分析

名称	每 100 g
能量	85 kcal
蛋白质	1.1 g
脂肪	4.3 g
碳水化合物	11.7 g
膳食纤维	2.1 g
钠	523.9 mg

烹制流程

1. 莲藕切片、胡萝卜切菱形片、木耳撕成块状后分别焯水断生备用。

2. 锅留底油，炒香 A 料，倒入莲藕、胡萝卜、木耳煸炒。

3. 放 B 料调味，翻炒均匀，下入清汤，勾芡，淋葱油出锅装盘。

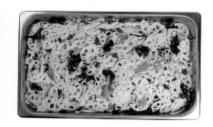

酸辣藕片

酸辣土豆丝

原料

土豆丝 5000g

调料

植物油 250g、料油 50g

A 料：干辣椒丝 15g、葱丝 50g、姜丝 50g

B 料：盐 55g、绵白糖 20g、醋 180g

成熟技法 炒

成品特点 口味咸鲜 质地爽脆

烹制份数 20 份

营养分析

名称	每 100 g
能量	127 kcal
蛋白质	2.4 g
脂肪	5.8 g
碳水化合物	16.9 g
膳食纤维	1 g
钠	408.3 mg

烹制流程

1. 土豆丝焯水断生备用。

2. 锅留底油，下入 A 料炒香，倒入土豆丝。

3. 放 B 料调味，大火翻炒，淋料油出锅装盘。

酸辣土豆丝

蒜蓉粉丝娃娃菜

原料

娃娃菜 4000g、粉丝 1000g

调料

植物油 80g、蒸鱼豉油 300g、红尖椒米 8g、蒜末 510g、盐 70g（焯水）

A 料：盐 10g、鸡精 6g、胡椒粉 1g、蚝油 60g、香油 3g

成熟技法 蒸

成品特点 口味咸鲜　蒜香味浓

烹制份数 20 份

营养分析

名称	每 100 g
能量	56 kcal
蛋白质	1.9 g
脂肪	1.7 g
碳水化合物	9.2 g
膳食纤维	1.8 g
钠	531.1 mg

烹制流程

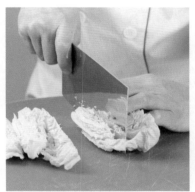

1. 娃娃菜均匀切 10 瓣备用。

2. 取部分蒜末入四成油温中小火炸制金黄，与部分蒜末、A 料搅拌均匀备用。

3. 锅内加水和盐，娃娃菜焯水断生，捞出码入盘中，铺上粉丝与搅拌后的蒜蓉，上锅大火蒸至成熟。

4. 撒剩余的蒜末、红尖椒米，淋蒸鱼豉油，浇热油即可。

蒜蓉广东菜心

原料

广东菜心 5000g

调料

植物油 300g、葱油 50g

A 料：葱花 50g、蒜末 40g

B 料：盐 50g、绵白糖 20g、鸡精 25g

成熟技法　炒

成品特点　口味咸鲜　色泽翠绿

烹制份数　20 份

营养分析

名称	每 100 g
能量	86 kcal
蛋白质	2.6 g
脂肪	6.9 g
碳水化合物	4.1 g
膳食纤维	1.6 g
钠	387.2 mg

烹制流程

1. 广东菜心焯水断生备用。

2. 锅留底油，下入 A 料炒香，倒入菜心。

3. 放 B 料调味，翻炒均匀，淋葱油出锅装盘。

蒜蓉广东菜心

蒜蓉生菜

原料

球生菜 6000g

调料

植物油 250g、葱花 50g、蒜末 130g、葱油 50g

A 料：盐 50g、绵白糖 20g、鸡精 25g

成熟技法　炒

成品特点　口味咸鲜　色泽翠绿

烹制份数　20 份

营养分析

名称	每 100 g
能量	55 kcal
蛋白质	1.5 g
脂肪	5.1 g
碳水化合物	1.4 g
膳食纤维	1 g
钠	324.2 mg

烹制流程

1. 球生菜撕成块状，焯水断生备用。

2. 锅留底油，下入葱花、蒜末炒香，倒入生菜，放 A 料调味，淋葱油出锅装盘。

蒜蓉生菜

蒜蓉西蓝花

原料

西蓝花 3500g、水发木耳 500g、红尖椒 20g

调料

植物油 150g、葱油 50g、清汤 500g、蒜末 80g、水淀粉（淀粉 50g、水 90g）

A 料：盐 40g、绵白糖 20g、味精 30g

成熟技法 炒

成品特点 口味咸鲜　色泽翠绿　蒜香味浓

烹制份数 20 份

营养分析

名称	每 100 g
能量	70 kcal
蛋白质	3 g
脂肪	5.2 g
碳水化合物	4.3 g
膳食纤维	1.7 g
钠	407 mg

烹制流程

1. 红尖椒切菱形片、西蓝花切块后焯水断生备用。

2. 锅留底油，下入蒜末炒香，加入西蓝花翻炒。

3. 倒入清汤，放 A 料调味，大火翻炒，水淀粉勾芡，红尖椒点缀，淋葱油出锅装盘。

蒜蓉西蓝花

蒜蓉油麦菜

原料

油麦菜 6000g

调料

植物油 250g、葱油 50g、盐 70g（焯水）

A 料：蒜蓉 80g、葱花 50g

B 料：盐 50g、鸡精 25g、绵白糖 20g

成熟技法 炒

成品特点 口味咸鲜 色泽翠绿

烹制份数 20 份

营养分析

名称	每 100 g
能量	55 kcal
蛋白质	1 g
脂肪	5.1 g
碳水化合物	2.3 g
膳食纤维	0.6 g
钠	339.2 mg

烹制流程

1. 油麦菜去根切段，加盐焯水断生备用。

2. 锅留底油，下入 A 料炒香，倒入油麦菜。

3. 放 B 料调味，翻炒均匀，淋葱油出锅装盘。

蒜蓉油麦菜

香菇油菜

原料

水发香菇 1000g、小油菜 3000g

调料

植物油 150g、水淀粉 1（淀粉 40g、
水 50g）、水淀粉 2（淀粉 20g、
水 30g）、清汤 750g、葱花 20g

A 料：葱花 50g、姜片 50g、蒜片 50g

B 料：盐 25g、绵白糖 15g、鸡精 15g、
胡椒粉 3g

C 料：蚝油 150g、老抽 10g、酱油 10g、
盐 5g、味精 5g、绵白糖 5g、胡
椒粉 5g

成熟技法 炒

成品特点 色泽分明 口味咸鲜

烹制份数 20 份

营养分析

名称	每 100 g
能量	51 kcal
蛋白质	1.5 g
脂肪	3.7 g
碳水化合物	3.5 g
膳食纤维	1.3 g
钠	451.2 mg

烹制流程

1. 香菇去根切扇叶花刀，与油菜分
别焯水断生备用。

2. 锅留底油，下入葱花炒香，加入
C 料，倒入清汤，放香菇小火烧制，
水淀粉勾芡备用。

3. 锅留底油，下入 A 料炒香，加
入油菜，放 B 料调味，翻炒均匀勾芡
出锅，浇上香菇即可。

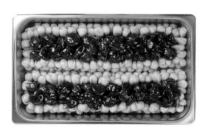

香菇油菜

香辣土豆丝

原料

土豆 5000g、胡萝卜 200g、香菜 250g

调料

植物油 150g、盐 30g

A 料：葱花 50g、姜片 20g、干辣椒丝 20g

成熟技法　炸、炒

成品特点　咸鲜微辣　色泽鲜明

烹制份数　20 份

营养分析

名称	每 100 g
能量	99 kcal
蛋白质	2.4 g
脂肪	2.9 g
碳水化合物	16.4 g
膳食纤维	1.2 g
钠	221.5 mg

烹制流程

1. 土豆、胡萝卜切丝备用。

2. 土豆丝入六成热油中炸酥，胡萝卜丝过油备用。

3. 锅留底油，下入 A 料炒香，倒入所有原料，加盐调味，翻炒均匀出锅装盘，香菜点缀即可。

香辣土豆丝

鱼香茄子

原料

圆茄子 4500g、青椒 400g、红彩椒 300g

调料

植物油 150g、清汤 1500g、水淀粉（淀粉 90g、水 120g）、蒜末 35g

A 料：豆瓣酱 100g、泡椒酱 120g、葱花 60g、姜末 40g、蒜末 35g

B 料：盐 15g、绵白糖 250g、醋 250g、老抽 40g、胡椒粉 8g、鸡精 25g

成熟技法　炸、熘

成品特点　色泽红亮　鱼香味浓

烹制份数　20 份

营养分析

名称	每 100 g
能量	63 kcal
蛋白质	1.1 g
脂肪	2.8 g
碳水化合物	9 g
膳食纤维	1.3 g
钠	270.7 mg

烹制流程

1. 茄子去皮切菱形块，拍生粉，入五成热油中炸至金黄。

2. 青红椒切菱形块过油备用。

3. 锅留底油，下入 A 料炒香，加入清汤，放 B 料调味。

4. 加入茄子、青红椒，翻炒均匀，撒蒜末，勾芡出锅装盘。

孜然蘑菇

原料

平菇 2500g

调料

植物油

A 料：鸡蛋 7 个、蛋黄 5g、面粉 300g、淀粉 700g、清水 460g、植物油 250g、盐 10g、胡椒粉 5g、孜然碎 30g、辣椒碎 10g

B 料：绵白糖 2g、胡椒粉 2g、盐 4g

成熟技法　炸

成品特点　色泽金黄　外酥里嫩
孜然味浓

烹制份数　20 份

营养分析

名称	每 100 g
能量	160 kcal
蛋白质	3.3 g
脂肪	7.1 g
碳水化合物	21.3 g
膳食纤维	1.1 g
钠	162 mg

烹制流程

1. 将 A 料混合均匀，制成面糊备用。

2. 平菇撕成条状，焯水后捞出，加入 B 料腌制备用。

3. 倒入面糊，搅拌均匀，入五成热油中炸熟，装盘即可。

孜然蘑菇

三员工红烧肉

原料

带皮五花肉 3000g、土豆 3600g

调料

植物油 50g、清汤 6500g、水淀粉
（淀粉 40g，水 80g）、绵白糖（炒糖
色）80g

A 料：葱段 100g、姜片 50g、八角 5g、
桂皮 3g、香叶 1g

B 料：酱油 200g、料酒 100g、盐 25g、
老抽 110g、鸡精 15g

成熟技法 烧

成品特点 色泽红亮 咸鲜微甜
肉质软烂

烹制份数 20 份

营养分析

名称	每 100 g
能量	206 kcal
蛋白质	4.9 g
脂肪	16.1 g
碳水化合物	10.4 g
膳食纤维	0.6 g
钠	325.8 mg

烹制流程

1. 五花肉切块凉水下锅，大火烧开
煮 2 分钟捞出用热水冲洗干净备用。

2. 土豆切块，锅内加入植物油烧至
六成热，倒入土豆块，炸透呈现黄
色后捞出控油备用。

3. 锅内放入底油，加入五花肉块进
行煸炒出油备用。

4. 锅留底油，加入白糖炒制糖色，
加入五花肉、A 料炒出香味，倒入
B 料，清汤大火烧开，转小火慢炖
至八成熟，滤出料渣。

5. 锅内加入土豆块，大火收汁，加
入水淀粉勾芡出锅装盘。

三员工红烧肉

白玉菇炒肉丝

原料

猪瘦肉 1500g、白玉菇 3500g、香芹 1000g

调料

植物油 150g、葱油 50g、清汤 1500g

A 料：葱花 50g、姜片 50g、蒜片 50g

B 料：盐 40g、绵白糖 10g、鸡精 20g、胡椒粉 6g、料酒 50g、酱油 60g、老抽 10g

成熟技法　炒

成品特点　口味咸鲜　口感滑嫩

烹制份数　20 份

营养分析

名称	每 100 g
能量	81 kcal
蛋白质	6.5 g
脂肪	4.8 g
碳水化合物	2.9 g
膳食纤维	0.2 g
钠	343.1 mg

烹制流程

1. 白玉菇焯水断生备用。

2. 猪瘦肉切丝上浆滑油，香芹切段过油备用。

3. 锅留底油，下入 A 料炒香，倒入清汤，放 B 料调味，大火烧开。

4. 滤出小料，水淀粉勾芡，加入肉丝、白玉菇、香芹，翻炒均匀，淋葱油出锅装盘。

菠萝咕咾肉

原料

后臀尖 2500g、菠萝 1000g、青椒 200g、红椒 200g

调料

植物油 200g、番茄酱 300g、番茄沙司 150g、菜水 1000g（芹菜 250g、胡萝卜 250g、圆葱 250g、香叶 3g、清水 3000g 煮制）、蒜末 80g

A 料：葱花 40g、姜片 40g

B 料：盐 25g、绵白糖 800g、白醋 700g

C 料：鸡蛋 100g、淀粉 600g、清水 420g、植物油 200g

D 料：葱姜水 100g、盐 10g、胡椒粉 5g、料酒 70g

成熟技法 炸、熘

成品特点 色泽红亮 酸甜适口

烹制份数 20 份

营养分析

名称	每 100 g
能量	258 kcal
蛋白质	6.9 g
脂肪	15.8 g
碳水化合物	22.3 g
膳食纤维	0.6 g
钠	258.2 mg

烹制流程

1. 后臀尖切正方块加 D 料搅拌均匀，腌制备用。

2. C 料搅拌均匀，制成面糊备用。

3. 菠萝切三角块焯水后过油，青红椒切三角块过油备用。

4. 肉块裹上面糊，入六成热油中炸熟。

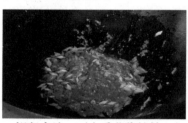

5. 锅留底油，下入番茄酱煸炒，加入 A 料炒香，倒入番茄沙司、菜水，放 B 料调味。

6. 滤出小料，水淀粉勾芡，加入炸好肉块、菠萝、青红椒翻炒均匀，撒蒜末出锅装盘。

豉香肉片

原料

猪瘦肉 2500g、青椒 1000g、圆葱 1000g

调料

植物油 200g

A 料：葱花 50g、姜片 30g、蒜片 50g、豆豉 250g、豆瓣酱 120g

B 料：鸡精 25g、绵白糖 10g、香油 10g

成熟技法　滑炒

成品特点　口味咸鲜　豉香味浓

烹制份数　20 份

营养分析

名称	每 100 g
能量	132 kcal
蛋白质	11.1 g
脂肪	7.9 g
碳水化合物	4.6 g
膳食纤维	0.5 g
钠	479.4 mg

烹制流程

1. 猪瘦肉切片后上浆滑油备用。

2. 锅留底油，下入 A 料炒香，放入圆葱、青椒炒熟。

3. 放入肉片，加 B 料调味，翻炒均匀出锅装盘。

豉香肉片

川味粉蒸肉

原料

带皮五花肉 4000g、大米 500g、江米 500g

调料

清汤 1000g、植物油 200g

A 料：八角 1g、桂皮 1g、香叶 1g、花椒 1g、小茴香 1g

B 料：葱末 50g、姜末 50g、豆瓣酱 300g、豆豉 20g、干花椒 10g

C 料：料酒 80g、老抽 40g、盐 30g、绵白糖 5g、胡椒粉 5g、白酒 5g

成熟技法 蒸

成品特点 咸鲜微辣 口感软糯

烹制份数 20 份

营养分析

名称	每 100 g
能量	353 kcal
蛋白质	7.2 g
脂肪	29.3 g
碳水化合物	14.9 g
膳食纤维	0.1 g
钠	664.4 mg

烹制流程

1. 五花肉切片备用。

2. 大米、江米与 A 料下锅，小火炒制，机器打成颗粒状，制成米粉。

3. 锅留底油，下入 B 料炒香，放 C 料调味，与五花肉片、米粉搅拌均匀。

4. 码入托盘，上锅蒸熟即可。

葱爆肉片

原料

大葱 3500g、猪瘦肉 2000g

调料

植物油 200g、清汤 250g、姜片 50g

A 料：酱油 150g、老抽 60g、盐 25g、绵白糖 10g、鸡精 25g、胡椒粉 15g、料酒 100g

B 料：料油 40g、香油 10g

成熟技法　爆

成品特点　色泽红亮　葱香味浓

烹制份数　20 份

营养分析

名称	每 100 g
能量	105 kcal
蛋白质	7.9 g
脂肪	6.5 g
碳水化合物	3.7 g
膳食纤维	1.3 g
钠	336.1 mg

烹制流程

1. 大葱切滚刀块，猪瘦肉切片备用。

2. 肉片上浆，下入四成热油中滑熟，捞出备用。

3. 锅留底油，下入姜片、葱段煸炒，加入 A 料调味，翻炒均匀。

4. 倒入肉片、清汤，大火翻炒收汁，淋 B 料出锅装盘。

汆丸子

原料

猪肉馅 2000g、小白菜 1500g、粉丝 500g、香菜 5g

调料

植物油 150g、香油 20g、清汤 4000g

A 料：葱花 50g、姜片 50g

B 料：盐 45g、绵白糖 10g、鸡精 20g、胡椒粉 15g、料酒 50g

C 料：葱姜水 500g、胡椒粉 8g、盐 30g、绵白糖 5g、淀粉 250g、鸡蛋 250g

成熟技法 汆

成品特点 口味咸鲜 汤鲜味美

烹制份数 20 份

营养分析

名称	每 100 g
能量	133 kcal
蛋白质	3.7 g
脂肪	10.7 g
碳水化合物	5.5 g
膳食纤维	0.2 g
钠	377.4 mg

烹制流程

1. 小白菜顶刀切段备用。

2. 猪肉馅加 C 料搅拌均匀，捏成丸子，入锅汆熟。

3. 锅留底油，下入 A 料，倒入清汤，放 B 料调味，大火烧开。

4. 捞出小料，下入小白菜、粉丝、丸子，烧开后淋香油，撒香菜出锅装盘。

东坡肉

原料

猪五花肉 3500g、油菜心 400g

调料

清水 3000g、冰糖 150g（炒糖色）、植物油 100g

A 料：葱段 200g、姜片 200g

B 料：盐 38g、胡椒粉 4g、老抽 15g、
　　　 花雕酒 900g、冰糖 150g

成熟技法 煨

成品特点 色泽红亮　味道醇厚
　　　　　 质地软烂

烹制份数 20 份

营养分析

名称	每 100 g
能量	331 kcal
蛋白质	6.4 g
脂肪	30.8 g
碳水化合物	7.1 g
膳食纤维	0.2 g
钠	377.5 mg

烹制流程

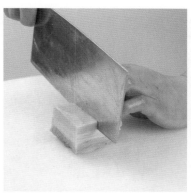

1. 五花肉煮熟至定型，切正方块。

2. 油菜心焯水断生备用。

3. 锅留底油，加入冰糖炒糖色，加入 A 料炒香，放 B 料调味，倒入清汤。

4. 加入五花肉，小火煨至成熟，捞出肉块摆入盘中，大火收汁，浇在肉上，摆上油菜心即可。

冬瓜排骨

原料

冬瓜 2500g、猪肋排 2500g、香菜 10g

调料

植物油 200g、清汤 5500g

A 料：葱段 150g、姜片 150g、八角 5g

B 料：盐 60g、鸡精 20g、胡椒粉 8g、
料酒 60g

成熟技法 炖

成品特点 口味咸鲜 滋味醇厚

烹制份数 20 份

营养分析

名称	每 100 g
能量	134 kcal
蛋白质	5.8 g
脂肪	11.8 g
碳水化合物	1.4 g
膳食纤维	0.3 g
钠	470.7 mg

烹制流程

1. 冬瓜去皮切块备用，肋排剁段后焯水断生备用。

2. 锅留底油，下入 A 料炒香，倒入清汤。

3. 放 B 料调味，下入排骨，大火烧开改小火炖至八成熟。

4. 滤出小料，下入冬瓜，炖至成熟后撒香菜出锅装盘。

冬笋炒腊肉

原料

冬笋 3000g、腊肉 1250g、青蒜 1000g、
红尖椒 300g

调料

植物油 150g、料油 50g

A 料：葱花 50g、姜片 50g、蒜片 50g、
　　　豆豉 100g

B 料：料酒 50g、酱油 60g、老抽 2g、
　　　盐 15g、绵白糖 10g、鸡精 20g、
　　　胡椒粉 8g

成熟技法　炒

成品特点　口味咸鲜　风味独特

烹制份数　20 份

营养分析

名称	每 100 g
能量	170 kcal
蛋白质	5.5 g
脂肪	14 g
碳水化合物	6.4 g
膳食纤维	1.3 g
钠	414.4 mg

烹制流程

1. 腊肉、冬笋切片，红尖椒切菱形片，青蒜切段备用。

2. 腊肉、冬笋分别焯水断生，过油备用。

3. 锅留底油，下入 A 料炒香，加入红尖椒、冬笋，放 B 料调味，翻炒均匀。

4. 下入青蒜、腊肉翻炒，淋料油出锅装盘。

冬笋肉丝

原料

冬笋 2200g、猪瘦肉 1300g

调料

植物油 200g、清汤 1750g、水淀粉（淀粉 90g、水 170g）、料油 50g、盐 30g（焯水）

A 料：葱花 50g、姜片 50g

B 料：盐 35g、绵白糖 15g、鸡精 20g、胡椒粉 8g、料酒 60g

成熟技法 滑炒

成品特点 口味咸鲜 汁浓味厚

烹制份数 20 份

营养分析

名称	每 100 g
能量	134 kcal
蛋白质	9.3 g
脂肪	8.7 g
碳水化合物	4.7 g
膳食纤维	0.5 g
钠	382.3 mg

烹制流程

1. 猪瘦肉、冬笋切丝备用。

2. 冬笋加盐入锅焯水断生，肉丝上浆滑油备用。

3. 锅留底油，下入 A 料炒香，倒入清汤，放 B 料调味。

4. 捞出小料，水淀粉勾芡，下入肉丝、笋丝，翻炒均匀，淋料油出锅装盘。

翡翠珍珠丸子

原料

猪肉馅 2000g、包菜丝 3000g、泡好糯米 1700g、青尖椒粒 10g、红尖椒粒 10g

调料

植物油 100g、清汤 1500g、葱油 50g、水淀粉（淀粉 60g、水 100g）、盐 10g

A 料：盐 8g、料酒 80g、绵白糖 5g、胡椒粉 4g、玉米淀粉 240g、葱姜水 520g

B 料：葱花 40g、姜片 20g

C 料：盐 15g、绵白糖 6g、味精 10g、胡椒粉 4g

成熟技法　蒸

成品特点　口味咸鲜　色泽明亮

烹制份数　20 份

营养分析

名称	每 100 g
能量	231 kcal
蛋白质	6.3 g
脂肪	13.2 g
碳水化合物	22.1 g
膳食纤维	0.7 g
钠	217.2 mg

烹制流程

1. 包菜丝加盐入锅煸炒至熟，垫入盘底。

2. 猪肉馅加 A 料搅拌均匀，冰箱冷藏备用。

3. 肉馅揉成丸子，表面沾满糯米，码入盘中，上锅蒸熟，摆在包菜丝上。

4. 锅留底油，下入 B 料炒香，加入清汤，放 C 料调味。

5. 捞出小料，水淀粉勾芡，淋葱油，浇在丸子上，撒青红尖椒粒即可。

翡翠珍珠丸子

风味炒烤肉

原料

猪五花肉 2500g、圆葱 2500g、香菜 250g

调料

植物油 200g、老抽 30g

A 料：葱花 60g、姜片 60g、蒜片 60g

B 料：盐 15g、绵白糖 5g、鸡精 20g、胡椒粉 8g、料酒 80g、酱油 80g、老抽 30g

C 料：孜然碎 60g、辣椒面 30g、熟白芝麻 30g

成熟技法　炒

成品特点　咸鲜香辣　孜然味浓

烹制份数　20 份

营养分析

名称	每 100 g
能量	212 kcal
蛋白质	4.2 g
脂肪	19.7 g
碳水化合物	4.7 g
膳食纤维	0.5 g
钠	209.3 mg

烹制流程

1. 五花肉切片，圆葱切三角块，香菜切段备用。

2. 五花肉加老抽拌匀备用，圆葱过油备用。

3. 锅留底油，入五花肉煸炒出油，捞出控油。

4. 锅留底油，下入 A 料炒香，加入五花肉、圆葱煸炒。

5. 放 B 料调味，翻炒均匀，下入香菜段，撒 C 料翻匀出锅装盘。

风味炒烤肉

干煸豇豆

原料

豇豆 4000g、肉丝 1000g

调料

植物油 150g

A 料：葱花 50g、姜片 30g、蒜片 40g、
　　　豆瓣酱 50g、干辣椒 30g、干花
　　　椒 10g

B 料：酱油 50g、老抽 15g、绵白糖 5g、
　　　盐 40g

C 料：香油 10g、花椒油 30g

成熟技法　煸炒

成品特点　麻辣鲜香　色泽翠绿

烹制份数　20 份

营养分析

名称	每 100 g
能量	132 kcal
蛋白质	4.2 g
脂肪	10.8 g
碳水化合物	6.2 g
膳食纤维	3.2 g
钠	437.5 mg

烹制流程

1. 豇豆切段入五成热油中炸透，肉丝上浆滑油备用。

2. 锅留底油，下 A 料炒香。

3. 加入豇豆、肉丝，放 B 料调味，翻炒均匀，淋 C 料出锅装盘。

干煸豇豆

干煸杏鲍菇

原料

杏鲍菇 4000g、肉片 600g、圆葱 600g、青椒 750g、红椒 500g

调料

植物油 150g

A 料：葱花 50g、姜片 30g、蒜片 40g、豆瓣酱 50g、干辣椒 30g、干花椒 10g

B 料：酱油 50g、老抽 15g、绵白糖 5g、盐 50g

C 料：香油 10g、花椒油 30g

成熟技法 煸炒

成品特点 麻辣鲜香 口感软嫩

烹制份数 20 份

营养分析

名称	每 100 g
能量	90 kcal
蛋白质	2.3 g
脂肪	6.2 g
碳水化合物	7 g
膳食纤维	1.7 g
钠	395.6 mg

烹制流程

1. 圆葱、青红椒切条备用。

2. 杏鲍菇切条下入六成热油中炸至金黄备用。

3. 锅留底油，下入 A 料炒香，加圆葱、青椒、红椒炒至八成熟。

4. 倒入杏鲍菇、肉片，放 B 料调味，翻炒均匀，淋 C 料出锅装盘。

干豆角炒腊肉

原料

水发干豆角 2500g、腊肉 1000g、美人椒 400g

调料

植物油 200g、料油 50g、盐 10g

A 料：葱花 50g、姜片 50g、蒜片 50g

B 料：料酒 60g、酱油 60g、老抽 5g、盐 20g、绵白糖 10g、鸡精 20g、胡椒粉 8g

成熟技法　炒

成品特点　口味咸鲜　风味独特

烹制份数　20 份

营养分析

名称	每 100 g
能量	198 kcal
蛋白质	4.7 g
脂肪	17.6 g
碳水化合物	6.7 g
膳食纤维	2.4 g
钠	542.2 mg

烹制流程

1. 豆角切段，腊肉切片，美人椒切段备用。

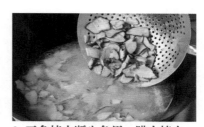

2. 豆角焯水断生备用，腊肉焯水、过油备用。

3. 豆角加盐下锅煸炒捞出备用。

4. 锅留底油，下入 A 料炒香，加入美人椒煸炒。

5. 放 B 料调味，放入干豆角、腊肉，大火翻炒均匀，淋料油出锅装盘。

干豆角炒腊肉

干炸小酥肉

原料

猪五花肉 2500g

调料

植物油

A 料：葱姜水 150g、盐 15g、胡椒粉 8g、料酒 80g、十三香 5g、花椒面 3g

B 料：面粉 150g、淀粉 600g、清水 700g、植物油 100g

成熟技法 炸

成品特点 色泽金黄 酥香可口

烹制份数 20 份

营养分析

名称	每 100 g
能量	361 kcal
蛋白质	6.4 g
脂肪	29.3 g
碳水化合物	17.8 g
膳食纤维	0.1 g
钠	211.8 mg

烹制流程

1. 五花肉切条，加 A 料搅拌均匀，腌制备用。

2. B 料混合均匀，制成面糊。

3. 五花肉裹上面糊，入六成热油中炸熟后复炸酥脆即可。

干炸小酥肉

过油肉

原料

猪瘦肉 1500g、土豆 2000g、木耳 500g、青蒜 250g

调料

清汤 1500g、植物油 150g、香油 20g、水淀粉（淀粉 60、水 70g）、八角 5g

A 料：葱花 50g、姜片 50g、蒜片 50g

B 料：盐 40g、鸡精 15g、绵白糖 15g、胡椒粉 6g、料酒 60g、老抽 60g、醋 150g

成熟技法　软熘

成品特点　口味咸鲜　口感软嫩

烹制份数　20 份

营养分析

名称	每 100 g
能量	125 kcal
蛋白质	8.3 g
脂肪	6 g
碳水化合物	9.8 g
膳食纤维	0.9 g
钠	375.1 mg

烹制流程

1. 猪瘦肉切片，土豆切菱形片，青蒜切段备用。

2. 肉片上浆滑油备用。

3. 木耳过油，土豆入六成热油中炸熟。

4. 锅留底油，加入八角炸香后捞出，下入 A 料炒香，加入肉片、木耳、土豆、青蒜。

5. 放 B 料调味，倒入清汤，翻炒均匀，水淀粉勾芡，淋香油出锅装盘。

过油肉

海带烧肉

原料

猪五花肉 1500g、海带 2500g、香葱末 5g

调料

植物油 150g、清汤 8000g、绵白糖（炒糖色）80g

A 料：葱段 150g、姜片 150g

B 料：盐 30g、料酒 100g、酱油 200g、老抽 30g、鸡精 15g、胡椒粉 8g

C 料：八角 10g、桂皮 4g、草果 2 个、香叶 5g、小茴香 10g、干辣椒 5g（料包）

成熟技法 烧

成品特点 口味咸鲜 汤鲜味醇

烹制份数 20 份

营养分析

名称	每 100 g
能量	165 kcal
蛋白质	3.5 g
脂肪	15.3 g
碳水化合物	3.4 g
膳食纤维	0.3 g
钠	539.5 mg

烹制流程

1. 五花肉切块，焯水断生，下锅煸炒出油捞出备用。

2. 海带切片，焯水备用。

3. 锅留底油，下入绵白糖炒糖色，加入 A 料炒香，加入五花肉，倒入清汤，放 B 料调味。

4. 大火烧开，加入 C 料，小火炖至八成熟，加入海带炖至成熟，香葱末点缀出锅装盘。

蒿子秆炒肉丝

原料

蒿子秆 4000g、肉丝 1000g

调料

植物油 150g、料油 50g

A 料：葱花 40g、姜片 40g、蒜片 40g

B 料：盐 40g、绵白糖 20g、鸡精 20g、
　　　胡椒粉 6g、料酒 50g

成熟技法　炒

成品特点　口味咸鲜　色泽翠绿

烹制份数　20 份

营养分析

名称	每 100 g
能量	129 kcal
蛋白质	4 g
脂肪	11.1 g
碳水化合物	3.8 g
膳食纤维	0.9 g
钠	433.2 mg

烹制流程

1. 肉丝上浆滑油备用。

2. 蒿子秆切段，焯水断生备用。

3. 锅留底油，下入 A 料炒香，加入
肉丝、蒿子秆。

4. 放 B 料调味，翻炒均匀，淋料油
出锅装盘。

黑椒肉片

原料

猪瘦肉 1000g、圆葱 2000g、青尖椒 1500g、红椒 500g

调料

植物油 150g、清汤 100g、料油 50g、水淀粉（淀粉 20g、水 40g）

A 料：葱花 40g、姜片 40g、蒜片 40g、黑椒碎 50g

B 料：蚝油 100g、料酒 60g、老抽 30g、酱油 60g、盐 35g、绵白糖 20g、鸡精 15g、胡椒粉 6g

成熟技法 炒

成品特点 口味咸鲜 黑椒味浓

烹制份数 20 份

营养分析

名称	每 100 g
能量	88 kcal
蛋白质	4.6 g
脂肪	5.1 g
碳水化合物	6.5 g
膳食纤维	1.2 g
钠	403 mg

烹制流程

1. 猪瘦肉切片上浆调色滑油备用。

2. 青红椒切菱形块、圆葱切三角块过油备用。

3. 锅留底油，下入 A 料炒香，倒入清汤，加入肉片、青红椒、圆葱。

4. 放 B 料调味，翻炒均匀，水淀粉勾芡，淋料油出锅装盘。

黑椒杏鲍菇

原料

杏鲍菇 2500g、猪瘦肉 1000g、圆葱 1000g、青椒 200g、红椒 200g

调料

植物油 150g、清汤 1500g、料油 50g、水淀粉（淀粉 90g、水 110g）

A 料：葱花 40g、姜片 40g、蒜片 40g、黑椒碎 50g

B 料：蚝油 150g、料酒 60g、老抽 40g、酱油 60g、盐 20g、绵白糖 20g、鸡精 15g、胡椒粉 6g

成熟技法　炒

成品特点　口味咸鲜　黑椒味浓

烹制份数　20 份

营养分析

名称	每 100 g
能量	92 kcal
蛋白质	4.9 g
脂肪	5 g
碳水化合物	7.3 g
膳食纤维	1.3 g
钠	331.7 mg

烹制流程

1. 杏鲍菇切菱形片入六成热油中炸熟备用。

2. 猪瘦肉切片上浆滑油，青红椒切菱形块、圆葱切三角块过油备用。

3. 锅留底油，下入 A 料炒香，放 B 料调味，倒入清汤，水淀粉勾芡。

4. 加入杏鲍菇、肉片、青红椒、圆葱翻炒均匀，淋料油出锅装盘。

红烧狮子头

原料

猪肉馅 2500g、白菜丝 2000g、莲藕丁 500g、香葱末 5g

调料

清汤 4000g、植物油 200g、水淀粉（淀粉 80g、水 100g）、盐 10g

A 料：盐 8g、料酒 100g、酱油 50g、胡椒粉 5g、绵白糖 10g、淀粉 400g、葱姜水 125g、花椒水 125g、鸡蛋 5 个

B 料：葱段 150g、姜片 150g

C 料：盐 30g、绵白糖 15g、鸡精 20g、胡椒粉 6g、料酒 80g、酱油 80g、老抽 35g

成熟技法　烧

成品特点　口味咸鲜　口感软嫩

烹制份数　20 份

营养分析

名称	每 100 g
能量	235 kcal
蛋白质	6.8 g
脂肪	19 g
碳水化合物	9.4 g
膳食纤维	0.5 g
钠	491.3 mg

烹制流程

1. 猪肉馅加 A 料、莲藕搅拌均匀，制成丸子，入六成热油中炸至定型。

2. 锅留底油，下入 B 料炒香，倒入清汤。

3. 放 C 料调味，加入丸子，上锅蒸熟。

4. 白菜丝焯水，加盐煸炒，垫入盘底，放上狮子头，过滤原汤，水淀粉勾芡，浇在狮子头上即可。

红烧丸子

原料

猪肉馅 2000g、土豆 1500g、油菜茎 1000g、木耳 800g、莲藕 400g

调料

清汤 2000g、植物油 150g、料油 50g、水淀粉（淀粉 90g、水 130g）

A 料：盐 4g、料酒 80g、酱油 40g、绵白糖 8g、胡椒粉 4g、淀粉 320g、葱姜水 100g、花椒水 100g、鸡蛋 4 个

B 料：葱花 50g、姜片 50g、蒜片 50g、八角 5g

C 料：盐 20g、绵白糖 15g、鸡精 15g、料酒 80g、酱油 80g、老抽 30g、胡椒粉 6g

成熟技法　烧

成品特点　色泽红亮　口味咸鲜

烹制份数　20 份

营养分析

名称	每 100 g
能量	190 kcal
蛋白质	5.8 g
脂肪	15.5 g
碳水化合物	7.5 g
膳食纤维	0.9 g
钠	300.7 mg

烹制流程

1. 莲藕切丁，油菜茎切块，土豆去皮切滚刀块备用。

2. 猪肉馅加 A 料、莲藕混合均匀，制成 3cm 大小的丸子，入五成油温中炸熟。

3. 木耳、油菜焯水断生备用，土豆块炸熟。

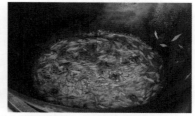

4. 锅留底油，下入 B 料炒香，放 C 料调味，倒入清汤，大火烧开。

5. 滤出小料，倒入丸子、木耳、土豆，翻炒均匀，下入油菜，水淀粉勾芡，淋料油出锅装盘。

红烧丸子

虎皮尖椒

原料

青尖椒 6500g、猪五花肉末 500g

调料

清汤 1000g、植物油 100g、水淀粉（淀粉 65g、水 100g）

A 料：葱花 50g、姜片 20g

B 料：料酒 50g、酱油 120g、老抽 30g、盐 35g、绵白糖 20g、鸡精 25g、蚝油 40g、胡椒粉 8g

C 料：料油 50g、蒜末 40g

成熟技法 烧

成品特点 咸鲜微辣 味道浓郁

烹制份数 20 份

营养分析

名称	每 100 g
能量	64 kcal
蛋白质	1.3 g
脂肪	4.7 g
碳水化合物	5.1 g
膳食纤维	1.8 g
钠	310.1 mg

烹制流程

1. 青尖椒切块，入五成热油中炸至表面出现斑纹，捞出控油备用。

2. 锅留底油，下入五花肉末煸炒，加 A 料炒香。

3. 倒入清汤，大火烧开，放 B 料调味。

4. 加入青尖椒，小火烧至入味，勾芡后撒 C 料出锅装盘。

虎眼丸子

原料

猪肉馅 3500g、鸡蛋 20 个、香葱末 5g

调料

植物油 200g、清汤 5000g、水淀粉（淀粉 80g、水 100g）

A 料：葱段 150g、姜片 150g、八角 8g

B 料：盐 35g、绵白糖 15g、胡椒粉 6g、料酒 80g、酱油 80g、老抽 35g

C 料：盐 10g、料酒 140g、酱油 70g、绵白糖 14g、胡椒粉 7g、淀粉 560g、葱姜水 175g、花椒水 175g、鸡蛋 7 个

成熟技法　蒸

成品特点　口味咸鲜　口感软嫩

烹制份数　20 份

营养分析

名称	每 100 g
能量	338 kcal
蛋白质	11.2 g
脂肪	27.6 g
碳水化合物	11 g
膳食纤维	0 g
钠	517.8 mg

烹制流程

1. 鸡蛋煮熟去皮备用。

2. 猪肉馅加 C 料搅拌均匀，取肉馅，包住鸡蛋，入六成热油中炸至定型。

3. 锅留底油，下入 A 料炒香，倒入清汤，放 B 料调味，加入丸子，上锅蒸熟。

4. 取出丸子，对半切开，摆入盘中，滤出原汤，勾芡浇在丸子上，香葱点缀即可。

滑菇肉片

原料

滑子菇 2000g、猪瘦肉 1000g、黄瓜 1500g、木耳 300g

调料

植物油 150g、清汤 1500g、水淀粉（淀粉 60g、水 70g）

A 料：葱花 40g、姜片 40g、蒜片 40g

B 料：盐 50g、鸡精 15g、胡椒粉 5g、料酒 40g

C 料：葱油 40g、香油 10g

成熟技法 滑熘

成品特点 口味咸鲜 口感爽滑

烹制份数 20 份

营养分析

名称	每 100 g
能量	76 kcal
蛋白质	4.8 g
脂肪	5.3 g
碳水化合物	2.3 g
膳食纤维	0.3 g
钠	435.4 mg

烹制流程

1 滑子菇、木耳分别焯水断生备用。

2 黄瓜去皮切菱形片，焯水断生备用。

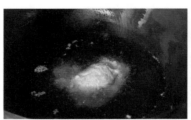

3 猪瘦肉切片上浆滑油备用。

4 锅留底油，加入 A 料炒香，倒入清汤，放 B 料调味，大火烧开。

5 滤出小料，水淀粉勾芡，倒入滑子菇、肉片、黄瓜、木耳，翻炒均匀，淋 C 料出锅装盘。

滑菇肉片

黄豆猪手

原料

猪手 2000g、水发黄豆 3000g

调料

清汤 9000g、植物油 150g、水淀粉（淀粉 60g、水 80g）、绵白糖 80g（炒糖色）

A 料：葱段 150g、姜片 150g

B 料：酱油 60g、老抽 80g、十三香 5g、料酒 100g、胡椒粉 8g、盐 60g、味精 30g、料包（山奈 6g、八角 10g、桂皮 4g、草果 4g、小茴香 6g）

成熟技法 炖

成品特点 黄豆鲜香 猪手软烂

烹制份数 20 份

营养分析

名称	每 100 g
能量	178 kcal
蛋白质	13 g
脂肪	10.6 g
碳水化合物	9.3 g
膳食纤维	3.5 g
钠	528.9 mg

烹制流程

1. 猪手切块，焯水断生备用。

2. 锅留底油，加入白糖炒至糖色，下入 A 料、猪手翻炒。

3. 加入清汤，放 B 料调味，大火烧开，改小火慢炖。

4. 加入黄豆，小火炖熟，挑出料包，勾芡出锅装盘。

回锅肉

原料

猪五花肉 2000g、圆葱 1500g、蒜薹 500g、青椒 500g、红椒 300g

调料

植物油 250g

A 料：豆瓣酱 100g、泡椒酱 100g、豆豉 50g、葱花 50g、姜片 50g

B 料：老抽 10g、料酒 150g、酱油 40g、盐 25g、鸡精 20g、甜面酱 50g、绵白糖 10g

成熟技法　炒

成品特点　色泽红亮　肥而不腻

烹制份数　20 份

营养分析

名称	每 100 g
能量	198 kcal
蛋白质	3.8 g
脂肪	17.9 g
碳水化合物	5.8 g
膳食纤维	0.8 g
钠	480.7 mg

烹制流程

1. 五花肉加水煮熟切片备用。

2. 圆葱、青红椒切三角块，蒜薹切段后过油。

3. 锅留底油，下入 A 料炒香，加入肉片煸炒。

4. 放 B 料调味，倒入圆葱、青红椒、蒜薹，大火翻炒均匀出锅装盘。

火腿扒白菜

原料

大白菜 4500g、火腿 600g

调料

植物油 150g、葱油 50g、水淀粉（淀粉 120g、水 160g）、盐 40g（焯水）

A 料：葱花 50g、姜片 30g

B 料：盐 50g、鸡精 25g、胡椒粉 5g

成熟技法　扒

成品特点　口味咸鲜　汁明芡亮

烹制份数　20 份

营养分析

名称	每 100 g
能量	76 kcal
蛋白质	2.4 g
脂肪	5.7 g
碳水化合物	4.2 g
膳食纤维	0.7 g
钠	535.8 mg

烹制流程

1. 大白菜、火腿切条备用。

2. 白菜加盐焯水断生备用。

3. 锅留底油，下 A 料炒香，倒入清汤，大火烧开。

4. 放 B 料调味，加入白菜、火腿，勾芡后淋葱油出锅装盘。

火腿炒青瓜

原料

火腿 600g、黄瓜 3000g、水发木耳 250g

调料

植物油 150g、葱油 50g、清汤 1500g、水淀粉（淀粉 110、水 150g）、盐 30g（焯水）

A 料：葱花 50g、姜片 50g、蒜片 50g

B 料：盐 35g、绵白糖 10g、鸡精 15g、胡椒粉 6g

成熟技法 炒

成品特点 口味咸鲜 黄瓜脆爽

烹制份数 20 份

营养分析

名称	每 100 g
能量	89 kcal
蛋白质	2.7 g
脂肪	6.5 g
碳水化合物	5.1 g
膳食纤维	0.5 g
钠	453.6 mg

烹制流程

1. 黄瓜去皮、火腿切菱形片备用。

2. 黄瓜、木耳、火腿焯水断生备用。

3. 锅留底油，下入 A 料炒香，倒入清汤，放 B 料调味。

4. 滤出小料，大火烧开，水淀粉勾芡，下入火腿、黄瓜、木耳，翻炒均匀，淋葱油出锅装盘。

尖椒肉丝

原料

猪瘦肉 1500g、尖椒丝 1500g

调料

植物油 150g、 水淀粉（淀粉 20g、水 40g）

A 料：葱花 50g、姜片 50g

B 料：盐 30g、绵白糖 10g、鸡精 20g、胡椒粉 6g、料酒 70g、酱油 60g、老抽 40g

成熟技法　炒

成品特点　咸鲜微辣　色泽翠绿

烹制份数　20 份

营养分析

名称	每 100 g
能量	121 kcal
蛋白质	9.8 g
脂肪	7.6 g
碳水化合物	3.6 g
膳食纤维	1 g
钠	499.4 mg

烹制流程

1. 猪瘦肉切丝上浆滑油备用。

2. 锅留底油，下入 A 料炒香，加入肉丝、尖椒丝。

3. 放 B 料调味，大火煸炒，水淀粉勾芡出锅装盘。

尖椒肉丝

豇豆烧肉

原料

带皮猪五花肉 1500g、豇豆 3000g

调料

植物油 150g、清水 5000g、水淀粉（淀粉 90g、水 120g）、绵白糖 80g（炒糖色）

A 料：葱段 150g、姜片 150g

B 料：盐 30g、料酒 100g、酱油 150g、老抽 30g、鸡精 15g、胡椒粉 8g

C 料：八角 10g、桂皮 4g、草果 2 个、香叶 5g、小茴香 10g、干辣椒 5g（料包）

成熟技法 烧

成品特点 口味咸鲜 色泽红亮

烹制份数 20 份

营养分析

名称	每 100 g
能量	163 kcal
蛋白质	3.9 g
脂肪	14.1 g
碳水化合物	6.4 g
膳食纤维	2.6 g
钠	433.4 mg

烹制流程

1. 豇豆切段过油备用。

2. 五花肉切块焯水后入锅煸炒备用。

3. 锅留底油，加入绵白糖炒糖色，倒入清汤，加入五花肉，放 B 料调味，加入 C 料。

4. 大火烧开，小火炖至八成熟，滤出小料、料包，加入豇豆，烧至成熟后勾芡出锅装盘。

酱香茄条

原料

茄子 3000g、肉末 500g、青椒粒 50g、红椒粒 50g、香葱末 50g

调料

植物油 150g、清汤 1500g、大酱 300g、蒜末 60g、水淀粉（淀粉 70g、水 90g）

A 料：葱花 50g、姜片 50g、蒜末 20g

B 料：盐 10g、绵白糖 35g、鸡精 15g、胡椒粉 6g、酱油 50g、料酒 50g、老抽 40g

C 料：清水 100g、淀粉 200g

成熟技法　炒

成品特点　口味咸鲜　酱香味浓

烹制份数　20 份

营养分析

名称	每 100 g
能量	120 kcal
蛋白质	3 g
脂肪	8 g
碳水化合物	9.2 g
膳食纤维	1 g
钠	541.7 mg

烹制流程

1. 茄子切条加 C 料搅拌均匀，入六成热油中炸熟。

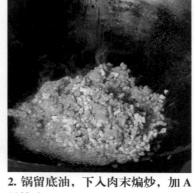

2. 锅留底油，下入肉末煸炒，加 A 料炒香。

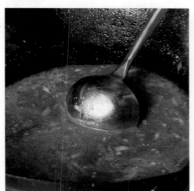

3. 加入大酱煸炒，倒入清汤，放 B 料调味。

4. 水淀粉勾芡，加入茄子、青红椒粒翻炒均匀，出锅撒蒜末、香葱末即可。

焦熘肉片

原料

猪五花肉 1000g、大白菜茎 2000g、油菜茎 500g

调料

清汤 1000g、植物油 150g、水淀粉（淀粉 90g、水 120g）、蒜末 50g

A 料：葱花 50g、姜片 50g、蒜片 50g

B 料：盐 15g、绵白糖 190g、鸡精 40g、料酒 100g、酱油 150g、老抽 30g、醋 200g

C 料：香油 10g、料油 40g

D 料：盐 5g、胡椒粉 2g、料酒 15g、葱姜水 20g

E 料：淀粉 300g、面粉 75g、清水 350g、植物油 50g

成熟技法 焦熘

成品特点 酸甜适口 外焦里嫩

烹制份数 20 份

营养分析

名称	每 100 g
能量	187 kcal
蛋白质	3.1 g
脂肪	13.6 g
碳水化合物	13.2 g
膳食纤维	0.6 g
钠	416 mg

烹制流程

1. 五花肉切片加 D 料搅拌均匀，腌制备用。

2. E 料混合均匀，制成面糊备用，五花肉裹上面糊，入五成热油中炸熟。

3. 白菜茎、油菜茎切片，过油备用。

4. 锅留底油，下入 A 料炒香，倒入清汤，放 B 料调味。

5. 水淀粉勾芡，加入五花肉、白菜、油菜、蒜末，翻炒均匀淋 C 料出锅装盘。

焦熘肉片

焦熘丸子

原料

猪肉馅 2500g、胡萝卜 1000g、黄瓜 1000g、莲藕 500g

调料

清汤 1200g、植物油 150g、水淀粉（淀粉 90g、水 120g）、蒜末 60g

A 料：葱花 50g、姜片 50g、蒜片 50g

B 料：盐 10g、绵白糖 190g、鸡精 40g、料酒 200g、酱油 150g、老抽 30g、醋 200g

C 料：葱油 40g、香油 10g

D 料：盐 5g、料酒 100g、酱油 50g、绵白糖 10g、胡椒粉 5g、淀粉 400g、葱姜水 125g、花椒水 125g、鸡蛋 5 个

成熟技法　焦熘

成品特点　色泽红亮　口味咸香

烹制份数　20 份

营养分析

名称	每 100 g
能量	240 kcal
蛋白质	6.4 g
脂肪	18.4 g
碳水化合物	12.7 g
膳食纤维	0.8 g
钠	330.4 mg

烹制流程

1. 胡萝卜、黄瓜去皮切滚刀块，莲藕切丁备用。

2. 猪肉馅加 D 料、莲藕混合均匀，捏成 3cm 大小的丸子，入五成油温中炸熟备用。

3. 胡萝卜焯水断生后与黄瓜一起过油备用。

4. 锅留底油，下入 A 料炒香，放 B 料调味，倒入清汤，大火烧开。

5. 滤出小料，水淀粉勾芡，下入丸子、胡萝卜、黄瓜、蒜末，翻炒均匀，淋 C 料出锅装盘。

焦熘丸子

京酱肉丝

原料

猪瘦肉 1500g、豆皮 1000g、圆葱丝 1500g、香葱末 5g

调料

植物油 200g、香油 20g、甜面酱 400g、姜水 950g（姜水制作比例为 110g 姜拍碎加 1000g 水混合搅拌）、姜末 30g

A 料：绵白糖 350g、鸡精 20g、胡椒粉 6g、料酒 100g、酱油 30g、盐 10g

成熟技法 炒

成品特点 咸香微甜 酱香浓郁

烹制份数 20 份

营养分析

名称	每 100 g
能量	223 kcal
蛋白质	17.1 g
脂肪	11 g
碳水化合物	14.9 g
膳食纤维	0.4 g
钠	300.6 mg

烹制流程

1. 猪瘦肉切丝上浆滑油备用。

2. 圆葱丝入锅煸炒，垫入盘底。

3. 豆皮切丝焯水，一半垫底，另一半控水备用。

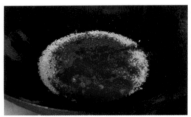

4. 锅留底油，下入姜末、甜面酱炒香，倒入姜水，放 A 料调味，小火熬至浓稠。

5. 加入肉丝、豆皮，翻炒均匀，淋香油浇在圆葱、豆皮上，香葱末点缀即可。

京酱肉丝

口蘑炒肉片

原料

猪瘦肉 1500g、口蘑 1500g、黄瓜 1500g

调料

植物油 125g、清汤 1500g、料油 50g、水淀粉（淀粉 80g、水 100g）、老抽 10g

A 料：葱花 60g、姜片 40g、蒜片 40g

B 料：盐 40g、绵白糖 15g、鸡精 15g、胡椒粉 5g、酱油 60g、老抽 15g、料酒 50g

成熟技法　炒

成品特点　口味咸鲜　色泽亮丽

烹制份数　20 份

营养分析

名称	每 100 g
能量	172 kcal
蛋白质	18.8 g
脂肪	6.7 g
碳水化合物	11.7 g
膳食纤维	5.6 g
钠	421.9 mg

烹制流程

1. 猪瘦肉切片，上浆调色滑油备用。

2. 黄瓜去皮切菱形片、口蘑去根切片后过油备用。

3. 锅留底油，下入 A 料炒香，倒入清汤，放 B 料调味。

4. 滤出小料，水淀粉勾芡，放入肉片、口蘑、黄瓜，大火翻炒，淋料油出锅装盘。

口味黄瓜

原料

黄瓜 3500g、猪五花肉 1500g、红小米辣 70g

调料

植物油 200g、香油 20g

A 料：葱花 50g、姜片 50g、蒜片 50g、干辣椒 20g、干花椒 5g、豆瓣酱 40g、泡椒酱 100g

B 料：鸡精 25g、盐 20g、酱油 50g、老抽 30g、料酒 50g、胡椒粉 8g、蒸鱼豉油 100g

成熟技法 炒

成品特点 色泽翠绿 咸鲜微辣

烹制份数 20 份

营养分析

名称	每 100 g
能量	144 kcal
蛋白质	2.9 g
脂肪	13.5 g
碳水化合物	2.8 g
膳食纤维	0.5 g
钠	420.5 mg

烹制流程

1. 小米辣切末备用，黄瓜切厚片过油备用。

2. 五花肉切片煸炒出油备用。

3. 锅留底油，下入 A 料炒香，加入肉片、黄瓜。

4. 放 B 料调味，加入小米辣翻炒均匀，淋香油出锅装盘。

口味茄子

原料

茄子 5500g、猪五花肉 500g、线椒 1000g、小米辣末 150g

调料

植物油 100g、清汤 90g、蒜蓉 50g

A 料：葱花 50g、姜片 40g、豆豉 30g、蚝油 200g

B 料：酱油 80g、绵白糖 15g、老抽 8g、料酒 50g、盐 20g、味精 25g、胡椒粉 6g、蒸鱼豉油 40g

成熟技法　炒

成品特点　色泽鲜艳　香辣咸鲜

烹制份数　20 份

营养分析

名称	每 100 g
能量	61 kcal
蛋白质	1.7 g
脂肪	3.9 g
碳水化合物	5.6 g
膳食纤维	1.5 g
钠	330.3 mg

烹制流程

1. 茄子切三角条入六成热油中炸透，线椒切段备用。

2. 五花肉切片入锅煸炒出油备用。

3. 锅留底油，下入 A 料炒香，加入五花肉、线椒、小米辣翻炒。

4. 放 B 料加清汤调开，倒入茄子，翻炒均匀，撒蒜蓉出锅装盘。

拉皮炒肉丝

原料

拉皮 4000g、肉丝 250g、水发木耳 250g、青蒜 250g

调料

植物油 200g、清汤 1000g、八角 5g

A 料：干辣椒 10g、葱花 40g、姜片 40g、蒜片 40g

B 料：绵白糖 20g、盐 45g、鸡精 20g、胡椒粉 6g、料酒 50g、酱油 50g、老抽 45g

成熟技法 炒

成品特点 劲道爽滑 咸鲜微辣

烹制份数 20 份

营养分析

名称	每 100 g
能量	106 kcal
蛋白质	0.9 g
脂肪	5.8 g
碳水化合物	12.6 g
膳食纤维	0.2 g
钠	529.5 mg

烹制流程

1. 青蒜斜刀切段备用，木耳焯水断生备用。

2. 肉丝上浆滑油备用。

3. 锅留底油，下入八角炸香后捞出，加入 A 料炒香，加入肉丝煸炒。

4. 倒入清汤，放 B 料调味，加入拉皮、木耳小火烹制，加入青蒜，翻炒均匀出锅装盘。

辣椒炒肉片

原料

猪五花肉 2000g、猪瘦肉 1600g、线椒 2000g、红小米辣 50g

调料

植物油 227g、料油 40g、老抽 35g

A 料：葱花 50g、姜片 40g、蒜片 40g

B 料：料酒 60g、酱油 70g、老抽 45g、
盐 25g、绵白糖 10g、味精 25g、
胡椒粉 8g、生抽 40g

成熟技法　炒

成品特点　香辣咸鲜　色泽艳丽

烹制份数　20 份

营养分析

名称	每 100 g
能量	202 kcal
蛋白质	8.3 g
脂肪	17.8 g
碳水化合物	2.6 g
膳食纤维	0.8 g
钠	296.7 mg

烹制流程

1. 线椒、红小米辣对半切开后切段，五花肉、猪瘦肉切片备用。

2. 肥瘦肉片分别加老抽拌匀，入锅煸炒出油，捞出控油备用。

3. 锅留底油，下入 A 料炒香，倒入线椒、红小米辣煸炒。

4. 下入肥瘦肉片，放 B 料调味，翻炒均匀，淋料油出锅装盘。

榄菜肉末炒豇豆

原料

豇豆 5000g、肉末 750g、榄菜 250g

调料

植物油 200g、蒜末 60g、老抽 15g

A 料：葱花 50g、姜片 50g、蒜片 50g

B 料：盐 50g、绵白糖 10g、鸡精 15g、
酱油 60g、老抽 10g、胡椒粉 6g

成熟技法 炒

成品特点 口味咸鲜 风味独特

烹制份数 20 份

营养分析

名称	每 100 g
能量	109 kcal
蛋白质	3.5 g
脂肪	9.4 g
碳水化合物	6.8 g
膳食纤维	3.4 g
钠	464.6 mg

烹制流程

1. 豇豆顶到切丁，入六成热油中炸熟备用。

2. 肉末加老抽入锅煸炒备用。

3. 锅留底油，下入 A 料、榄菜炒香。

4. 加入肉末、豇豆，放 B 料调味，翻炒均匀，撒蒜末出锅装盘。

莲藕炖腔骨

原料

腔骨 2500g、莲藕 2000g、香菜 5g

调料

植物油 200g、清水 7000g

A 料：葱段 150g、姜片 150g

B 料：盐 55g、绵白糖 20g、鸡精 20g、
　　　胡椒粉 10g

成熟技法　炖

成品特点　口味咸鲜　汤汁味美

烹制份数　20 份

营养分析

名称	每 100 g
能量	164 kcal
蛋白质	6.8 g
脂肪	13 g
碳水化合物	5.5 g
膳食纤维	0.9 g
钠	490.7 mg

烹制流程

1. 莲藕去皮切滚刀块、腔骨剁块后，分别焯水断生备用。

2. 锅留底油，下入 A 料炒香，加入腔骨煸炒，放 B 料调味，倒入清水，大火烧开，烧至八成熟。

3. 加入莲藕，改小火炖至成熟，香菜点缀出锅装盘。

莲藕炖腔骨

莲藕炖猪手

原料

猪手 2500g、莲藕 2000g、香葱末 5g

调料

植物油 150g、清水 8000g、绵白糖（炒糖色）90g

A 料：葱段 150g、姜片 150g

B 料：盐 60g、胡椒粉 8g

C 料：八角 5g、干花椒 3g、香叶 2g、小茴香 10g、桂皮 1g、干辣椒 3g、草果 1g、山奈 6g（料包）

成熟技法 炖

成品特点 猪手软烂 莲藕软糯

烹制份数 20 份

营养分析

名称	每 100 g
能量	137 kcal
蛋白质	7.6 g
脂肪	9.1 g
碳水化合物	6.7 g
膳食纤维	0.9 g
钠	537 mg

烹制流程

1. 莲藕切滚刀块、猪手剁块，分别焯水断生备用。

2. 锅留底油，下入白糖炒出糖色，加入 A 料、猪手翻炒。

3. 倒入清汤，大火烧开，加入 C 料，将猪手烧至八成熟。

4. 加入莲藕，放 B 料调味，小火炖至成熟，香葱末点缀出锅装盘。

萝卜肉片

原料

白萝卜 3000g、猪瘦肉 750g、青椒 500g

调料

植物油 150g、料油 50g、清汤 300g、水淀粉（淀粉 40g、水 60g）、八角 5g

A料：葱花 40g、姜片 40g、蒜片 40g

B料：盐 30g、绵白糖 10g、鸡精 15g、胡椒粉 6g、料酒 50g、酱油 60g、老抽 15g

成熟技法　炒

成品特点　口味咸鲜　质地脆嫩

烹制份数　20份

营养分析

名称	每 100 g
能量	78 kcal
蛋白质	4 g
脂肪	5.5 g
碳水化合物	3.7 g
膳食纤维	0.8 g
钠	381.2 mg

烹制流程

1. 白萝卜切菱形片，猪瘦肉切片，青椒切菱形块备用。

2. 白萝卜焯水断生备用。

3. 青椒过油，肉片上浆滑油备用。

4. 锅留底油，下入八角炸香后捞出，加入 A 料炒香，下入萝卜煸炒。

5. 放 B 料调味，倒入清汤，水淀粉勾芡，加入肉片、青椒翻炒均匀，淋料油出锅装盘。

萝卜肉片

蚂蚁上树

原料

粉条 2000g、五花肉末 500g、青椒粒 40g、红椒粒 40g

调料

清汤 1400g、植物油 300g、香油 10g、蒜末 40g

A 料：葱花 40g、姜片 40g、泡椒酱 80g、豆瓣酱 100g

B 料：酱油 60g、料酒 100g、老抽 30g、鸡精 8g、盐 10g

成熟技法 炒

成品特点 色泽红亮 口感润滑

烹制份数 20 份

营养分析

名称	每 100 g
能量	257 kcal
蛋白质	1.7 g
脂肪	15.5 g
碳水化合物	27.8 g
膳食纤维	0.3 g
钠	528.6 mg

烹制流程

1. 粉条焯水断生备用。

2. 肉末煸炒备用。

3. 锅留底油，加入 A 料炒香，加入粉条，倒入清汤。

4. 放 B 料调味，翻炒均匀后加入肉末翻炒，撒蒜末，青红椒粒点缀出锅。

平菇炒肉片

原料

平菇 3000g、猪瘦肉 2000g、盖菜 800g

调料

植物油 250g、料油 50g、清汤 1750g、
水淀粉（淀粉 70g、水 90g）

A 料：葱花 40g、姜片 40g、蒜片 40g

B 料：盐 30g、绵白糖 15g、鸡精 15g、
胡椒粉 6g、料酒 50g、酱油 60g、
老抽 15g

成熟技法　炒

成品特点　口味咸鲜　色泽分明

烹制份数　20 份

营养分析

名称	每 100 g
能量	104 kcal
蛋白质	7.7 g
脂肪	7 g
碳水化合物	3.4 g
膳食纤维	1.4 g
钠	276 mg

烹制流程

1. 猪瘦肉切片，上浆滑油备用。

2. 平菇撕成块状、盖菜切菱形块，分别焯水断生备用。

3. 锅留底油，下入 A 料炒香，放 B 料调味，倒入清汤，大火烧开。

4. 滤出小料，水淀粉勾芡，加入肉片、盖菜、平菇，翻炒均匀，淋料油出锅装盘。

芹菜炒肉

原料

芹菜 4000g、猪瘦肉 1000g

调料

植物油 150g、料油 50g、清汤 70g、水淀粉（淀粉 15g、水 30g）

A 料：葱丝 50g、姜丝 50g

B 料：盐 30g、鸡精 15g、胡椒粉 5g、料酒 50g、酱油 50g

成熟技法 炒

成品特点 口味咸鲜 色泽翠绿

烹制份数 20 份

营养分析

名称	每 100 g
能量	79 kcal
蛋白质	4.8 g
脂肪	5.1 g
碳水化合物	3.8 g
膳食纤维	0.9 g
钠	409.6 mg

烹制流程

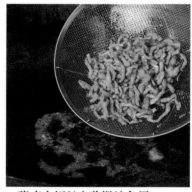

1. 猪瘦肉切丝上浆滑油备用。

2. 芹菜斜刀切段焯水断生备用。

3. 锅留底油，下入 A 料炒香，倒入芹菜、肉丝。

4. 放 B 料调味，加入清汤，水淀粉勾芡，翻炒均匀，淋料油出锅装盘。

青椒炒肉片

原料

青椒 3000g、猪瘦肉 1400g

调料

植物油 150g、料油 50g、清汤 600g、水淀粉（淀粉 40g、水 60g）

A 料：葱花 40g、姜片 40g、蒜片 40g

B 料：盐 30g、绵白糖 15g、鸡精 15g、胡椒粉 6g、料酒 50g、酱油 60g、老抽 10g

成熟技法　炒

成品特点　口味咸鲜　色泽翠绿

烹制份数　20 份

营养分析

名称	每 100 g
能量	94 kcal
蛋白质	6.8 g
脂肪	6.2 g
碳水化合物	3.3 g
膳食纤维	0.9 g
钠	343.7 mg

烹制流程

1. 猪瘦肉切片上浆滑油备用。

2. 青椒切菱形块过油备用。

3. 锅留底油，下入 A 料炒香，放 B 料调味，倒入清汤。

4. 大火烧开，水淀粉勾芡，倒入肉片、青椒，淋料油出锅装盘。

青笋炒肉片

原料

青笋 3500g、猪瘦肉 1500g、胡萝卜 300g

调料

植物油 150g、料油 50g、清汤 1000g、水淀粉（淀粉 60g、水 80g）

A 料：葱花 50g、姜片 50g、蒜片 40g

B 料：盐 40g、绵白糖 20g、鸡精 20g、胡椒粉 6g、料酒 50g

成熟技法　炒

成品特点　肉片嫩滑　青笋脆爽

烹制份数　20 份

营养分析

名称	每 100 g
能量	83 kcal
蛋白质	6.2 g
脂肪	5.4 g
碳水化合物	2.9 g
膳食纤维	0.6 g
钠	328.1 mg

烹制流程

1. 猪瘦肉切片上浆滑油备用。

2. 青笋、胡萝卜切菱形片焯水断生备用。

3. 锅留底油，下入 A 料炒香，倒入清汤，放 B 料调味。

4. 滤出小料，水淀粉勾芡，加入青笋、胡萝卜、肉片，翻炒均匀，淋料油出锅装盘。

青笋炒肉丝

原料

青笋 3000g、猪瘦肉 1500g

调料

植物油 150g、料油 50g、清汤 300g、水淀粉（淀粉 20g、水 30g）

A 料：葱花 40g、姜片 40g、蒜片 40g

B 料：盐 40g、绵白糖 20g、鸡精 20g、胡椒粉 6g、料酒 50g

成熟技法　炒

成品特点　口味咸鲜　口感脆爽

烹制份数　20 份

营养分析

名称	每 100 g
能量	94 kcal
蛋白质	7 g
脂肪	6.3 g
碳水化合物	2.6 g
膳食纤维	0.4 g
钠	371.8 mg

烹制流程

1. 猪瘦肉切丝上浆滑油。

2. 青笋切丝焯水断生备用。

3. 锅留底油，下入 A 料炒香，倒入清汤，放 B 料调味，大火烧开。

4. 滤出小料，水淀粉勾芡，加入肉丝、青笋翻炒均匀，淋料油出锅装盘。

清炖狮子头

原料

猪五花肉丁 1500g、莲藕丁 300g、大白菜 300g、油菜心 100g、泡水枸杞 8g

调料

水淀粉（水 20g、淀粉 25g）

A 料：葱姜水 350g、盐 20g、胡椒粉 6g、味精 6g、鸡精 6g、淀粉 120g、蛋清 150g

B 料：清水 10000g、盐 60g、葱段 150g、姜片 150g、胡椒粉 5g、鸡精 5g

成熟技法　炖

成品特点　口味咸鲜　口感软嫩

烹制份数　20 份

营养分析

名称	每 100 g
能量	229 kcal
蛋白质	6 g
脂肪	21.7 g
碳水化合物	2.3 g
膳食纤维	0.5 g
钠	1332.2 mg

烹制流程

1. 油菜心、枸杞焯水断生备用。

2. 五花肉丁加莲藕、A 料搅拌均匀，分成 20 份团成丸子，表面沾上水淀粉。

3. 锅内加入 B 料烧开，改小火，加入丸子盖上白菜，余至定型后，上锅炖至入味，成熟后加入油菜心、枸杞即可。

清炖狮子头

108

肉炒三丝

原料

猪瘦肉 500g、土豆丝 4000g、芹菜 800g、胡萝卜丝 500g

调料

植物油 150g、清汤 200g、水淀粉（淀粉 15g、水 50g）、老抽 10g、盐 40g（焯水）、料油 50g

A 料：葱丝 60g、姜丝 60g

B 料：盐 30g、鸡精 15g、胡椒粉 5g、酱油 40g、料酒 60g、老抽 20g

成熟技法　炒

成品特点　口味咸鲜　色泽亮丽

烹制份数　20 份

营养分析

名称	每 100 g
能量	101 kcal
蛋白质	3.7 g
脂肪	4 g
碳水化合物	13.2 g
膳食纤维	1.2 g
钠	272.1 mg

烹制流程

1. 猪瘦肉切丝加老抽拌匀，上浆滑油备用。

2. 芹菜斜刀切丝，与土豆丝、胡萝卜丝加盐焯水断生备用。

3. 锅留底油，下入 A 料炒香，加入土豆丝、胡萝卜丝、芹菜丝、肉丝。

4. 倒入清汤，放 B 料调味，水淀粉勾芡，淋料油出锅装盘。

肉末扒生菜

原料

球生菜 7500g、肉末 1500g

调料

植物油 100g、清汤 1500g、葱油 50g、水淀粉（淀粉 80g、水 100g）、盐 70g（焯水）

A 料：葱花 50g、姜片 20g、蒜片 40g

B 料：料酒 40g、酱油 60g、老抽 30g、盐 20g、绵白糖 20g、胡椒粉 6g

成熟技法　扒

成品特点　口味咸鲜　色泽翠绿

烹制份数　20 份

营养分析

名称	每 100 g
能量	90 kcal
蛋白质	3.5 g
脂肪	8 g
碳水化合物	1.6 g
膳食纤维	0.9 g
钠	145.2 mg

烹制流程

1. 球生菜撕成块状，加盐焯水，垫入盘底。

2. 锅留底油，下入肉末煸炒，捞出控油。

3. 锅留底油，加入 A 料炒香，倒入清汤，放 B 料调味，大火烧开。

4. 滤出小料，下入肉末，水淀粉勾芡，淋葱油，浇在生菜上即可。

肉末白菜

原料

大白菜 4500g、猪肉末 750g、香葱末 5g

调料

植物油 100g、清汤 1200g、料油 30g、水淀粉（淀粉 120g、水 150g）、料酒 50g、老抽 15g

A 料：葱花 50g、姜片 30g

B 料：盐 40g、鸡精 15g、胡椒粉 5g、酱油 40g、老抽 15g

成熟技法　烧

成品特点　口味咸鲜　汁色红亮

烹制份数　20 份

营养分析

名称	每 100 g
能量	93 kcal
蛋白质	3.2 g
脂肪	7.6 g
碳水化合物	3.2 g
膳食纤维	0.7 g
钠	394.9 mg

烹制流程

1. 大白菜切条焯水断生备用。

2. 锅留底油，下入 A 料炒香，加入肉末煸炒，加入料酒、老抽，倒入清汤，放 B 料调味。

3. 下入白菜，翻炒均匀，水淀粉勾芡，淋料油，撒葱花出锅装盘。

肉末白菜

肉末炒豆嘴

原料

豆嘴 3500g、肉末 1000g、韭菜 500g

调料

植物油 200g、盐 40g

A 料：葱花 50g、蒜片 30g、姜片 50g、
　　　八角 5g、干辣椒 5g

B 料：盐 40g、绵白糖 15g、胡椒粉 6g、
　　　料酒 60g、酱油 60g、老抽 45g

C 料：葱油 40g、香油 10g

成熟技法　炒

成品特点　口味咸鲜　清香可口

烹制份数　20 份

营养分析

名称	每 100 g
能量	150 kcal
蛋白质	5.7 g
脂肪	12.6 g
碳水化合物	4.2 g
膳食纤维	1.1 g
钠	374.2 mg

烹制流程

1. 韭菜切段备用，豆嘴加盐焯水断生备用。

2. 肉末煸炒，捞出备用。

3. 锅留底油，下入 A 料炒香，加入肉末，放 B 料调味。

4. 倒入豆嘴、韭菜翻炒均匀，淋 C 料出锅装盘。

肉末粉丝包菜

原料

包菜 2000g、猪肉末 1000g、泡发粉丝 1000g

调料

植物油 200g、清汤 300g、老抽 20g

A 料：葱花 40g、姜片 30g、蒜片 30g、豆瓣酱 100g、料酒 50g

B 料：盐 40g、鸡精 25g、老抽 30g、花椒面 10g

成熟技法　炒

成品特点　口味咸鲜　色泽翠绿

烹制份数　20 份

营养分析

名称	每 100 g
能量	177 kcal
蛋白质	4 g
脂肪	13.3 g
碳水化合物	10.7 g
膳食纤维	0.6 g
钠	562.6 mg

烹制流程

1. 包菜切丝备用。

2. 粉丝焯水，加老抽搅拌均匀备用。

3. 锅留底油，下入肉末煸炒，加 A 料炒香，倒入包菜丝。

4. 加 B 料调味，大火煸炒，下入粉丝，翻炒均匀出锅装盘。

肉末黄豆芽

原料

黄豆芽 5000g、肉末 500g、香葱末 5g

调料

植物油 200g、料油 50g、八角 5g

A 料：葱花 40g、姜片 40g、蒜片 40g、
　　　干辣椒 5g

B 料：盐 55g、鸡精 20g、胡椒粉 8g、
　　　料酒 50g、酱油 50g、老抽 25g

成熟技法　炒

成品特点　口味咸鲜　质地脆爽

烹制份数　20 份

营养分析

名称	每 100 g
能量	113 kcal
蛋白质	5 g
脂肪	8.8 g
碳水化合物	4.2 g
膳食纤维	1.3 g
钠	429.7 mg

烹制流程

1. 豆芽焯水断生备用。

2. 肉末煸炒备用。

3. 锅留底油，下入八角炸香后捞出，加 A 料炒香。

4. 倒入豆芽、肉末，放 B 料调味，翻炒均匀，淋料油，香葱末点缀出锅装盘。

肉末烩茄丁

原料

圆茄子 3000g、肉末 500g、西红柿 1000g、香葱末 5g

调料

清汤 2000g、植物油 450g、八角 5g、蒜蓉 50g

A 料：葱花 50g、姜片 30g

B 料：盐 35g、绵白糖 20g、鸡精 20g、胡椒粉 6g、料酒 40g、酱油 50g、老抽 25g

成熟技法　烩

成品特点　口味咸鲜　汤鲜味美

烹制份数　20 份

营养分析

名称	每 100 g
能量	144 kcal
蛋白质	2.5 g
脂肪	12.7 g
碳水化合物	5.4 g
膳食纤维	1.1 g
钠	339.3 mg

烹制流程

1. 茄子去皮切丁，西红柿切块备用。

2. 锅留底油，加入肉末煸炒备用。

3. 锅留底油，加入茄子煸炒备用。

4. 锅留底油，加入八角炸香后捞出，下入 A 料炒香，加入西红柿煸炒。

5. 倒入清汤，放 B 料调味，加入茄子、肉末烩至成熟，撒香葱、蒜蓉出锅装盘。

肉末烩茄丁

肉末酸菜粉

原料

酸白菜 2500g、肉末 500g、粉丝 1000g

调料

植物油 300g、料油 50g、清汤 1000g、
老抽 25g（炒肉末）、老抽 25g（拌粉丝）

A 料：葱花 40g、姜片 40g、蒜片 40g、
干辣椒 5g

B 料：盐 20g、鸡精 15g、胡椒粉 6g、
料酒 40g、酱油 50g、老抽 30g

成熟技法 炒

成品特点 咸鲜微酸 风味独特

烹制份数 20 份

营养分析

名称	每 100 g
能量	154 kcal
蛋白质	2 g
脂肪	12.3 g
碳水化合物	9.5 g
膳食纤维	0.4 g
钠	275.7 mg

烹制流程

1. 酸菜焯水断生，粉丝焯水加老抽
拌匀备用。

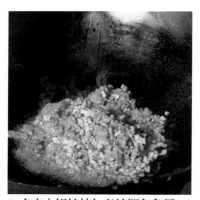

2. 肉末入锅煸炒加老抽调色备用。

3. 锅留底油，下入 A 料炒香，加入
酸菜煸炒，放 B 料调味。

4. 倒入清汤，加入粉丝、肉末，翻
炒均匀，淋料油出锅装盘。

肉末小白菜

原料

小白菜 5000g、肉末 700g

调料

植物油 300g、香油 20g

A 料：葱花 40g、姜片 40g、蒜片 40g、
干辣椒 5g

B 料：盐 40g、鸡精 20g、绵白糖 15g、
胡椒粉 5g

C 料：料酒 40g、老抽 40g

成熟技法 炒

成品特点 口味咸鲜 色泽翠绿

烹制份数 20 份

营养分析

名称	每 100 g
能量	105 kcal
蛋白质	2.7 g
脂肪	9.8 g
碳水化合物	2.5 g
膳食纤维	0.9 g
钠	374.9 mg

烹制流程

1. 锅留底油，下入肉末煸炒，加 C 料调色，捞出备用。

2. 小白菜切段焯水断生备用。

3. 锅留底油，下入 A 料炒香，倒入小白菜煸炒。

4. 放 B 料调味，加入肉末，翻炒均匀，淋香油出锅装盘。

肉末雪里蕻

原料

雪里蕻 4500g、肉末 1000g

调料

植物油 200g、料油 50g

A 料：葱花 40g、姜片 40g、蒜片 40g、
干辣椒 5g

B 料：盐 20g、味精 30g、胡椒粉 80g、
绵白糖 20g、料酒 50g、酱
油 60g、老抽 40g

成熟技法 炒

成品特点 口味咸鲜 清香适口

烹制份数 20 份

营养分析

名称	每 100 g
能量	129 kcal
蛋白质	3.9 g
脂肪	10.9 g
碳水化合物	4.5 g
膳食纤维	1.2 g
钠	227.4 mg

烹制流程

1. 雪里蕻切末焯水断生，挤干水分备用。

2. 雪里蕻入锅煸炒备用。

3. 锅留底油，入肉末煸炒，下入 A 料炒香。

4. 加入雪里蕻，放 B 料调味，大火翻炒均匀，淋料油出锅装盘。

肉片盖菜

原料

盖菜 4000g、猪瘦肉 1000g

调料

植物油 150g、葱油 50g、清汤 1000g、
水淀粉（淀粉 70g、水 80g）

A 料：葱花 20g、姜片 20g、蒜片 20g

B 料：盐 50g、绵白糖 12g、鸡精 15g、
　　　胡椒粉 3g

成熟技法　炒

成品特点　口味咸鲜　色泽翠绿

烹制份数　20 份

营养分析

名称	每 100 g
能量	72 kcal
蛋白质	5 g
脂肪	5.1 g
碳水化合物	2.7 g
膳食纤维	1.5 g
钠	440.7 mg

烹制流程

1. 猪瘦肉切片上浆滑油备用。

2. 盖菜切块焯水断生备用。

3. 锅留底油，下入 A 料炒香，倒入清汤，放 B 料调味，大火烧开。

4. 滤出小料，水淀粉勾芡，加入盖菜、肉片，翻炒均匀，淋葱油出锅装盘。

肉片烧香菇

原料

猪瘦肉 1000g、香菇 3000g、青椒 500g

调料

植物油 150g、清汤 1500g、水淀粉（淀粉 90g、水 100g）

A 料：葱花 40g、姜片 40g、蒜片 40g

B 料：盐 35g、绵白糖 20g、鸡精 20g、胡椒粉 6g、料酒 50g、老抽 30g、酱油 50g

C 料：料油 40g、香油 10g

成熟技法 烧

成品特点 口味咸鲜 汁浓味厚

烹制份数 20 份

营养分析

名称	每 100 g
能量	88 kcal
蛋白质	5.8 g
脂肪	5.7 g
碳水化合物	4.5 g
膳食纤维	2.2 g
钠	359.8 mg

烹制流程

1. 猪瘦肉切片上浆滑油备用。

2. 香菇去根切块焯水断生，青椒切菱形块过油备用。

3. 锅留底油，下入 A 料炒香，倒入清汤，放 B 料调味，加入香菇、肉片烧制。

4. 水淀粉勾芡，加入青椒，翻炒均匀，淋 C 料出锅装盘。

肉片丝瓜

原料

丝瓜 3000g、猪瘦肉 1000g、红椒 150g

调料

植物油 150g、料油 50g、清汤 1000g、水淀粉（淀粉 60g、水 70g）

A 料：葱花 50g、姜片 50g、蒜片 50g

B 料：盐 40g、绵白糖 20g、鸡精 15g、胡椒粉 5g

成熟技法　炒

成品特点　色泽翠绿　口味软嫩

烹制份数　20 份

营养分析

名称	每 100 g
能量	90 kcal
蛋白质	5.6 g
脂肪	6.1 g
碳水化合物	3.8 g
膳食纤维	0.5 g
钠	372.8 mg

烹制流程

1. 猪瘦肉切片上浆滑油备用。

2. 丝瓜切滚刀块、红椒切菱形块焯水断生备用。

3. 锅留底油，下入 A 料炒香，倒入清汤，放 B 料调味，大火烧开。

4. 滤出小料，水淀粉勾芡，加入丝瓜、肉片、红椒翻炒均匀，淋料油出锅装盘。

肉片西蓝花

原料

西蓝花 3000g、猪瘦肉 1000g、水发木耳 100g

调料

植物油 150g、清汤 1000g、料油 50g、水淀粉（淀粉 60g、水 100g）

A 料：葱花 60g、蒜片 40g

B 料：盐 40g、绵白糖 15g、鸡精 15g、胡椒粉 5g

成熟技法 炒

成品特点 口味咸鲜 色泽翠绿

烹制份数 20 份

营养分析

名称	每 100 g
能量	95 kcal
蛋白质	7.2 g
脂肪	6.4 g
碳水化合物	3.4 g
膳食纤维	1.1 g
钠	407.1 mg

烹制流程

1. 猪瘦肉切片上浆滑油备用。

2. 西蓝花切块，与木耳分别焯水断生备用。

3. 锅留底油，下入 A 料炒香，倒入清汤。

4. 放 B 料调味，放入所有西蓝花、肉片、木耳，翻炒均匀，水淀粉勾芡，淋料油出锅装盘。

山药炒肉片

原料

山药 4000g、猪瘦肉 500g、水发木耳 500g

调料

植物油 150g、葱油 50g、清汤 1200g、水淀粉（淀粉 70g、水 80g）

A 料：葱花 40g、蒜片 40g、姜片 40g

B 料：盐 50g、绵白糖 15g、鸡精 15g、胡椒粉 5g、料酒 50g

成熟技法　炒

成品特点　口味咸鲜　口感爽脆

烹制份数　20 份

营养分析

名称	每 100 g
能量	95 kcal
蛋白质	3.5 g
脂肪	4.6 g
碳水化合物	10.4 g
膳食纤维	0.9 g
钠	394.1 mg

烹制流程

1. 山药切菱形片，与木耳焯水断生备用。

2. 猪瘦肉切片上浆滑油备用。

3. 锅留底油，下入 A 料炒香，倒入清汤，放 B 料调味，大火烧开。

4. 滤出小料，水淀粉勾芡，加入肉片、山药、木耳翻炒均匀，淋葱油出锅装盘。

山药玉米炖排骨

原料

猪肋排 1500g、 山 药 1000g、 玉米 1000g、胡萝卜 1000g、香菜 5g

调料

植物油 200g、清汤 5000g

A 料：葱段 150g、姜片 150g、八角 5g

B 料：盐 70g、鸡精 20g、胡椒粉 8g、 绵白糖 15g、料酒 60g

成熟技法 炖

成品特点 口味鲜香 汤汁鲜美

烹制份数 20 份

营养分析

名称	每 100 g
能量	131 kcal
蛋白质	4.8 g
脂肪	9.6 g
碳水化合物	6.9 g
膳食纤维	1.1 g
钠	618.2 mg

烹制流程

1. 猪肋排剁段，山药、胡萝卜切滚刀块，玉米切块后，分别焯水断生备用。

2. 锅留底油，下入 A 料炒香，倒入清汤，放 B 料调味，下入排骨。

3. 大火烧开改小火慢炖至八成熟，下入山药、玉米、胡萝卜，炖至成熟后，香菜点缀出锅装盘。

山药玉米炖排骨

上汤娃娃菜

原料

娃娃菜 5000g、火腿 250g、皮蛋 150g

调料

植物油 200g、清汤 3000g、蒜子 70g

A 料：葱花 50g、姜片 40g

B 料：盐 50g、绵白糖 5g、鸡精 20g、
胡椒粉 5g

C 料：香油 10g、料油 40g

成熟技法　煨

成品特点　口味咸鲜　汁色白亮

烹制份数　20 份

营养分析

名称	每 100 g
能量	65 kcal
蛋白质	2.7 g
脂肪	5.3 g
碳水化合物	3 g
膳食纤维	2 g
钠	409.9 mg

烹制流程

1. 娃娃菜切开，火腿、皮蛋切丁备用。

2. 蒜子入油炸至金黄备用。

3. 娃娃菜焯水断生装入盘中。

4. 锅留底油，下入 A 料炒香，倒入清汤，放 B 料调味，大火烧开。

5. 滤出小料，下入火腿、皮蛋、蒜子，烧开浇在娃娃菜上即可。

上汤娃娃菜

烧肉炖粉条

原料

带皮五花肉 2000g、泡发粉条 1500g、白菜叶 1500g、香菜 5g

调料

植物油 200g、清汤 7000g、绵白糖 80g（炒糖色）

A 料：葱段 150g、姜片 150g

B 料：盐 30g、料酒 100g、酱油 200g、老抽 30g、胡椒粉 8g、料包（八角 10g、桂皮 4g、草果 2 个、香叶 5g、小茴香 10g、干辣椒 5g）

成熟技法　炖

成品特点　色泽红亮　肥而不腻

烹制份数　20 份

营养分析

名称	每 100 g
能量	219 kcal
蛋白质	3.5 g
脂肪	16.5 g
碳水化合物	14.2 g
膳食纤维	0.3 g
钠	456.4 mg

烹制流程

1. 五花肉、大白菜切块备用。

2. 五花肉焯水断生，入锅煸炒备用。

3. 锅留底油，加入白糖炒糖色，加入 A 料、五花肉煸炒，倒入清汤，放 B 料调味，大火烧开改小火炖至八成熟。

4. 捞出料包，加入白菜、粉条炖至成熟，香菜点缀出锅装盘。

烧松肉

原料

猪肉馅 1000g、大白菜 2500g、粉条 1000g、油皮 12 张

调料

植物油 150g、清汤 1500g、清水 1500g、香油 20g

A 料：葱花 50g、姜片 50g、八角 5g

B 料：盐 30g、绵白糖 10g、料酒 50g、酱油 50g、老抽 30g

C 料：盐 4g、胡椒粉 2g、料酒 20g、鸡蛋 80g、淀粉 50g、葱姜水 270g

D 料：面粉 50g、清水 80g

成熟技法　烧

成品特点　口味咸鲜　醇厚味美

烹制份数　20 份

营养分析

名称	每 100 g
能量	177 kcal
蛋白质	4.7 g
脂肪	11.1 g
碳水化合物	12.7 g
膳食纤维	0.5 g
钠	372 mg

烹制流程

1. 大白菜顶刀切片备用。

2. 猪肉馅加 C 料搅拌均匀，D 料和成面糊备用。

3. 油皮刷上面糊，铺上肉馅，再盖上一张刷好面糊的油皮，切成长方块，入热油中炸熟。

4. 锅留底油，加入 A 料炒香，加入白菜煸炒，倒入清汤，放 B 料调味。

5. 加炸好的松肉小火炖至八成熟，加入粉条炖至成熟，淋香油出锅装盘。

烧松肉

手撕包菜

原料

包菜 4000g、猪五花肉 800g

调料

植物油 200g

A 料：干辣椒 5g、葱花 40g、姜片 40g、蒜片 40g

B 料：盐 35g、鸡精 20g、料酒 50g、酱油 60g、老抽 35g、胡椒粉 5g

成熟技法 炒

成品特点 咸鲜微辣 口感爽脆

烹制份数 20 份

营养分析

名称	每 100 g
能量	110 kcal
蛋白质	2.5 g
脂肪	9.6 g
碳水化合物	3.7 g
膳食纤维	0.8 g
钠	365.3 mg

烹制流程

1. 包菜撕成块状备用。

2. 锅留底油，下入五花肉煸炒，加入 A 料炒香，倒入包菜煸炒。

3. 放 B 料调味出锅装盘。

手撕包菜

爽口猪蹄

原料

猪蹄 3500g、青笋 1500g、野山椒碎 300g、红小米辣丁 10g、香葱末 5g

调料

清汤 8000g、植物油 300g

A 料：葱段 150g、姜片 150g、黄椒酱 400g

B 料：料酒 80g、盐 90g、绵白糖 10g、鸡精 15g、胡椒粉 8g

C 料：八角 5g、干花椒 5g、香叶 2g、小茴香 6g（料包）

成熟技法　炖

成品特点　鲜辣爽口　口感软嫩

烹制份数　20 份

营养分析

名称	每 100 g
能量	141 kcal
蛋白质	8.1 g
脂肪	11.5 g
碳水化合物	1.2 g
膳食纤维	0.2 g
钠	1354.3 mg

烹制流程

1. 猪蹄剁块焯水断生备用。

2. 青笋切菱形片焯水，垫入盘底。

3. 锅留底油，下入 A 料、野山椒碎炒香，倒入清汤，加入猪蹄，放 B 料调味，加 C 料，大火烧开，改小火炖至成熟。

4. 捞出猪蹄平铺在青笋上，滤入原汤，撒红小米辣丁、香葱末，浇热油即可。

水煮肉片

原料

猪瘦肉 1500g、大白菜 3500g

调料

清汤 3000g、植物油 150g、水淀粉（淀粉 110g、水 130g）

A 料：葱花 50g、姜片 30g、蒜末 40g、豆豉 50g、干花椒 10g、豆瓣酱 300g

B 料：盐 20g、鸡精 25g、老抽 50g、料酒 40g、十三香 5g

C 料：花椒面 10g、辣椒面 20g、蒜末 60g

D 料：植物油 100g、干花椒 5g、干辣椒 10g

成熟技法 煮

成品特点 色泽红亮 鲜香香辣

烹制份数 20 份

营养分析

名称	每 100 g
能量	100 kcal
蛋白质	6.6 g
脂肪	6.9 g
碳水化合物	3 g
膳食纤维	0.6 g
钠	644.4 mg

烹制流程

1. 大白菜切块备用，猪瘦肉切片上浆备用。

2. 锅内加入 D 料炒香，下入白菜煸炒，码入盘中备用。

3. 锅留底油，下入 A 料炒出香味，倒入清汤，放 B 料调味，大火烧开。

4. 加入肉片煮至成熟，浇在白菜上，撒上 C 料，浇热油即可。

酸菜白肉

原料

酸白菜 3000g、猪五花肉 1000g、香菜 10g

调料

植物油 250g、清汤 7000g

A 料：葱段 150g、姜片 150g、八角 8g、干辣椒 5g

B 料：盐 60g、鸡精 20g、胡椒粉 6g、料酒 60g

成熟技法 　炖

成品特点 　咸鲜微酸　汁浓味厚

烹制份数 　20 份

营养分析

名称	每 100 g
能量	73 kcal
蛋白质	1.2 g
脂肪	7.3 g
碳水化合物	0.9 g
膳食纤维	0.2 g
钠	304 mg

烹制流程

1. 酸菜切丝备用，猪五花肉下锅煮至八成熟切片备用。

2. 锅留底油，下入 A 料炒香，加入酸菜翻炒，倒入清汤，放 B 料调味。

3. 大火烧开，改小火炖至八成熟，加入肉片后炖至成熟，香菜点缀出锅装盘。

酸菜白肉

酸菜炖腔骨

原料

腔骨 5000g、酸菜 3000g、香菜 10g

调料

植物油 200g、清水 7000g

A 料：葱段 150g、姜片 150g

B 料：盐 40g、鸡精 15g、料酒 100g、酱
油 150g、老抽 30g、胡椒粉 10g

C 料：八角 10g、干花椒 6g、桂皮 3g、
干辣椒 5g（料包）

成熟技法 炖

成品特点 汤鲜味美 风味独特

烹制份数 20 份

营养分析

名称	每 100 g
能量	145 kcal
蛋白质	7.5 g
脂肪	12.4 g
碳水化合物	1.4 g
膳食纤维	0.2 g
钠	332.5 mg

烹制流程

1. 腔骨剁块、酸菜切丝分别焯水断
生备用。

2. 锅留底油，下入 A 料炒香，加入
腔骨，放 B 料调味，倒入清水。

3. 放入 C 料，大火烧开，改小火炖
至八成熟。

4. 滤出小料，加入酸菜，小火炖至
成熟后香菜点缀出锅。

酸豇豆炒肉末

原料

酸豇豆 5000g、猪肉末 1000g

调料

植物油 200g

A 料：葱花 50g、姜片 30g、蒜片 30g、
　　　干辣椒 20g、干花椒 2g

B 料：老抽 50g、绵白糖 20g、料酒 30g、
　　　酱油 60g

C 料：葱油 10g、香油 5g

成熟技法　炒

成品特点　口感脆爽　风味独特

烹制份数　20 份

营养分析

名称	每 100 g
能量	121 kcal
蛋白质	3.9 g
脂肪	9.5 g
碳水化合物	6.6 g
膳食纤维	3.4 g
钠	72.2 mg

烹制流程

1. 酸豇豆冲洗干净沥干水分，切末，下锅煸炒出香味备用。

2. 锅留底油，下入肉末煸炒，放 A 料炒出香味。

3. 倒入酸豇豆，放 B 料调味，大火翻炒，淋 C 料出锅装盘。

酸豇豆炒肉末

蒜黄炒肉丝

原料

蒜黄 3500g、肉丝 1000g、红椒丝 200g

调料

植物油 200g、香油 10g、姜片 50g

A 料：盐 35g、鸡精 15g、绵白糖 10g、
　　　胡椒粉 5g、酱油 60g

成熟技法　炒

成品特点　口味咸鲜　口感软嫩

烹制份数　20 份

营养分析

名称	每 100 g
能量	136 kcal
蛋白质	4.5 g
脂肪	11.7 g
碳水化合物	3.7 g
膳食纤维	1.1 g
钠	361.2 mg

烹制流程

1. 蒜黄切段备用，肉丝上浆滑油备用。

2. 锅留底油，下入姜片炒香，加入蒜黄、红椒丝煸炒。

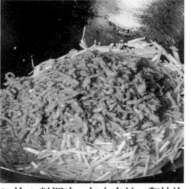

3. 放 A 料调味，加入肉丝，翻炒均匀，淋香油出锅装盘。

蒜黄炒肉丝

蒜薹炒肉丝

原料

蒜薹 3500g、肉丝 800g

调料

清汤 400g、植物油 150g、水淀粉（淀粉 20g、水 30g）

A 料：葱花 40g、姜片 40g、蒜片 40g

B 料：盐 35g、绵白糖 10g、鸡精 15g、胡椒粉 6g、料酒 50g、老抽 20g

成熟技法　炒

成品特点　口味咸鲜　口感爽脆

烹制份数　20 份

营养分析

名称	每 100 g
能量	153 kcal
蛋白质	3.9 g
脂肪	10 g
碳水化合物	12.7 g
膳食纤维	2 g
钠	320 mg

烹制流程

1. 肉丝上浆滑油备用。

2. 蒜薹切段，过油备用。

3. 锅留底油，下入 A 料炒香，加入蒜薹、肉丝，倒入清汤，放 B 料调味，水淀粉勾芡，翻炒均匀出锅。

蒜薹炒肉丝

糖醋里脊

原料

猪里脊 2500g、胡萝卜 1000g

调料

植物油 150g、清水 1600g、料油 50g、蒜末 40g、水淀粉（淀粉 90g、水 120g）

A 料：盐 8g、胡椒粉 5g、料酒 50g、葱姜水 100g

B 料：淀粉 1100g、面粉 150g、清水 750g、植物油 150g、鸡蛋 150g、盐 3g

C 料：葱花 50g、姜片 50g、蒜末 40g

D 料：醋 450g、绵白糖 700g、盐 20g、老抽 35g

成熟技法 炸、炒

成品特点 色泽红亮 酸甜适口

烹制份数 20 份

营养分析

名称	每 100 g
能量	241 kcal
蛋白质	9.1 g
脂肪	9.5 g
碳水化合物	29.9 g
膳食纤维	0.6 g
钠	255.3 mg

烹制流程

1. 胡萝卜切条备用，猪里脊切条加 A 料搅拌均匀，腌制备用。

2. B 料搅拌均匀，制成面糊。

3. 里脊裹上面糊入六成热油中炸熟，胡萝卜过油备用。

4. 锅留底油，下入 C 料炒香，倒入清汤，加 D 料调味，大火烧开。

5. 滤出小料，小火熬制，水淀粉勾芡，加入蒜末、里脊、胡萝卜翻炒均匀，淋料油出锅装盘。

糖醋里脊

糖醋丸子

原料

猪肉馅 2500g、胡萝卜 1000g、水发木耳 500g、莲藕 500g

调料

植物油 150g、葱油 50g、水淀粉（淀粉 90g、水 120g）、清汤 1300g、蒜末 60g

A 料：葱花 50g、姜片 40g

B 料：醋 400g、绵白糖 500g、盐 12g、老抽 25g

C 料：盐 5g、料酒 100g、酱油 50g、绵白糖 10g、胡椒粉 5g、淀粉 400g、葱姜水 125g、花椒水 125g、鸡蛋 5 个

成熟技法　炸、熘

成品特点　色泽红亮　酸甜可口

烹制份数　20 份

营养分析

名称	每 100 g
能量	273 kcal
蛋白质	6.6 g
脂肪	19.5 g
碳水化合物	18.4 g
膳食纤维	1 g
钠	216.8 mg

烹制流程

1. 胡萝卜切菱形片，莲藕切丁备用。

2. 猪肉馅加 C 料、莲藕混合均匀，制成 3cm 大小的丸子，入五成油温中炸熟。

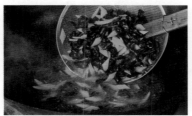

3. 胡萝卜、木耳焯水断生备用。

4. 锅留底油，下入 A 料炒香，放 B 料调味，倒入清汤，大火烧开。

5. 滤出小料，水淀粉勾芡，加入丸子、木耳、胡萝卜、蒜末翻炒均匀，淋葱油出锅装盘。

糖醋丸子

田园藕片

原料

莲藕 2000g、猪瘦肉片 1000g、荷兰豆 500g、红椒 200g

调料

植物油 100g、葱油 50g、水淀粉（淀粉 50g、水 90g）、清汤 750g

A 料：葱花 50g、姜片 30g、蒜片 40g

B 料：盐 50g、绵白糖 20g、味精 25g、胡椒粉 6g

成熟技法 炒

成品特点 肉片滑嫩 莲藕脆爽

烹制份数 20 份

营养分析

名称	每 100 g
能量	103 kcal
蛋白质	6.2 g
脂肪	5.6 g
碳水化合物	7.7 g
膳食纤维	1.5 g
钠	535.5 mg

烹制流程

1. 莲藕、猪瘦肉切片，红尖椒切菱形片，荷兰豆切菱形块备用。

2. 肉片上浆滑油备用。

3. 莲藕焯水，红椒、荷兰豆过油备用。

4. 锅留底油，加入 A 料炒香，倒入清汤，放 B 料调味，大火烧开。

5. 滤出小料，水淀粉勾芡，加入肉片、红椒、荷兰豆、莲藕，翻炒均匀，淋葱油出锅装盘。

田园藕片

西葫芦炒肉片

原料

西葫芦 3500g、猪瘦肉 1500g、红椒 250g

调料

植物油 150g、料油 50g、清汤 600g

A 料：葱花 40g、姜片 40g、蒜片 40g、八角 3g

B 料：盐 30g、绵白糖 15g、鸡精 15g、胡椒粉 6g、料酒 50g、酱油 60g、老抽 15g

成熟技法　炒

成品特点　口味咸鲜　口感滑嫩

烹制份数　20 份

营养分析

名称	每 100 g
能量	86 kcal
蛋白质	6.1 g
脂肪	5.4 g
碳水化合物	3.5 g
膳食纤维	0.5 g
钠	293.8 mg

烹制流程

1. 猪瘦肉切片上浆滑油备用。

2. 西葫芦、红椒切片焯水断生备用。

3. 锅留底油，下入 A 料炒香，倒入清汤，放 B 料调味。

4. 水淀粉勾芡，加入西葫芦、红椒、肉片，翻炒均匀，淋料油出锅装盘。

香辣猪蹄

原料

猪蹄 2500g、土豆 3250g、青蒜末 250g

调料

植物油 100g、熟白芝麻 30g、绵白糖（炒糖色）80g、水 5000g

A 料：葱 段 150g、姜 片 150g、干辣椒 30g、酱油 150g、老抽 55g、味精 20g、胡椒粉 6g、盐 35g、八角 5g、干花椒 6g、香叶 2g、小茴香 8g

B 料：干辣椒 150g、干花椒 10g、泡椒酱 100g、葱花 50g、姜片 40g、蒜片 40g

C 料：盐 25g、鸡精 25g、胡椒粉 6g、干锅酱 150g

成熟技法 炒

成品特点 色泽红亮 麻辣鲜香

烹制份数 20 份

营养分析

名称	每 100 g
能量	137 kcal
蛋白质	6.7 g
脂肪	7.6 g
碳水化合物	10.7 g
膳食纤维	0.7 g
钠	549.1 mg

烹制流程

1. 土豆切块入六成热油中炸透，猪蹄剁块焯水断生备用。

2. 锅留底油，加入白糖炒制糖色，加入清水、A 料，大火烧开，加入猪蹄，小火炖至八成熟，捞出猪蹄备用。

3. 猪蹄入六成热油过油备用。

4. 锅留底油，下入 B 料炒香，倒入土豆、猪蹄，放 C 料调味，翻炒均匀，撒入青蒜末、芝麻翻炒出锅装盘。

小炒菜花

原料

菜花 3500g、猪五花肉 1000g、青蒜 500g、小米辣 70g

调料

植物油 200g

A 料：豆瓣酱 40g、泡椒酱 100g、干花椒 5g、葱花 50g、姜片 50g、蒜片 50g

B 料：盐 25g、鸡精 20g、酱油 50g、老抽 30g、料酒 50g、胡椒粉 8g

成熟技法　炒

成品特点　口味咸鲜　香辣开胃

烹制份数　20 份

营养分析

名称	每 100 g
能量	116 kcal
蛋白质	2.9 g
脂肪	10.3 g
碳水化合物	3.9 g
膳食纤维	1.6 g
钠	351.3 mg

烹制流程

1. 菜花切块，猪五花肉切片，青蒜切段备用。

2. 菜花过油，五花肉煸炒备用。

3. 锅留底油，下入 A 料、小米辣炒香。

4. 加入菜花、五花肉，放 B 料调味，撒青蒜，翻炒均匀出锅装盘。

小炒木耳

原料

水发木耳 3500g、猪五花肉 1000g、青蒜 250g、小米辣 60g

调料

植物油 150g

A 料：葱花 50g、姜片 50g、蒜片 50g

B 料：盐 30g、鸡精 20g、胡椒粉 8g、料酒 60g、酱油 80g、老抽 30g

成熟技法 炒

成品特点 咸鲜微辣 爽口开胃

烹制份数 20 份

营养分析

名称	每 100 g
能量	118 kcal
蛋白质	2.8 g
脂肪	10.1 g
碳水化合物	4.8 g
膳食纤维	2.1 g
钠	337.5 mg

烹制流程

1. 猪五花肉切片，小米辣切末，青蒜切段备用。

2. 木耳焯水断生，五花肉煸炒备用。

3. 锅留底油，下入 A 料、小米辣炒香。

4. 加入五花肉、木耳，放 B 料调味，翻炒均匀，撒青蒜出锅装盘。

小炒藕丝

原料

莲藕 3500g、蒜薹 500g、猪五花肉 500g

调料

植物油 200g、清汤 100g、香油 10g、水淀粉（淀粉 20、水 30g）

A 料：泡椒酱 50g、干辣椒 15g、葱花 40g、姜片 40g、蒜片 40g

B 料：盐 40g、绵白糖 15g、鸡精 15g、料酒 40g、酱油 50g、老抽 20g、胡椒粉 6g

成熟技法　炒

成品特点　咸鲜微辣　藕丝爽口

烹制份数　20 份

营养分析

名称	每 100 g
能量	118 kcal
蛋白质	1.9 g
脂肪	8.1 g
碳水化合物	10.4 g
膳食纤维	1.8 g
钠	429.6 mg

烹制流程

1. 莲藕、猪五花肉切丝，蒜薹切段备用。

2. 藕丝、蒜薹过油备用。

3. 锅留底油，下入五花肉丝煸炒，加入 A 料炒香。

4. 加入藕丝、蒜薹，放 B 料调味。

5. 倒入清汤，翻炒均匀，水淀粉勾芡，淋香油出锅装盘。

小炒藕丝

小炒肉

原料

猪五花肉 1500g、青尖椒 4000g、红小米辣 200g

调料

植物油 150g、香油 10g

A 料：葱花 50g、姜片 30g、蒜片 30g

B 料：盐 50g、绵白糖 10g、料酒 40g、鸡精 20g、老抽 50g

成熟技法　煸炒

成品特点　色泽翠绿　咸鲜微辣

烹制份数　20 份

营养分析

名称	每 100 g
能量	130 kcal
蛋白质	2.6 g
脂肪	11.9 g
碳水化合物	4.3 g
膳食纤维	1.8 g
钠	346.7 mg

烹制流程

1. 猪五花肉切片备用。

2. 青尖椒切菱形块，过油备用。

3. 锅留底油，下入五花肉煸炒，加 A 料炒香。

4. 放 B 料调味，下入红小米辣、尖椒，翻炒均匀，淋香油出锅装盘。

小炒娃娃菜

原料

娃娃菜 6000g、猪肉末 500g、小米辣末 50g

调料

清汤 250g、植物油 150g

A 料：葱花 50g、姜片 40g、蒜片 30g、豆瓣酱 40g、泡椒酱 20g

B 料：老抽 30g、绵白糖 10g、胡椒粉 14g、盐 45g、味精 20g

成熟技法　炒

成品特点　香辣咸鲜　质地脆爽

烹制份数　20 份

营养分析

名称	每 100 g
能量	62 kcal
蛋白质	2.7 g
脂肪	5.1 g
碳水化合物	2.7 g
膳食纤维	2.1 g
钠	330.4 mg

烹制流程

1. 娃娃菜去叶，带根切段过油备用。

2. 锅留底油，下入肉末炒熟，加 A 料炒香。

3. 倒入清汤，下入娃娃菜、小米辣末，放 B 料调味，大火翻炒均匀出锅装盘。

小炒娃娃菜

小炒杏鲍菇

原料

杏鲍菇 5000g、猪五花肉 500g、青尖椒 1000g、小米辣丁 150g

调料

植物油 150g、清汤 50g、料油 50g、老抽 20g

A 料：葱花 50g、姜片 50g、蒜片 50g

B 料：料酒 60g、酱油 80g、老抽 10g、盐 50g、绵白糖 10g

成熟技法　炒

成品特点　口味咸鲜　口感软嫩

烹制份数　20 份

营养分析

名称	每 100 g
能量	82 kcal
蛋白质	1.7 g
脂肪	5.5 g
碳水化合物	7.3 g
膳食纤维	2.1 g
钠	353.8 mg

烹制流程

1. 杏鲍菇切菱形片，入六成热油中炸至金黄备用。

2. 青尖椒切菱形片过油，五花肉切片加老抽拌匀备用。

3. 锅留底油，下入五花肉煸炒，加入小米辣丁、A 料炒香。

4. 倒入杏鲍菇，放 B 料调味，翻炒均匀，加入青尖椒，淋料油出锅装盘。

雪菜扣肉

原料

猪五花肉 4000g、雪菜 3300g

调料

植物油 200g、老抽 10g

A 料：干辣椒 15g、干花椒 6g、鸡精 15g

B 料：老抽 90g、胡椒粉 5g、豆豉 15g、
　　　干花椒 10g、姜片 50g、葱花 40g、
　　　绵白糖 7g

成熟技法　蒸

成品特点　口味鲜香　风味独特

烹制份数　20 份

营养分析

名称	每 100 g
能量	222 kcal
蛋白质	5 g
脂肪	21.6 g
碳水化合物	2.2 g
膳食纤维	0.7 g
钠	44.2 mg

烹制流程

1. 锅留底油，加入 A 料，放入切好的雪菜末煸炒，出锅备用。

2. 五花肉下锅焯水定型，表面均匀抹上老抽，入六成热油中炸至上色，捞出切成厚片。

3. 五花肉片加 B 料拌匀，码入盘中，放上炒好的雪菜，上锅蒸熟即可。

雪菜扣肉

147

银芽肉丝

原料

绿豆芽 3000g、猪肉丝 2000g、青蒜丝 100g

调料

植物油 150g、清汤 70g、干花椒 5g

A 料：葱丝 50g、姜丝 50g

B 料：盐 45g、鸡精 15g、胡椒粉 5g、料酒 40g

成熟技法 炒

成品特点 口味咸鲜 色泽明亮

烹制份数 20 份

营养分析

名称	每 100 g
能量	185 kcal
蛋白质	6 g
脂肪	16.9 g
碳水化合物	2.5 g
膳食纤维	0.7 g
钠	371.6 mg

烹制流程

1. 肉丝上浆滑油备用。

2. 绿豆芽去头去尾，焯水断生备用。

3. 锅留底油，下入干花椒炸香，捞出花椒下入 A 料炒香。

4. 加入所有原料，放 B 料调味，大火翻炒均匀，出锅装盘。

油菜炒肉片

原料

油菜茎 4000g、猪瘦肉 1000g

调料

植物油 200g、 水淀粉（ 淀粉 20g、水 30g）

A 料：葱花 40g、姜片 40g、蒜片 40g

B 料：盐 40g、鸡精 20g、绵白糖 20g、胡椒粉 5g、料酒 40g

C 料：葱油 40g、香油 10g

成熟技法 炒

成品特点 口味咸鲜 色泽翠绿

烹制份数 20 份

营养分析

名称	每 100 g
能量	81 kcal
蛋白质	4.8 g
脂肪	6.3 g
碳水化合物	2.2 g
膳食纤维	0.8 g
钠	362.9 mg

烹制流程

1. 猪瘦肉切片上浆滑油备用。

2. 油菜切块焯水断生备用。

3. 锅留底油，下入 A 料炒香，滤出小料，加入肉片、油菜。

4. 放 B 料调味，大火翻炒均匀，水淀粉勾芡，淋 C 料出锅装盘。

鱼香肉丝

原料

猪瘦肉 2000g、笋丝 1000g、青椒 500g、水发木耳 300g

调料

植物油 150g、清汤 1500g、水淀粉（淀粉 90g、水 120g）、蒜末 35g

A 料：豆瓣酱 100g、泡椒酱 120g、葱花 60g、姜末 40g、蒜末 35g

B 料：盐 15g、绵白糖 250g、醋 250g、老抽 40g、胡椒粉 8g、鸡精 25g

成熟技法　滑炒

成品特点　色泽红亮　鱼香味浓

烹制份数　20 份

营养分析

名称	每 100 g
能量	134 kcal
蛋白质	10.5 g
脂肪	6.3 g
碳水化合物	9.2 g
膳食纤维	0.5 g
钠	376.7 mg

烹制流程

1. 猪瘦肉切丝上浆滑油，青椒切丝过油备用。

2. 木耳切丝，与笋丝焯水断生备用。

3. 锅留底油，下入 A 料炒香，加入清汤，放 B 料调味。

4. 加入所有原料翻炒均匀，撒蒜末，勾芡出锅装盘。

鱼香小丸子

原料

猪肉馅 3000g、水发木耳 1000g、青椒 600g

调料

植物油 150g、清汤 1500g、水淀粉（淀粉 90g、水 120g）、蒜末 35g

A 料：豆瓣酱 100g、泡椒酱 120g、葱花 60g、姜末 40g、蒜末 35g

B 料：盐 15g、绵白糖 250g、醋 250g、老抽 40g、胡椒粉 8g、鸡精 25g

C 料：盐 6g、料酒 120g、酱油 60g、绵白糖 12g、胡椒粉 6g、鸡蛋 6 个、姜末 60g

D 料：水淀粉（淀粉 60g、水 60g）、花椒水 300g（20g 花椒入水中浸泡）

成熟技法   熘

成品特点   色泽红亮   鱼香味浓

烹制份数   20 份

营养分析

名称	每 100 g
能量	272 kcal
蛋白质	8.4 g
脂肪	23 g
碳水化合物	8.1 g
膳食纤维	0.6 g
钠	420.7 mg

烹制流程

1. 肉馅中加入 C 料，顺时针搅拌均匀，放入 D 料，搅拌后入冰箱冷藏备用。

2. 肉馅制成 2. cm 大小的丸子，入六成热油中炸至皮酥里嫩备用。

3. 木耳撕成块状、青椒切菱形块后分别焯水备用。

4. 锅留底油，下入 A 料炒香，倒入清汤，放 B 料调味。

5. 下入丸子，烧至入味，加入木耳、青椒，水淀粉勾芡，撒蒜末出锅装盘。

鱼香小丸子

玉米炖猪蹄

原料

猪蹄 3000g、玉米 10 根、香葱末 5g

调料

清水 7000g、植物油 100g、绵白糖（炒糖色）80g

A 料：葱段 200g、姜片 200g

B 料：胡椒粉 6g、盐 45g、老抽 35g、
酱油 150g

C 料：八角 5g、干花椒 6g、香叶 2g、
小茴香 8g（料包）

成熟技法 炖

成品特点 口味咸鲜 口感软烂

烹制份数 20 份

营养分析

名称	每 100 g
能量	124 kcal
蛋白质	7.8 g
脂肪	7.7 g
碳水化合物	6.1 g
膳食纤维	0.6 g
钠	479 mg

烹制流程

1. 猪蹄剁块、玉米切块分别焯水断生备用。

2. 锅留底油，下入绵白糖炒糖色，倒入猪蹄，加入清汤、A 料，放 B 料调味，加入 C 料，大火烧开，小火炖至八成熟。

3. 加入玉米，炖至成熟，香葱末点缀出锅装盘。

玉米炖猪蹄

152

炸藕盒

原料

莲藕 1000g、猪肉馅 300g

调料

植物油

A 料：葱末 6g、姜末 6g、盐 4g、胡椒粉 1g、十三香 1g、料酒 25g、酱油 20g、淀粉 13g、清水 65g、香油 7g

B 料：鸡蛋 150g、面粉 50g、生粉 50g、淀粉 50g、泡打粉 6g、植物油 50g、清水 50g

成熟技法 炸

成品特点 色泽金黄 外酥里嫩

烹制份数 20 份

营养分析

名称	每 100 g
能量	169 kcal
蛋白质	4.7 g
脂肪	10.2 g
碳水化合物	15.3 g
膳食纤维	1.4 g
钠	201.2 mg

烹制流程

1. 莲藕切夹刀片备用。

2. B 料混合均匀，制成面糊备用。

3. 肉馅加 A 料搅拌均匀，填入藕盒中。

4. 藕盒裹上面糊，入热油中小火炸熟即可。

炸茄盒

原料

茄子 1000g、猪肉馅 300g

调料

植物油

A 料：葱末 6g、姜末 6g、盐 4g、胡椒粉 1g、十三香 1g、料酒 25g、酱油 20g、淀粉 13g、清水 65g、香油 7g

B 料：鸡蛋 150g、面粉 50g、生粉 50g、淀粉 50g、泡打粉 6g、植物油 50g、清水 50g

成熟技法 炸

成品特点 色泽金黄 外酥里嫩

烹制份数 20 份

营养分析

名称	每 100 g
能量	155 kcal
蛋白质	4.7 g
脂肪	10.2 g
碳水化合物	11.5 g
膳食纤维	0.9 g
钠	184.1 mg

烹制流程

1. 茄子切夹刀片备用。

2. B 料混合均匀，制成面糊备用。

3. 肉馅加 A 料搅拌均匀，填入茄盒中。

4. 茄盒裹上面糊，入热油中小火炸熟即可。

炸松肉

原料

猪肉馅 1000g、油皮 12 张

调料

植物油

A 料：盐 7g、胡椒粉 2g、料酒 20g、鸡
　　　蛋 80g、淀粉 50g、葱姜水 270g

B 料：面粉 50g、清水 80g

成熟技法　炸

成品特点　色泽金黄　外酥里嫩

烹制份数　20 份

营养分析

名称	每 100 g
能量	379 kcal
蛋白质	14.4 g
脂肪	28.6 g
碳水化合物	9.2 g
膳食纤维	0.1 g
钠	278.2 mg

烹制流程

1. 猪肉馅加 A 料搅拌均匀备用。

2. B 料和成面糊备用。

3. 油皮刷上面糊，铺上肉馅，再盖
上一张刷好面糊的油皮。

4. 切成长方块，油皮入热油中炸熟
即可。

猪手炖海带

原料

猪手 3000g、海带 2000g、香菜 4g

调料

植物油 150g、清汤 9000g、绵白糖（炒糖色）80g

A 料：葱段 150g、姜片 150g

B 料：盐 40g、料酒 100g、酱油 200g、老抽 30g、鸡精 15g、胡椒粉 8g

C 料：八角 10g、桂皮 4g、草果 2 个、香叶 5g、小茴香 10g、干辣椒 5g（料包）

成熟技法 炖

成品特点 口味咸鲜 口感软烂

烹制份数 20 份

营养分析

名称	每 100 g
能量	123 kcal
蛋白质	8.1 g
脂肪	9 g
碳水化合物	2.6 g
膳食纤维	0.2 g
钠	534.3 mg

烹制流程

1. 猪手剁块、海带切片焯水断生备用。

2. 锅留底油，加入白糖炒糖色，下入 A 料、猪手，倒入清汤，放 B 料调味。

3. 大火烧开，加入 C 料，小火炖至八成熟，加入海带炖至成熟，香菜点缀出锅装盘。

猪手炖海带

孜然肉片

原料

猪瘦肉 1500g、圆葱 2500g、青椒 250g、红椒 250g、香菜 250g

调料

植物油 200g

A 料：姜片 40g、蒜片 40g、孜然碎 25g

B 料：盐 20g、味精 25g、胡椒粉 6g、料酒 50g

C 料：孜然碎 25g、辣椒面 25g、香油 10g

D 料：葱姜水 50g、盐 5g、绵白糖 3g、胡椒粉 3g、料酒 50g、鸡蛋 2 个、淀粉 50g、生粉 50g、辣椒粉 150g

成熟技法　炸、炒

成品特点　咸鲜微辣　孜然味浓

烹制份数　20 份

营养分析

名称	每 100 g
能量	108 kcal
蛋白质	6.8 g
脂肪	6.8 g
碳水化合物	5.3 g
膳食纤维	0.7 g
钠	213.9 mg

烹制流程

1. 猪瘦肉切片，圆葱切三角块，青红椒切菱形块备用。

2. 肉片加 D 料搅拌均匀，腌制备用。

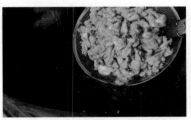

3. 肉片入四成热油中滑熟捞出，将油温升至六成，入锅炸至定型备用。

4. 锅留底油，下入 A 料炒香，加入圆葱煸炒。

5. 倒入青红椒、肉片，放 B 料调味，撒 C 料、香菜，翻炒均匀出锅装盘。

孜然肉片

孜然小丸子

原料

猪肉馅 2500g、土豆 2000g、圆葱 500g、
莲藕 500g、青尖椒 250g、红尖椒 250g、
熟白芝麻 20g

调料

植物油 150g、孜然碎 30g

A 料：葱花 30g、姜片 30g、蒜片 30g、
　　　豆瓣酱 50g、泡椒酱 50g

B 料：鸡精 15g、胡椒粉 6g、酱油 60g

C 料：盐 5g、料酒 100g、酱油 50g、绵白
　　　糖 10g、胡椒粉 5g、淀粉 400g、
　　　葱姜水 125g、花椒水 125g、鸡
　　　蛋 5 个、孜然碎 50g

成熟技法　炒

成品特点　口味咸鲜　孜然味浓

烹制份数　20 份

营养分析

名称	每 100 g
能量	221 kcal
蛋白质	6.5 g
脂肪	15.9 g
碳水化合物	13.7 g
膳食纤维	1.1 g
钠	214.9 mg

烹制流程

1. 莲藕切丁，与猪肉馅、C 料混合
均匀，捏成 3. cm 大小的丸子，入
五成油温中炸熟备用。

2. 青尖椒、红尖椒、圆葱切块过油，
土豆切块炸至金黄色备用。

3. 锅留底油，下入 A 料炒香，倒入
土豆、青红椒、圆葱，放 B 料调味。

4. 下入丸子，翻炒均匀，撒孜然碎、
白芝麻出锅装盘。

扒牛肉

原料

牛腱子肉 2000g、大白菜 3000g、土豆 1000g、胡萝卜 200g、香葱 5g

调料

清水 7000g、葱油 40g、水淀粉（淀粉 60g、水 100g）

A 料：葱段 200g、姜片 200g、黄豆酱 200g

B 料：盐 80g、鸡精 30g、料酒 80g、酱油 120g、老抽 35g、胡椒粉 10g、八角 8g、花椒 6g、香叶 4g、小茴香 8g、桂皮 2g

成熟技法　扒

成品特点　口味咸鲜　牛肉软烂

烹制份数　20 份

营养分析

名称	每 100 g
能量	63 kcal
蛋白质	7.6 g
脂肪	1.2 g
碳水化合物	5.8 g
膳食纤维	0.7 g
钠	773.1 mg

烹制流程

1. 土豆切片备用。

2. 牛肉焯水备用，白菜切片焯水垫入盘底。

3. 锅留底油，下入 A 料炒香，倒入清水，放 B 料调味，下入牛肉、胡萝卜，大火烧开改小火炖至七成熟后捞出牛肉。

4. 牛肉切厚片，将牛肉、土豆斜摆在白菜上，上锅蒸熟。

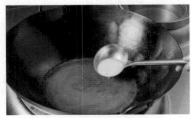

5. 原汤滤出小料，水淀粉勾芡，浇在牛肉上，香葱点缀即可。

扒牛肉

川味牛三鲜

原料

牛肉 2000g、牛心 1000g、牛肚 1000g、青笋 1500g、葱花 5g

调料

植物油 300g、清汤 3500g、香油 20g

A 料：清水 11000g、料酒 100g、盐 90g、胡椒粉 5g、白扣 5g、八角 10g、桂皮 5g、小茴香 10g、香叶 5g、花椒 5g、干辣椒 10g、葱段 150g、姜片 150g

B 料：葱花 50g、姜片 40g、蒜片 50g、豆瓣酱 300g、花椒 20g

C 料：老抽 40g、鸡精 25g、盐 50g、绵白糖 15g、胡椒粉 8g、料酒 40g

成熟技法 炖

成品特点 麻辣鲜香　色泽红亮

烹制份数 20 份

营养分析

名称	每 100 g
能量	123 kcal
蛋白质	11.6 g
脂肪	7.4 g
碳水化合物	2.7 g
膳食纤维	0.2 g
钠	1289 mg

烹制流程

1. 牛肉、牛肚、牛心焯水断生备用。

2. 断生后的牛肉、牛肚、牛心切片，青笋去皮切菱形片备用。

3. 锅内加入 A 料，加入牛肉、牛心、牛肚，大火烧开，改小火卤制八成熟后捞出备用。

4. 锅留底油，下入 B 料炒香，加入清汤，放 C 料调味，下入青笋轻烫捞出垫入盘底。

5. 锅内加入牛心、牛肉、牛肚，小火炖至成熟，淋香油，倒入盘中，撒葱花。

川味牛三鲜

土豆炖牛肉

原料

牛肉 1500g、土豆 4500g、香菜 5g

调料

植物油 200g、清水 7000g

A 料：葱段 200g、姜片 200g、干黄酱 70g

B 料：八角 10g、干花椒 6g、香叶 5g、小茴香 10g、桂皮 3g、干辣椒 5g、草果 2g

C 料：盐 50g、绵白糖 20g、鸡精 30g、料酒 80g、酱油 100g、老抽 30g、胡椒粉 10g

成熟技法　炖

成品特点　牛肉熟烂　土豆软糯

烹制份数　20 份

营养分析

名称	每 100 g
能量	118 kcal
蛋白质	6.7 g
脂肪	4.3 g
碳水化合物	13.6 g
膳食纤维	0.8 g
钠	487.1 mg

烹制流程

1. 牛肉切块焯水断生，土豆切滚刀块入六成热油中炸熟备用。

2. 锅留底油，下入 A 料炒香，倒入清汤。

3. 放 C 料调味，加入牛肉、B 料，大火烧开，小火炖至八成熟。

4. 滤出小料，加入土豆炖至成熟，香菜点缀出锅装盘。

蚝油牛肉

原料

牛肉 1300g、圆葱 1000g、青椒 1000g、
红椒 500g

调料

植物油 150g、清汤 1000g、料油 50g、
水淀粉（淀粉 50g、水 80g）、老抽 10g

A 料：葱花 40g、姜片 40g、蒜片 40g

B 料：蚝油 250g、料酒 50g、酱油 60g、
　　　老抽 20g、盐 20g、绵白糖 15g、
　　　胡椒粉 6g、味精 20g

成熟技法　炒

成品特点　咸鲜适口　滋味醇厚

烹制份数　20 份

营养分析

名称	每 100 g
能量	104 kcal
蛋白质	6.9 g
脂肪	6 g
碳水化合物	5.9 g
膳食纤维	0.9 g
钠	506.7 mg

烹制流程

1. 牛肉切片后上浆调色，入四成热
油中滑熟。

2. 青红椒切菱形片，圆葱切三角块
后过油备用。

3. 锅留底油，下入 A 料炒香，倒入
清汤。

4. 放 B 料调味，大火烧开，水淀粉
勾芡，加入所有原料，淋料油出锅
装盘。

黑椒牛肉

原料

牛肉 1300g、圆葱 1300g、红椒 500g、青椒 1000g

调料

植物油 150g、清汤 1000g、料油 50g、水淀粉（淀粉 50g、水 80g）、老抽 10g

A 料：葱花 40g、姜片 40g、蒜片 40g、黑椒碎 50g

B 料：蚝油 150g、料酒 60g、老抽 40g、酱油 60g、盐 35g、绵白糖 20g、鸡精 15g、胡椒粉 8g

成熟技法　炒

成品特点　肉质鲜嫩　黑椒味浓

烹制份数　20 份

营养分析

名称	每 100 g
能量	100 kcal
蛋白质	6.5 g
脂肪	5.7 g
碳水化合物	6 g
膳食纤维	0.9 g
钠	528.7 mg

烹制流程

1. 牛肉切片上浆调色，入四成热油中滑熟备用。

2. 青红椒切菱形片、圆葱切三角块过油备用。

3. 锅留底油，下入 A 料炒香，放 B 料调味。

4. 倒入清汤，大火烧开，加入所有原料，水淀粉勾芡，淋料油出锅装盘。

黑椒牛肉粒

原料

牛肉 1500g、青尖椒 500g、红尖椒 500g、圆葱 1000g、杏鲍菇 1500g

调料

清汤 1250g、水淀粉（淀粉 50g、水 80g）、植物油 150g

A 料：葱花 60g、姜片 50g、蒜片 60g、黑椒碎 50g

B 料：料酒 60g、老抽 45g、蚝油 200g、酱油 60g、盐 35g、绵白糖 20g、鸡精 15g、胡椒粉 8g

C 料：料油 40g、香油 10g

成熟技法 滑炒

成品特点 咸鲜微辣 口感滑嫩

烹制份数 20 份

营养分析

名称	每 100 g
能量	98 kcal
蛋白质	6.6 g
脂肪	5 g
碳水化合物	7.7 g
膳食纤维	2 g
钠	476.2 mg

烹制流程

1. 牛肉切丁上浆滑油，青尖椒、红尖椒、圆葱切正方块过油备用。

2. 杏鲍菇切丁入六成热油中炸至金黄备用。

3. 锅留底油，下入 A 料炒香，加入清汤，放 B 料调味。

4. 大火烧开下入所有原料，水淀粉勾芡，淋 C 料出锅装盘。

胡萝卜烧牛肉

原料

胡萝卜 4000g、牛肉 1500g、香葱末 5g

调料

清汤 6000g、植物油 200g、水淀粉（淀粉 60g、水 100g）

A 料：葱段 150g、姜片 150g

B 料：盐 40g、绵白糖 20g、鸡精 30g、料酒 80g、酱油 100g、老抽 60g、胡椒粉 10g

C 料：八角 10g、干花椒 6g、香叶 5g、小茴香 10g、桂皮 3g、干辣椒 5g、草果 2 个

成熟技法　烧

成品特点　牛肉软烂　营养丰富

烹制份数　20 份

营养分析

名称	每 100 g
能量	87 kcal
蛋白质	5.9 g
脂肪	4.6 g
碳水化合物	6.5 g
膳食纤维	2.2 g
钠	470.5 mg

烹制流程

1. 牛肉切正方块、胡萝卜切菱形块后分别焯水断生备用。

2. 锅留底油，下入 A 料炒香，放 B 料调味，倒入清汤。

3. 大火烧开，加入牛肉、C 料，改小火炖至八成熟。

4. 滤出小料，下入胡萝卜，烧至成熟，水淀粉勾芡，点缀香葱末出锅装盘。

咖喱牛肉

原料

牛肉 1500g、土豆 3000g、圆葱 500g、胡萝卜 500g

调料

植物油 250g、水淀粉（淀粉 70g、水 100g）

A 料：姜末 50g、蒜末 50g、咖喱粉 60g

B 料：盐 30g、鸡精 20g

C 料：胡萝卜 150g、芹菜 150g、葱段 100g、姜片 100g、盐 20g、清汤 4500g

成熟技法 烧

成品特点 牛肉软烂 咖喱味浓

烹制份数 20 份

营养分析

名称	每 100 g
能量	118 kcal
蛋白质	6.4 g
脂肪	5.4 g
碳水化合物	11.2 g
膳食纤维	1 g
钠	404.6 mg

烹制流程

1. 牛肉、胡萝卜、土豆、圆葱切块备用。

2. 牛肉焯水，加 C 料烧开，小火炖至八成熟后捞出牛肉，滤出汤汁备用。

3. 土豆、胡萝卜焯水断生备用。

4. 锅留底油，下入 A 料炒香，倒入牛肉原汤，放 B 料调味。

5. 加入牛肉、土豆、胡萝卜、圆葱，小火烧至成熟，勾芡出锅装盘。

咖喱牛肉

萝卜炖牛肉

原料

牛肉 2000g、白萝卜 3000g、香菜 10g

调料

植物油 200g、清水 7000g

A 料：黄豆酱 200g、葱段 150g、姜片 100g

B 料：八角 10g、干花椒 6g、香叶 5g、小茴香 10g、桂皮 3g、干辣椒 5g、草果 2 个

C 料：盐 40g、绵白糖 20g、鸡精 30g、料酒 80g、酱油 100g、老抽 35g、胡椒粉 10g

成熟技法　炖

成品特点　牛肉软烂　萝卜软糯

烹制份数　20 份

营养分析

名称	每 100 g
能量	94 kcal
蛋白质	8 g
脂肪	5.4 g
碳水化合物	4 g
膳食纤维	0.5 g
钠	606 mg

烹制流程

1. 牛肉切块、白萝卜切滚刀块，分别焯水断生备用。

2. 锅留底油，下入 A 料炒香，倒入清汤，放 C 料调味。

3. 加入牛肉、B 料，大火烧开，小火炖至八成熟。

4. 捞出料渣，加入白萝卜炖至成熟，香菜点缀出锅装盘。

牛肉粒烩毛豆仁

原料

牛肉 1500g、毛豆仁 3000g、红椒 250g

调料

清汤 1800g、植物油 150g、料油 50g、水淀粉（淀粉 60g、水 80g）、盐 40g（焯水）

A 料：葱花 40g、姜片 40g、蒜片 40g

B 料：盐 35g、绵白糖 15g、鸡精 20g、胡椒粉 6g、料酒 50g、蚝油 60g、酱油 60g、老抽 40g

成熟技法 烩

成品特点 口味咸鲜 滑嫩适口

烹制份数 20 份

营养分析

名称	每 100 g
能量	153 kcal
蛋白质	13.7 g
脂肪	8.1 g
碳水化合物	7.7 g
膳食纤维	2.5 g
钠	408.3 mg

烹制流程

1. 毛豆仁加盐焯水断生备用。

2. 牛肉切粒上浆滑油，红椒切菱形块过油备用。

3. 锅留底油，下入 A 料炒香，倒入清汤，放 B 料调味，加入牛肉粒、红椒。

4. 大火烧开，水淀粉勾芡，加入毛豆仁，翻炒均匀淋料油出锅装盘。

砂锅牛肉丸

原料

牛肉馅 2000g、川味酸菜 2000g、水发粉丝 500g、香菜 5g

调料

清汤 4700g、植物油 150g、香油 20g

A 料：葱花 50g、姜片 50g

B 料：盐 50g、绵白糖 10g、鸡精 25g、胡椒粉 15g、料酒 50g

C 料：料酒 100g、胡椒粉 10g、盐 15g、淀粉 200g、鸡蛋 5 个、老抽 10g、葱姜水 150g

成熟技法　煮

成品特点　汤鲜味美　牛肉丸脆嫩

烹制份数　20 份

营养分析

名称	每 100 g
能量	68 kcal
蛋白质	5.7 g
脂肪	3.5 g
碳水化合物	3.1 g
膳食纤维	1 g
钠	1147.6 mg

烹制流程

1. 川味酸菜顶刀切条备用。

2. 牛肉馅加 C 料搅拌均匀，制成 3cm 大小的丸子。

3. 丸子入锅余熟，酸菜焯水断生备用。

4. 锅留底油，下入 A 料炒香，加入酸菜煸炒，倒入清汤，放 B 料调味，大火烧开。

5. 下入粉丝、牛肉丸，撒香菜出锅。

砂锅牛肉丸

土豆烧牛肉

原料

土豆 4000g、牛肉 1500g、香菜 5g

调料

植物油 200g、清汤 6000g、水淀粉（淀粉 60g、水 100g）

A 料：葱段 150g、姜片 150g、黄豆酱 200g

B 料：盐 30g、绵白糖 20g、鸡精 30g、料酒 80g、酱油 100g、老抽 35g、胡椒粉 10g

C 料：八角 10g、干花椒 6g、香叶 5g、小茴香 10g、桂皮 3g、干辣椒 5g、草果 2 个

成熟技法　烧

成品特点　口味咸鲜　汁味醇厚

烹制份数　20 份

营养分析

名称	每 100 g
能量	122 kcal
蛋白质	7 g
脂肪	4.7 g
碳水化合物	13.3 g
膳食纤维	0.7 g
钠	462.6 mg

烹制流程

1. 牛肉切块焯水断生，土豆切菱形块入六成热油中炸至金黄。

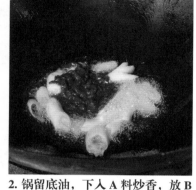

2. 锅留底油，下入 A 料炒香，放 B 料调味，倒入清汤。

3. 加入 C 料、牛肉，大火烧开，改小火炖至八成熟。

4. 滤除料渣，下入土豆，烧熟后勾芡，香菜点缀出锅装盘。

西红柿炖牛肉

原料

西红柿 3500g、牛肉 1500g、香菜 5g

调料

植物油 100g、清汤 7000g

A 料：葱段 150g、姜片 150g

B 料：盐 60g、料酒 100g、胡椒粉 18g、
　　　八角 10g、干花椒 5g、香叶 3g

C 料：葱花 40g、姜片 40g、蒜片 40g

D 料：绵白糖 70g、老抽 30g

成熟技法　炖

成品特点　色泽红亮　醇香鲜美

烹制份数　20 份

营养分析

名称	每 100 g
能量	68 kcal
蛋白质	6.3 g
脂肪	3.3 g
碳水化合物	4.1 g
膳食纤维	0.3 g
钠	481.5 mg

烹制流程

1. 西红柿切三角块备用，牛肉切块焯水断生备用。

2. 锅留底油，下入 A 料炒香，放 B 料调味，倒入清汤。

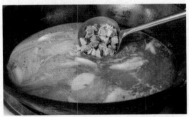

3. 大火烧开，加入牛肉，小火炖至八成熟，滤除料渣备用。

4. 锅留底油，下入 C 料炒香，倒入西红柿煸炒。

5. 加入牛肉及原汤，加入 D 料，小火炖至成熟，香菜点缀出锅装盘。

西红柿炖牛肉

西芹炒牛肉丝

原料

牛肉丝 500g、西芹 4000g、水发木耳 500g

调料

植物油 150g、清汤 200g、水淀粉（淀粉 20、水 40g）

A 料：葱花 50g、姜片 50g

B 料：盐 30g、鸡精 15g、胡椒粉 5g、酱油 60g、老抽 20g

C 料：料油 40g、香油 10g

成熟技法 炒

成品特点 西芹脆爽 牛肉滑嫩

烹制份数 20份

营养分析

名称	每 100 g
能量	62 kcal
蛋白质	2.6 g
脂肪	4.3 g
碳水化合物	4.5 g
膳食纤维	1.9 g
钠	534.3 mg

烹制流程

1. 牛肉丝上浆滑油备用。

2. 西芹切条，与木耳焯水断生备用。

3. 锅留底油，下入 A 料炒香，倒入肉丝翻炒，加入芹菜、木耳、清汤。

4. 放 B 料调味，大火翻炒，水淀粉勾芡，淋 C 料出锅装盘。

香辣牛肉

原料

牛腩肉 2000g、白萝卜 4000g、香菜 5g

调料

清汤 6000g、植物油 300g

A 料：豆瓣酱 60g、泡椒酱 60g、朝天椒 10g、黄豆酱 100g、葱段 200g、姜片 200g

B 料：盐 40g、绵白糖 20g、鸡精 25g、胡椒粉 8g、料酒 80g、酱油 150g、老抽 35g、八角 8g、干花椒 6g、香叶 4g、小茴香 8g、桂皮 2g

成熟技法　炒

成品特点　色泽红亮　香辣开胃

烹制份数　20 份

营养分析

名称	每 100 g
能量	154 kcal
蛋白质	5.8 g
脂肪	13.3 g
碳水化合物	3.3 g
膳食纤维	0.6 g
钠	543.1 mg

烹制流程

1. 牛肉切块、白萝卜切滚刀块后分别焯水断生备用。

2. 锅留底油，下入 A 料炒香，下入牛肉，倒入清汤，放 B 料调味。

3. 大火烧开，改小火炖至八成熟，滤出小料，下入萝卜炖至成熟，香菜点缀出锅装盘。

香辣牛肉

白菜豆腐氽羊肉

原料

羊肉片 1000g、大白菜 1800g、北豆腐 1500g、粉丝 500g、香菜 5g

调料

清汤 4000g、香油 15g、植物油 150g

A 料：葱花 50g、姜片 50g

B 料：盐 45g、绵白糖 10g、胡椒粉 15g

成熟技法 氽

成品特点 汤鲜味浓 羊肉鲜嫩

烹制份数 20 份

营养分析

名称	每 100 g
能量	127 kcal
蛋白质	7.1 g
脂肪	8.6 g
碳水化合物	5.7 g
膳食纤维	0.5 g
钠	395.6 mg

烹制流程

1. 豆腐切正方块，大白菜切块备用。

2. 豆腐、羊肉片分别焯水断生备用。

3. 锅留底油，下入 A 料炒香，倒入清汤，加入白菜，放 B 料调味。

4. 加入豆腐小火炖至八成熟，加入羊肉片、粉丝炖至成熟，淋香油，香菜点缀出锅装盘。

葱爆羊肉

原料

大葱 3500g、羊肉片 1500g、泡发木耳 500g

调料

植物油 300g、香油 30g、姜片 50g、老抽 30g

A 料：料酒 60g、酱油 70g、老抽 30g、盐 5g、绵白糖 15g、鸡精 25g、胡椒粉 15g

成熟技法　爆炒

成品特点　口味咸鲜　葱香浓郁

烹制份数　20 份

营养分析

名称	每 100 g
能量	122 kcal
蛋白质	6 g
脂肪	9.4 g
碳水化合物	4.3 g
膳食纤维	1.6 g
钠	128.2 mg

烹制流程

1. 大葱切滚刀块备用。

2. 羊肉片、木耳分别焯水断生备用。

3. 锅留底油，下入姜片炒香，加入羊肉片、老抽煸炒备用。

4. 锅留底油，下入大葱煸炒，放 A 料调味，下入羊肉片、木耳翻炒均匀，淋香油出锅装盘。

大荔水盆羊肉

原料

羊肉 1000g、羊骨 750g、牛骨 750g、粉丝 400g、黄花菜 200g、木耳 200g、青蒜段 30g

调料

清水 14000g、清汤 15000g、羊油 250g、鸡油 250g、盐 200g、葱段 150g、姜片 150g

A 料：小茴香 75g、干花椒 75g、干辣椒 30g、八角 20g、香叶 7g、白芷 20g、砂仁 13g、肉桂 13g、草果 13g、草寇 7g、筚拨 7g、白胡椒粒 13g、桂皮 7g、良姜 20g、山奈 20g、干姜 32g、陈皮 13g（料包）

B 料：鸡精 20g、胡椒粉 12g

成熟技法 炖

成品特点 汤汁鲜美 汁浓味厚

烹制份数 20 份

营养分析

名称	每 100 g
能量	57 kcal
蛋白质	1.7 g
脂肪	4.9 g
碳水化物	1.6 g
膳食纤维	0.1 g
钠	635.4 mg

烹制流程

1. 羊肉、羊骨、牛骨、羊油分别焯水断生备用。

2 锅内加清水、清汤，加入羊骨、牛骨、鸡油、羊油、葱姜小火炖制，撇出油脂备用。

3 加入 A 料、羊肉、盐煮至八成熟后捞出料包，煮熟后关火，捞出羊肉切片。

4. 黄花菜切段，与木耳分别焯水断生，与粉丝一起垫入碗底。

5 摆上羊肉，汤内加入 B 料调味，加入 300 克油脂，倒入碗中，撒青蒜段即可。

大荔水盆羊肉

冬瓜汆羊肉

原料

羊肉片 1000g、冬瓜 3500g、香菜 5g

调料

清汤 4000g、香油 15g、植物油 150g

A 料：葱花 50g、姜片 50g

B 料：盐 45g、绵白糖 10g、鸡精 15g、
胡椒粉 15g

成熟技法　汆

成品特点　汤鲜味浓　香醇味美

烹制份数　20 份

营养分析

名称	每 100 g
能量	83 kcal
蛋白质	4.2 g
脂肪	6.6 g
碳水化合物	2 g
膳食纤维	0.5 g
钠	393.9 mg

烹制流程

1. 冬瓜去皮切片备用。

2. 冬瓜、羊肉片分别焯水断生备用。

3. 锅留底油，下入 A 料炒香，倒入清汤，放 B 料调味。

4. 捞出小料，加入冬瓜小火炖至八成熟，下入羊肉片炖至成熟后，淋香油，撒香菜出锅装盘。

金针菇羊肉

原料

羊肉片 1000g、金针菇 2000g、大白菜 1000g、泡发粉丝 500g、香菜 5g

调料

植物油 150g、清汤 4500g、香油 20g

A 料：葱花 50g、姜片 50g

B 料：盐 45g、绵白糖 10g、鸡精 15g、胡椒粉 15g

成熟技法 煮

成品特点 汤白味鲜 醇香可口

烹制份数 20 份

营养分析

名称	每 100 g
能量	109 kcal
蛋白质	5.4 g
脂肪	6.8 g
碳水化合物	7 g
膳食纤维	1.4 g
钠	408.2 mg

烹制流程

1. 大白菜切丝备用。

2. 羊肉片、金针菇分别焯水断生备用。

3. 锅留底油，下入 A 料炒香，倒入清汤，放 B 料调味，大火烧开。

4. 滤出小料，加入白菜稍煮，加入金针菇、粉丝、羊肉片，烧开淋香油，香菜点缀出锅装盘。

萝卜丝氽羊肉

原料

羊肉片 1000g、白萝卜丝 3500g、香菜 5g

调料

清汤 4000g、香油 15g、植物油 150g

A 料：葱花 50g、姜片 50g

B 料：盐 55g、绵白糖 10g、鸡精 15g、胡椒粉 15g

成熟技法　氽

成品特点　汤鲜味浓　羊肉鲜嫩

烹制份数　20 份

营养分析

名称	每 100 g
能量	87 kcal
蛋白质	4.5 g
脂肪	6.5 g
碳水化合物	3.2 g
膳食纤维	0.8 g
钠	514.1 mg

烹制流程

1. 萝卜丝、羊肉片分别焯水断生备用。

2. 锅留底油，下入 A 料炒香，倒入清汤，放 B 料调味，大火烧开。

3. 滤出小料，加入萝卜丝、羊肉片，氽至成熟后，淋香油，香菜点缀出锅装盘。

萝卜丝氽羊肉

馕丁炒羊肉

原料

羊肉 1000g、馕 1500g、青椒 500g、红椒 250g、圆葱 400g

调料

植物油 150g、老抽 10g

A 料：葱花 40g、姜片 40g、蒜片 40g

B 料：盐 20g、鸡精 15g、胡椒粉 8g、老抽 5g、孜然碎 40g、辣椒面 30g

C 料：料酒 30g、胡椒粉 2g、鸡蛋 50g、淀粉 20g

成熟技法 炒

成品特点 咸鲜香辣 风味独特

烹制份数 20 份

营养分析

名称	每 100 g
能量	212 kcal
蛋白质	9.3 g
脂肪	9.5 g
碳水化合物	23.4 g
膳食纤维	1.4 g
钠	232.2 mg

烹制流程

1. 羊肉切片加 C 料搅拌均匀，腌制后滑油备用。

2. 青红椒、圆葱切菱形块，过油备用。

3. 馕切菱形块，入五成热油炸至表面微焦备用。

4. 锅留底油，下入 A 料炒香，加入羊肉、老抽煸炒。

5. 加入圆葱、馕、青红椒，放 B 料调味，翻炒均匀出锅装盘。

馕丁炒羊肉

砂锅炖羊杂

原料

羊杂 2000g、海带 1000g、豆皮 500g、香菜 10g

调料

清汤 7000g、植物油 100g、香油 10g、辣椒油 15g

A 料：葱段 150g、姜片 150g

B 料：盐 45g、鸡精 20g、料酒 50g、胡椒粉 15g

C 料：八角 8g、干花椒 5g、干辣椒段 5g（料包）

成熟技法　炖

成品特点　口味咸鲜　汤鲜味美

烹制份数　20 份

营养分析

名称	每 100 g
能量	167 kcal
蛋白质	16.3 g
脂肪	10.2 g
碳水化合物	3.5 g
膳食纤维	0.3 g
钠	580.2 mg

烹制流程

1. 豆皮切条，与羊杂、海带分别焯水断生备用。

2. 锅留底油，下入 A 料炒香，倒入清汤，大火烧开。

3. 滤出小料，加入羊杂、C 料，放B 料调味，小火炖至八成熟。

4. 捞出料包，下入海带、豆皮烧开，淋香油、辣椒油，撒香菜出锅。

鲜花椒水煮羊肉

原料

羊肉片 2000g、绿豆芽 3000g、美人椒 300g、鲜花椒 110g、香葱末 5g

调料

清汤 3500、植物油 350g、盐 20g

A 料：葱花 60g、姜片 50g

B 料：盐 70g、鸡精 20g、胡椒粉 8g、料酒 50g、绵白糖 20g

成熟技法 煮

成品特点 椒麻微辣　口感鲜嫩

烹制份数 20 份

营养分析

名称	每 100 g
能量	141 kcal
蛋白质	7.7 g
脂肪	11 g
碳水化合物	3.8 g
膳食纤维	1.8 g
钠	644.8 mg

烹制流程

1. 美人椒切小段备用。

2. 豆芽、羊肉片分别焯水断生备用。

3. 豆芽加盐入锅煸炒，垫入盘底。

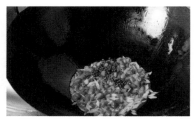

4. 锅留底油，下入鲜花椒、美人椒、A 料炒出香味，倒入清汤。

5. 放 B 料调味，大火烧开，下入羊肉片，烧开出锅，香葱末点缀即可。

鲜花椒水煮羊肉

芝麻羊肉

原料

羊肉 1200g、圆葱 2000g、红尖椒 250g、青尖椒 250g、生芝麻 300g

调料

植物油 150g

A 料：料酒 50g、盐 6g、绵白糖 3g、葱姜水 60g、胡椒粉 5g、花椒碎 5g、孜然碎 10g

B 料：鸡蛋 6 个、面粉 150g、淀粉 300g、清水 230g、孜然碎 15g、盐 5g、植物油 50g、辣椒面 9g

C 料：葱花 50g、姜片 40g

D 料：盐 20g、鸡精 15g、胡椒粉 8g、孜然碎 15g、辣椒面 10g

成熟技法　炸、炒

成品特点　咸鲜微辣　酥香可口

烹制份数　20 份

营养分析

名称	每 100 g
能量	178 kcal
蛋白质	7.7 g
脂肪	10.5 g
碳水化合物	13.9 g
膳食纤维	1.8 g
钠	279.9 mg

烹制流程

1. 圆葱、红尖椒、青尖椒切条备用。

2. 羊肉切条加 A 料拌匀，腌制备用。

3. B 料混合调成糊状，加入生芝麻、羊肉搅拌均匀，入三成热油中炸熟。

4. 锅留底油，下入 C 料炒香，倒入圆葱、青尖椒、红尖椒翻炒。

5. 放 D 料调味，加入羊肉，翻炒均匀出锅装盘。

芝麻羊肉

板栗烧鸡块

原料

鸡腿 4000g、板栗 1500g、青椒 500g

调料

清汤 3000g、植物油 200g、水淀粉（淀粉 60g、水 80g）、八角 5g

A 料：葱段 150g、姜片 150g

B 料：盐 10g、料酒 80g、酱油 150g、
老抽 10g、鸡精 15g、胡椒粉 8g、
绵白糖 100g

成熟技法　烧

成品特点　色泽红润　鸡块熟烂

烹制份数　20 份

营养分析

名称	每 100 g
能量	154 kcal
蛋白质	10.6 g
脂肪	6.8 g
碳水化合物	12.8 g
膳食纤维	0.4 g
钠	228.8 mg

烹制流程

1. 鸡腿剁块，青椒切菱形块备用。

2. 鸡块、板栗分别焯水断生备用。

3. 锅留底油，下入八角炸香后捞出，加入 A 料炒香，加入鸡块煸炒。

4. 放 B 料调味，倒入清汤，大火烧开，小火烧至八成熟。

5. 加入板栗烧至成熟，加入青椒，水淀粉勾芡出锅装盘。

板栗烧鸡块

184

豉香鸡块

原料

鸡腿 2500g、青椒 1000g、圆葱 1500g、红椒 100g

调料

豆豉 120g、植物油 150g、清水 1100g、水淀粉（淀粉 60g、水 70g）、料油 50g、淀粉 80g

A 料：葱花 50g、姜片 50g、蒜片 50g

B 料：盐 20g、绵白糖 10g、鸡精 15g、
　　　料酒 80g、酱油 70g、老抽 40g

C 料：葱段 100g、姜片 100g、盐 10g、
　　　胡椒粉 3g、料酒 50g

成熟技法　炒

成品特点　口味咸鲜　豉香味浓

烹制份数　20 份

营养分析

名称	每 100 g
能量	106 kcal
蛋白质	7.5 g
脂肪	6.3 g
碳水化合物	5.1 g
膳食纤维	0.6 g
钠	427.3 mg

烹制流程

1. 青椒切菱形块，鸡腿剁块，圆葱切三角块备用。

2. 鸡块加 C 料搅拌均匀，腌制备用。

3. 鸡块加淀粉拌匀，入六成热油中炸熟。

4. 锅留底油，下入豆豉、A 料炒香，加入鸡块煸炒，倒入清汤，放 B 料调味。

5. 大火烧开改小火烧至成熟，加入圆葱、青椒、红椒煸炒，水淀粉勾芡，淋料油出锅装盘。

豉香鸡块

川味滑鸡

原料

鸡胸肉 3000g、线椒 2000g、红小米辣 200g

调料

植物油 200g

A 料：葱花 50g、姜片 50g、蒜片 40g、麻椒 10g、豆瓣酱 120g、泡椒酱 150g

B 料：酱油 60g、老抽 20g、盐 15g、鸡精 20g、胡椒粉 8g、料酒 60g

成熟技法 滑炒

成品特点 麻辣鲜香 口感嫩滑

烹制份数 20 份

营养分析

名称	每 100 g
能量	107 kcal
蛋白质	13.5 g
脂肪	4.6 g
碳水化合物	3.3 g
膳食纤维	1.1 g
钠	391.7 mg

烹制流程

1. 线椒、红小米辣切丁备用。

2. 鸡胸肉切丁后上浆滑油备用。

3. 锅留底油，下入 A 料炒香，加入线椒、红小米辣翻炒至五成熟。

4. 放 B 料调味，下入鸡丁，翻炒均匀出锅装盘。

川味辣子鸡

原料

鸡腿 3000g、土豆 2000g、青尖椒 250g、
红尖椒 250g、熟白芝麻 10g

调料

植物油 150g

A 料：葱花 50g、姜片 40g、蒜片 40g、
　　　干辣椒 250g、干花椒 20g

B 料：盐 30g、鸡精 30g、胡椒粉 8g

C 料：料酒 15g、白酒 2g、葱姜水 20g、
　　　盐 2g、胡椒粉 2g、淀粉 15g

成熟技法 炒

成品特点 咸鲜香辣 色泽红亮

烹制份数 20 份

营养分析

名称	每 100 g
能量	114 kcal
蛋白质	9 g
脂肪	5.6 g
碳水化合物	7.3 g
膳食纤维	1 g
钠	252.9 mg

烹制流程

1. 鸡腿切块，土豆切丁，青红椒切菱形片备用。

2. 鸡块加入 C 料搅拌均匀腌制备用。

3. 腌好鸡肉入五成热油中炸透，土豆入六成热油中炸至金黄，青红椒过油备用。

4. 锅留底油，下入 A 料炒香，下入鸡块、土豆。

5. 放 B 料调味，大火翻炒均匀，下入青红椒，撒芝麻出锅装盘。

川味辣子鸡

葱香椒麻乌鸡

原料

乌鸡 4000g、青笋 1000g、青尖椒 200g

调料

植物油 200g

A 料：水 10000g、八角 5g、桂皮 15g、干花椒 15g、草果 9g、香叶 4g、干辣椒 30g、葱段 150g、姜片 150g、盐 130g、料酒 40g、胡椒粉 5g、鸡精 50g

B 料：鲜花椒 50g、香葱末 100g

成熟技法　煮

成品特点　麻辣鲜香　风味独特

烹制份数　20 份

营养分析

名称	每 100 g
能量	75 kcal
蛋白质	8 g
脂肪	4.4 g
碳水化合物	0.8 g
膳食纤维	0.2 g
钠	953.5 mg

烹制流程

1. 锅内加入 A 料，放入乌鸡，小火煮熟捞出。

2. 熟乌鸡切块，青笋切片，青尖椒切末备用。

3. 青笋入卤制乌鸡的原汤中轻烫捞出垫入盘底。

4. 乌鸡切块，码入盘中，倒入原汤，撒上青尖椒、B 料，浇热油即可。

冬瓜鸡块

原料

鸡腿 2500g、冬瓜 2000g、香菜 5g

调料

植物油 150g、清汤 5500g、八角 5g

A 料：葱段 150g、姜片 150g

B 料：盐 50g、鸡精 20g、胡椒粉 8g、
　　　料酒 50g、绵白糖 15g

成熟技法　炖

成品特点　口味咸鲜　汤鲜味美

烹制份数　20 份

营养分析

名称	每 100 g
能量	92 kcal
蛋白质	8.1 g
脂肪	6.1 g
碳水化合物	1.3 g
膳食纤维	0.3 g
钠	446.8 mg

烹制流程

1. 冬瓜去皮切块备用。

2. 鸡腿剁块后焯水断生备用。

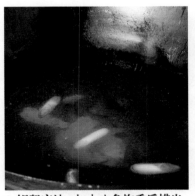

3. 锅留底油，加入八角炸香后捞出，加入 A 料炒香，倒入清汤，加入鸡块。

4. 放 B 料调味，大火烧开改小火炖至八成熟加入冬瓜，炖至成熟后出锅装盘，撒香菜。

豆豉蒸滑鸡

原料

鸡腿 3000g、土豆 3000g、香葱末 5g、红小米辣 5g

调料

植物油 100g、香油 25g、盐 10g

A 料：葱花 60g、姜片 50g、蒜末 40g、豆豉 180g、老干妈 320g

B 料：料酒 60g、老抽 30g、盐 10g、绵白糖 20g、生抽 50g、鸡精 40g、胡椒粉 15g、蚝油 100g

C 料：料酒 10g、白酒 2g、葱姜水 15g、盐 4g、胡椒粉 2g

成熟技法 蒸

成品特点 口感软嫩 风味独特

烹制份数 20 份

营养分析

名称	每 100 g
能量	141 kcal
蛋白质	8.5 g
脂肪	7.8 g
碳水化合物	9.2 g
膳食纤维	0.5 g
钠	533.6 mg

烹制流程

1. 土豆切正方块加盐搅拌均匀，垫入盘底。

2. 鸡腿切块加 C 料搅拌均匀腌制备用。

3. 锅留底油，下入 A 料炒香，加 B 料调味，下入鸡块搅拌均匀，淋香油捞出。

4. 将鸡块平铺在土豆上，上锅蒸熟，撒香葱末、红小米辣出锅装盘。

粉蒸鸡

原料

鸡腿 3000g、土豆 2000g、葱花 5g

调料

植物油 200g、清水 650g、盐 10g

A 料：大米 500g、江米 500g、八角 1g、
桂皮 1g、香叶 1g、花椒 1g、小茴
香 1g

B 料：姜末 50g、葱末 50g、老抽 65g、
料酒 80g、白酒 10g、绵白糖 5g、
胡椒粉 5g、蚝油 200g、盐 10g、
酱油 50g、鸡精 5g

成熟技法　蒸

成品特点　口感软糯　米香浓郁

烹制份数　20 份

营养分析

名称	每 100 g
能量	161 kcal
蛋白质	9 g
脂肪	5.8 g
碳水化合物	18.3 g
膳食纤维	0.5 g
钠	310.3 mg

烹制流程

1. A 料下锅，小火炒制，机器打成
颗粒状，制成米粉备用。

2. 土豆切块加盐搅拌均匀，垫入
盘底。

3. 鸡腿剁块加 B 料和米粉搅拌均
匀，铺在土豆上，上锅蒸至成熟，
撒葱花即可。

粉蒸鸡

191

宫保鸡丁

原料

鸡胸肉 2000g、大葱 2000g、熟花生米 500g

调料

植物油 300g、清汤 1500g、水淀粉（淀粉 90g、水 120g）

A 料：豆瓣酱 100g、泡椒酱 100g、干辣椒 60g、葱花 50g、姜片 30g、干花椒 3g、蒜片 60g

B 料：料酒 40g、老抽 8g、鸡精 25g、绵白糖 300g、醋 300g、盐 30g

成熟技法　滑炒

成品特点　糊辣酸甜咸香　口感滑嫩

烹制份数　20 份

营养分析

名称	每 100 g
能量	185 kcal
蛋白质	12.2 g
脂肪	10.7 g
碳水化合物	10.8 g
膳食纤维	1.2 g
钠	457.4 mg

烹制流程

1. 鸡胸肉切丁上浆，入五成热油中滑熟。

2. 大葱切丁过油备用。

3. 锅留底油，下入 A 料炒香，倒入清汤，下 B 料调味。

4. 大火烧开，水淀粉勾芡，倒入鸡丁、葱丁、花生米，翻炒均匀出锅装盘。

杭椒鸡块

原料

鸡腿 3000g、杭椒 800g、圆葱 2000g、红椒 150g

调料

植物油 200g、清汤 1000g、水淀粉（淀粉 50g、水 60g）

A 料：葱花 50g、姜片 50g、蒜片 50g

B 料：盐 20g、绵白糖 10g、鸡精 15g、胡椒粉 6g、料酒 50g、酱油 50g、老抽 20g

C 料：盐 12g、胡椒粉 5g、料酒 50g、老抽 5g、葱姜水 50g、淀粉 50g

成熟技法　炒

成品特点　咸鲜微辣　鸡块软嫩

烹制份数　20 份

营养分析

名称	每 100 g
能量	103 kcal
蛋白质	8.1 g
脂肪	5.9 g
碳水化合物	5.6 g
膳食纤维	1.9 g
钠	277.2 mg

烹制流程

1. 圆葱切三角块，杭椒切段，红椒切菱形块备用。

2. 鸡腿剁块，加 C 料腌制备用。

3. 鸡块入四成热油中滑熟。

4. 锅留底油，加入 A 料炒香，加入鸡块，放入 B 料调汁炒至成熟。

5. 加入杭椒、圆葱、红椒翻炒，淋芡出锅装盘。

杭椒鸡块

红烧鸡块

原料

鸡腿 3000g、土豆 2000g、胡萝卜 500g

调料

植物油 200g、清水 3000g、水淀粉（淀粉 70g、水 90g）

A 料：葱段 150g、姜片 150g、桂皮 5g、八角 5g、香叶 2g

B 料：盐 40g、绵白糖 35g、鸡精 20g、胡椒粉 6g、料酒 60g、老抽 30g、酱油 50g

成熟技法 烧

成品特点 咸鲜微甜 汁浓味厚

烹制份数 20 份

营养分析

名称	每 100 g
能量	120 kcal
蛋白质	8.7 g
脂肪	6.3 g
碳水化合物	7.5 g
膳食纤维	0.7 g
钠	360.1 mg

烹制流程

1 土豆、胡萝卜切滚刀块备用。

2. 鸡腿剁块，焯水断生备用。

3. 锅留底油，加入 A 料炒香，倒入清水。

4. 放 B 料调味，加入鸡块、土豆、胡萝卜，小火烧至成熟，水淀粉勾芡出锅装盘。

滑炒三丁

原料

鸡胸肉 1500g、毛豆仁 2500g、胡萝卜 500g

调料

植物油 200g、葱油 50g、清汤 1000g、水淀粉（淀粉 60g、水 80g）

A 料：葱花 40g、姜片 40g、蒜片 40g

B 料：盐 40g、绵白糖 15g、鸡精 20g、胡椒粉 6g、料酒 50g

成熟技法　炒

成品特点　口味咸鲜　色泽亮丽

烹制份数　20 份

营养分析

名称	每 100 g
能量	157 kcal
蛋白质	14.7 g
脂肪	8.4 g
碳水化合物	6.8 g
膳食纤维	2.4 g
钠	356.3 mg

烹制流程

1. 鸡胸肉切丁上浆滑油备用。

2. 胡萝卜切丁，与毛豆仁分别焯水备用。

3. 锅留底油，下入 A 料炒香，倒入清汤，放 B 料调味，大火烧开。

4. 滤出小料，水淀粉勾芡，加入所有原料，翻炒均匀，淋葱油出锅装盘。

滑熘鸡片

原料

鸡胸肉 1250g、青笋 3000g、木耳 500g

调料

植物油 150g、料油 50g、清汤 1500g

A 料：葱花 50g、姜片 50g、蒜片 50g

B 料：盐 40g、绵白糖 20g、鸡精 15g、
胡椒粉 5g、料酒 50g

成熟技法　熘

成品特点　青笋脆爽　鸡片滑嫩

烹制份数　20 份

营养分析

名称	每 100 g
能量	79 kcal
蛋白质	6.9 g
脂肪	4.6 g
碳水化合物	2.8 g
膳食纤维	0.6 g
钠	348.1 mg

烹制流程

1. 鸡胸肉切片上浆滑油备用。

2. 青笋切菱形片，与木耳焯水断生备用。

3. 锅留底油，下入 A 料炒香，倒入清汤，放 B 料调味，大火烧开。

4. 滤出小料，水淀粉勾芡，加入鸡片、青笋、木耳翻炒均匀，淋料油出锅装盘。

黄焖鸡

原料

鸡腿 3000g、土豆 2000g、泡发香菇 500g

调料

黄豆酱 200g、植物油 200g、清汤 3000g、
水淀粉（淀粉 70g、水 90g）

A 料：葱段 150g、姜片 150g、桂皮 5g、
　　　八角 5g

B 料：盐 30g、绵白糖 20g、鸡精 25g、
　　　胡椒粉 6g、料酒 60g、老抽 20g、
　　　酱油 50g

成熟技法　焖

成品特点　口味咸鲜　色泽黄亮

烹制份数　20 份

营养分析

名称	每 100 g
能量	121 kcal
蛋白质	8.9 g
脂肪	6.3 g
碳水化合物	7.4 g
膳食纤维	0.6 g
钠	423.1 mg

烹制流程

1. 鸡腿剁块，土豆切正方块，香菇去根对半切开后，分别焯水断生备用。

2. 锅留底油，加入 A 料炒香，加入黄豆酱煸炒，倒入清汤，放 B 料调味。

3. 加入鸡块、香菇，小火烧至八成熟，加入土豆烧至成熟后勾芡出锅装盘。

黄焖鸡

鸡丁烩南瓜

原料

鸡胸肉 1500g、南瓜 3000g

调料

植物油 150g、葱油 50g、清汤 1600g、
水淀粉（淀粉 70g、水 80g）

A 料：葱花 50g、姜片 50g

B 料：盐 30g、鸡精 20g、胡椒粉 5g、
　　　料酒 30g

成熟技法　烩

成品特点　口味咸鲜　口感软嫩

烹制份数　20 份

营养分析

名称	每 100 g
能量	90 kcal
蛋白质	8.3 g
脂肪	4.9 g
碳水化合物	3.6 g
膳食纤维	0.5 g
钠	264.4 mg

烹制流程

1. 南瓜切丁焯水断生备用。

2. 鸡胸肉切丁上浆滑油备用。

3. 锅留底油，加入 A 料炒香，倒入清汤，放 B 料调味，大火烧开。

4. 滤出小料，水淀粉勾芡，加入鸡丁、南瓜丁翻炒均匀，淋葱油出锅装盘。

鸡片土豆片

原料

土豆 4000g、鸡胸肉 800g、青椒 500g

调料

植物油 150g、葱油 50g、清汤 50g、水淀粉（淀粉 20g、水 40g）

A 料：葱花 40g、姜片 40g、蒜片 40g

B 料：盐 30g、绵白糖 10g、鸡精 15g、胡椒粉 6g、料酒 60g、老抽 15g

成熟技法　炒

成品特点　口味咸鲜　口感软嫩

烹制份数　20 份

营养分析

名称	每 100 g
能量	110 kcal
蛋白质	5.5 g
脂肪	4.1 g
碳水化合物	13.5 g
膳食纤维	0.9 g
钠	224.2 mg

烹制流程

1. 青椒切菱形片备用，土豆切菱形片焯水断生备用。

2. 鸡胸肉切片上浆滑油备用。

3. 锅留底油，下入 A 料炒香，加入土豆、青椒、鸡肉片。

4. 放 B 料调味，倒入清汤，翻炒均匀，水淀粉勾芡，淋葱油出锅装盘。

鸡片紫甘蓝

原料

紫甘蓝 4000g、鸡胸肉 1000g

调料

植物油 200g、香油 20g

A 料：葱花 40g、姜片 40g、蒜片 40g

B 料：盐 50g、鸡精 15g、胡椒粉 6g

成熟技法　炒

成品特点　口味咸鲜　清爽适口

烹制份数　20 份

营养分析

名称	每 100 g
能量	79 kcal
蛋白质	5.6 g
脂肪	4.7 g
碳水化合物	4.8 g
膳食纤维	2.3 g
钠	402.3 mg

烹制流程

1. 紫甘蓝切块，鸡胸肉切片备用。

2. 鸡肉片上浆滑油备用。

3. 锅留底油，下入 A 料炒香，加入紫甘蓝煸炒。

4. 放 B 料调味，下入鸡肉片，翻炒均匀，淋香油出锅装盘。

酱爆鸡丁

原料

鸡胸肉 2000g、黄瓜 500g、土豆 2500g

调料

植物油 200g、香油 20g、清汤 500g

A 料：姜末 30g、甜面酱 450g

B 料：绵白糖 300g、鸡精 15g、胡椒
　　　粉 6g、料酒 100g、酱油 30g

成熟技法　酱爆

成品特点　咸鲜回甜　酱香味浓
　　　　　　　色泽红亮

烹制份数　20 份

营养分析

名称	每 100 g
能量	138 kcal
蛋白质	9.8 g
脂肪	4.5 g
碳水化合物	15 g
膳食纤维	0.6 g
钠	204.3 mg

烹制流程

1. 土豆切丁入六成热油中炸熟。

2. 鸡胸肉切丁上浆滑油，黄瓜切丁
过油备用。

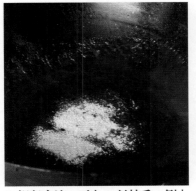

3. 锅留底油，下入 A 料炒香，倒入
清汤稀释，放 B 料调味炒透至亮。

4. 下入鸡丁、土豆、黄瓜，翻炒均
匀，淋香油出锅装盘。

咖喱鸡块

原料

鸡腿 3000g、土豆 1500g、胡萝卜 500g、圆葱 500g

调料

清汤 3500g、植物油 100g、咖喱粉 200g、水淀粉（淀粉 70g、水 100g）、盐 30g、鸡精 20g

A 料：葱段 150g、姜片 150g

B 料：姜末 50g、蒜末 50g

成熟技法 烧

成品特点 咖喱味浓 风味独特

烹制份数 20 份

营养分析

名称	每 100 g
能量	113 kcal
蛋白质	8.9 g
脂肪	5.2 g
碳水化合物	7.5 g
膳食纤维	0.6 g
钠	400.5 mg

烹制流程

1. 鸡腿剁块，胡萝卜、土豆切菱形块，圆葱切三角块备用。

2. 鸡块、胡萝卜、土豆分别焯水断生备用。

3. 锅留底油，加入 A 料炒香，倒入清汤，加盐调味，放入鸡块，小火炖至成熟，滤出小料后备用。

4. 锅留底油，加入 B 料炒香，加入咖喱粉，倒入炖鸡原汤，加入土豆、胡萝卜、圆葱、鸡块，放鸡精调味，烧至成熟，勾芡出锅装盘。

辣子鸡丁

原料

鸡胸肉 2000g、土豆 1500g、青椒 2000g

调料

植物油 250g、清汤 1500g、水淀粉（淀粉 90g、水 120g）

A 料：葱花 40g、姜片 40g、蒜片 40g、干辣椒 15g、泡椒酱 120g

B 料：盐 15g、绵白糖 20g、鸡精 20g、胡椒粉 8g、料酒 60g、酱油 50g、老抽 15g

成熟技法　炒

成品特点　香辣咸鲜　色泽红亮

烹制份数　20 份

营养分析

名称	每 100 g
能量	107 kcal
蛋白质	9.3 g
脂肪	5 g
碳水化合物	6.6 g
膳食纤维	0.7 g
钠	200.6 mg

烹制流程

1. 鸡胸肉切丁上浆滑油备用。

2. 土豆切块入六成热油中炸熟，青椒切块过油备用。

3. 锅留底油，下入 A 料炒香，倒入清汤，放 B 料调味。

4. 大火烧开，水淀粉勾芡，加入鸡丁、土豆、青椒，翻炒均匀出锅装盘。

南瓜鸡片

原料

南瓜 3500g、鸡胸肉 1000g、毛豆仁 300g

调料

植物油 150g、清汤 500g、葱油 100g、
水淀粉（淀粉 50g、水 60g）

A 料：葱花 50g、姜片 50g

B 料：盐 40g、鸡精 15g、胡椒粉 6g、
料酒 40g

成熟技法 炒

成品特点 口味咸鲜 色泽鲜明

烹制份数 20 份

营养分析

名称	每 100 g
能量	83 kcal
蛋白质	6.2 g
脂肪	4.8 g
碳水化合物	4.4 g
膳食纤维	0.8 g
钠	322 mg

烹制流程

1. 鸡胸肉切片上浆滑油备用。

2. 南瓜去皮切菱形片，与毛豆仁分别焯水备用。

3. 锅留底油，下入 A 料炒香，倒入清汤，放 B 料调味。

4. 滤出小料，水淀粉勾芡，加入所有原料，翻炒均匀，淋葱油出锅装盘。

青笋鸡丁

原料

鸡胸肉 1500g、青笋 2500g、红椒 250g

调料

植物油 150g、料油 50g、清汤 750g、水淀粉（淀粉 60g、水 80g）

A 料：葱花 40g、姜片 40g、蒜片 40g

B 料：盐 40g、绵白糖 15g、鸡精 20g、胡椒粉 6g、料酒 50g

成熟技法　炒

成品特点　鸡丁滑嫩　青笋脆爽　口味咸鲜

烹制份数　20 份

营养分析

名称	每 100 g
能量	91 kcal
蛋白质	8.9 g
脂肪	5.1 g
碳水化合物	2.4 g
膳食纤维	0.5 g
钠	385 mg

烹制流程

1. 鸡胸肉切丁上浆滑油备用。

2. 青笋切丁、红椒切块焯水备用。

3. 锅留底油，下入 A 料炒香，倒入清汤，放 B 料调味，大火烧开。

4. 滤出小料，水淀粉勾芡，加入鸡丁、青笋、红椒，翻炒均匀，淋料油出锅装盘。

三杯鸡

原料

三黄鸡 2500g、土豆 3000g、青尖椒 200g、红椒 200g

调料

植物油 300g、清汤 3000g、香油 50g、水淀粉（淀粉 70g、水 80g）、油膏 50g、绵白糖（炒糖色）70g

A 料：姜片 100g、蒜子 100g、葱段 100g

B 料：盐 25g、绵白糖 45g、料酒 200g、酱油 150g、鸡精 20g、胡椒粉 8g、老抽 5g、油膏 90g

C 料：葱段 100g、姜片 100g、盐 5g、绵白糖 5g、料酒 50g、老抽 5g、淀粉 30g

成熟技法 烧

成品特点 咸鲜微甜 口味醇香

烹制份数 20 份

营养分析

名称	每 100 g
能量	137 kcal
蛋白质	6.2 g
脂肪	7.7 g
碳水化合物	11 g
膳食纤维	0.7 g
钠	406.8 mg

烹制流程

1. 土豆切菱形块，青红椒切菱形片备用。

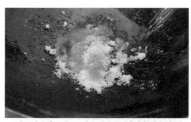

2. 三黄鸡剁块加 C 料搅拌均匀，腌制上浆，入四成热油中滑熟备用。

3. 锅留底油，加入白糖炒制糖色备用。

4. 锅留底油，加入 A 料炒香，加油膏，倒入清汤、鸡块，放 B 料、糖色调味，小火烧至八成熟。

三杯鸡

5. 加入土豆，烧至成熟，撒青红椒，水淀粉勾芡，淋香油即可。

三色鸡丸

原料

鸡肉馅 2000g、青笋 1500g、胡萝卜 500g

调料

清汤 2000g、清水 3000g

A 料：葱段 50g、姜片 50g

B 料：葱姜水 1250g、胡椒粉 4g、盐 80g、
　　　淀粉 50g

C 料：盐 35g、味精 15g、胡椒粉 6g

成熟技法　氽

成品特点　汤鲜味美　鸡丸滑嫩

烹制份数　20 份

营养分析

名称	每 100 g
能量	67 kcal
蛋白质	12.5 g
脂肪	1 g
碳水化合物	2.3 g
膳食纤维	0.6 g
钠	1148.4 mg

烹制流程

1. 青笋、胡萝卜切块备用。

2. 鸡肉馅加 B 料搅拌均匀，制成丸子，入锅氽熟。

3. 锅内加汤，加入 A 料，放 C 料调味。

4. 加入鸡丸、胡萝卜、青笋，氽熟即可。

砂锅炖鸡块

原料

鸡腿 2000g、大白菜 2500g、水发粉丝 400g、香菜 5g

调料

植物油 150g、清汤 5000g、香油 10g

A 料：葱段 150g、姜片 150g

B 料：盐 50g、鸡精 20g、胡椒粉 8g、料酒 50g、绵白糖 15g

成熟技法　炖

成品特点　汤鲜味美　鸡块软烂

烹制份数　20 份

营养分析

名称	每 100 g
能量	92 kcal
蛋白质	6.6 g
脂肪	5.3 g
碳水化合物	4.6 g
膳食纤维	0.5 g
钠	438.6 mg

烹制流程

1. 大白菜切段备用，鸡块剁块焯水断生备用。

2. 锅留底油，下入 A 料炒香，倒入清汤，加入鸡块。

3. 放 B 料调味，烧开后小火炖制，加入白菜炖至成熟。

4. 加入粉丝烧开，淋香油，香菜点缀出锅即可。

208

双色烩鸡米

原料

鸡胸肉 1500g、玉米粒 2000g、胡萝卜 1000g

调料

植物油 150g、葱油 50g、清汤 1500g、水淀粉（淀粉 70g、水 80g）

A 料：葱花 50g、姜片 50g

B 料：盐 30g、鸡精 20g、胡椒粉 5g、料酒 30g

成熟技法　烩

成品特点　口味咸鲜　色泽亮丽

烹制份数　20 份

营养分析

名称	每 100 g
能量	130 kcal
蛋白质	9.7 g
脂肪	5.4 g
碳水化合物	11.6 g
膳食纤维	1.9 g
钠	289.9 mg

烹制流程

1. 鸡胸肉切粒，上浆滑油备用。

2. 胡萝卜切丁，与玉米粒焯水断生备用。

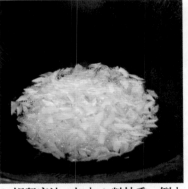

3. 锅留底油，加入 A 料炒香，倒入清汤，放 B 料调味，大火烧开。

4. 滤出小料，水淀粉勾芡，加入鸡肉、胡萝卜、玉米粒翻炒均匀，淋葱油出锅装盘。

蒜香鸡丁

原料

鸡胸肉 1250g、土豆 3000g、青椒 250g、红椒 250g、葱段 150g、蒜子 500g

调料

植物油 150g、葱油 50g、清汤 500g、水淀粉（淀粉 30g、水 30g）

A 料：葱花 50g、姜片 50g、泡椒酱 100g

B 料：大蒜 250g、清水 100g

C 料：盐 15g、鸡精 20g、胡椒粉 5g、料酒 30g、酱油 40g、老抽 10g

成熟技法　炒

成品特点　色泽红亮　咸鲜微辣

烹制份数　20 份

营养分析

名称	每 100 g
能量	114 kcal
蛋白质	7.3 g
脂肪	4 g
碳水化合物	12.6 g
膳食纤维	1 g
钠	188.4 mg

烹制流程

1. 鸡胸肉切丁，土豆、青红椒切块备用。

2. B 料混合打汁，加入鸡丁上浆，入四成热油中滑熟备用。

3. 土豆炸熟，蒜子炸至金黄备用。

4 锅留底油，加入 A 料炒香，加入葱段、鸡丁、蒜子，倒入清汤、青红椒。

5. 放 C 料调味，水淀粉勾芡，加入土豆翻炒均匀出锅装盘。

蒜香鸡丁

碎米鸡丁

原料

鸡胸肉 2000g、胡萝卜 500g、圆葱 1000g、青椒 500g、熟花生碎 100g

调料

植物油 200g、清汤 1200g、水淀粉（淀粉 70g、水 80g）

A 料：姜片 30g、蒜片 30g、豆瓣酱 100g、泡椒酱 100g

B 料：盐 15g、鸡精 15g、胡椒粉 6g、料酒 50g、老抽 25g

成熟技法　炒

成品特点　咸鲜微辣　色泽红亮

烹制份数　20 份

营养分析

名称	每 100 g
能量	123 kcal
蛋白质	12.1 g
脂肪	6.4 g
碳水化合物	4.7 g
膳食纤维	0.8 g
钠	380.3 mg

烹制流程

1. 鸡胸肉切丁上浆滑油，胡萝卜切丁焯水断生备用。

2. 青椒切丁过油，圆葱切丁煸炒备用。

3. 锅留底油，加入 A 料炒香，倒入清汤，放 B 料调味，水淀粉勾芡。

4. 加入鸡丁、圆葱、青椒、胡萝卜翻炒均匀出锅，撒花生碎即可。

糖醋鸡柳

原料

鸡胸肉 3000g

调料

植物油 150g、菜水 1000g（芹菜 250g、胡萝卜 250g、圆葱 250g、香叶 3g、清水 3000g 煮 30 分钟即可）、水淀粉（淀粉 60g、水 80g）、蒜末 80g、番茄酱 350g

A 料：葱花 40g、姜片 40g

B 料：盐 25g、绵白糖 650g、白醋 450g

C 料：葱姜水 100g、盐 12g、胡椒粉 5g、料酒 50g

D 料：鸡蛋 100g、淀粉 600g、面粉 150g、清水 515g、植物油 100g、泡打粉 15g

成熟技法　炒

成品特点　色泽红亮　酸甜适口

烹制份数　20 份

营养分析

名称	每 100 g
能量	197 kcal
蛋白质	13.6 g
脂肪	5.4 g
碳水化合物	23.3 g
膳食纤维	0.4 g
钠	292.2 mg

烹制流程

1. 鸡胸肉切条加 C 料搅拌均匀，腌制备用。

2. D 料搅拌均匀，制成面糊。

3. 鸡肉裹上面糊，入六成热油中炸至成熟。

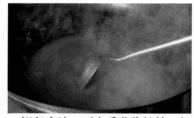

4. 锅留底油，下入番茄酱煸炒，加入 A 料炒香，倒入菜水，放 B 料调味。

5. 滤出小料，水淀粉勾芡，加入炸好鸡柳翻炒均匀，撒蒜末出锅装盘。

糖醋鸡柳

藤椒竹林鸡

原料

鸡腿 5000g、青杭椒 1000g、美人椒 1000g、红小米辣 100g

调料

植物油 200g、藤椒油 50g

A 料：葱花 50g、姜片 30g、蒜片 40g、麻椒 50g

B 料：盐 15g、鸡精 25g、料酒 50g、酱油 60g、胡椒粉 8g、生抽 30g、绵白糖 5g

C 料：胡椒粉 5g、盐 10g、生抽 45g、老抽 10g、绵白糖 5g、料酒 40g

成熟技法　炒

成品特点　麻辣鲜香　口感软嫩

烹制份数　20 份

营养分析

名称	每 100 g
能量	115 kcal
蛋白质	10.8 g
脂肪	7 g
碳水化合物	3.6 g
膳食纤维	2 g
钠	273.1 mg

烹制流程

1. 青杭椒、美人椒、红小米辣切丁备用。

2. 鸡腿切块，加 C 料拌匀腌制备用。

3. 鸡块入六成热油中炸熟备用。

4. 锅留底油，下入 A 料炒香，倒入青杭椒、美人椒、红小米辣翻炒。

5. 加入鸡块，放 B 料调味，大火翻炒均匀，淋藤椒油出锅装盘。

藤椒竹林鸡

香菇鸡块

原料

鸡腿 3000g、鲜香菇 2000g、香菜 5g

调料

植物油 150g、清汤 5000g

A 料：葱段 100g、姜片 100g、八角 5g

B 料：盐 40g、鸡精 15g、胡椒粉 6g

成熟技法 炖

成品特点 鸡肉鲜嫩 咸鲜可口

烹制份数 20 份

营养分析

名称	每 100 g
能量	99 kcal
蛋白质	9.5 g
脂肪	6.1 g
碳水化合物	2 g
膳食纤维	1.3 g
钠	335 mg

烹制流程

1. 鸡腿剁块、鲜香菇去根切三角块后分别焯水断生备用。

2. 锅留底油，加入 A 料炒香，倒入清汤，放 B 料调味，大火烧开。

3. 滤出小料，加入鸡块、香菇，小火炖至成熟，香菜点缀出锅。

香菇鸡块

香菇蒸鸡

原料

鸡腿 3000g、泡发香菇 2000g、香葱 5g

调料

A 料：葱末 50g、姜末 50g、蚝油 150g、
　　　盐 15g、料酒 60g、白酒 10g、
　　　老抽 65g、鸡精 10g、绵白糖 5g、
　　　香油 10g、葱油 100g、胡椒粉 5g、
　　　淀粉 100g

B 料：葱段 20g、姜片 20g、盐 10g、清
　　　汤 2500g

成熟技法　蒸

成品特点　口味咸鲜　鸡肉滑嫩

烹制份数　20 份

营养分析

名称	每 100 g
能量	93 kcal
蛋白质	9.4 g
脂肪	5.3 g
碳水化合物	2.6 g
膳食纤维	1.2 g
钠	324.6 mg

烹制流程

1. 鸡腿剁块，香菇去根对半切开
备用。

2. 香菇焯水，加 B 料，上锅蒸制。

3. 鸡腿、香菇加 A 料搅拌均匀，码
入盘中。

4. 上锅蒸至成熟出锅，香葱点缀
即可。

香辣土豆丁

原料

土豆 5500g、鸡胸肉 1000g、青椒 300g、红椒 300g

调料

植物油 200g、熟白芝麻 20g、辣椒粉 9g

A 料：泡椒酱 50g、豆瓣酱 50g、葱花 50g、姜片 50g、蒜片 50g

B 料：盐 35g、鸡精 15g、胡椒粉 8g、酱油 50g

成熟技法 炸、炒

成品特点 色泽红亮 香辣可口

烹制份数 20 份

营养分析

名称	每 100 g
能量	105 kcal
蛋白质	5.5 g
脂肪	3.2 g
碳水化合物	13.9 g
膳食纤维	1.1 g
钠	284.2 mg

烹制流程

1. 土豆、鸡胸肉切丁，青红椒切块备用。

2. 土豆入六成热油中炸熟备用。

3. 鸡丁加辣椒粉上浆滑油备用。

4. 锅留底油，下入 A 料炒香，加入土豆、鸡丁、青红椒，放 B 料调味，大火翻炒均匀，撒芝麻出锅装盘。

香酥鸡

原料

鲜鸡 4300g、土豆 3000g、香菜 5g

调料

植物油

A 料：葱段 150g、姜片 150g、料酒 50g、
胡椒粉 8g、盐 60g、干花椒 15g、
桂皮 10g、小茴香 10g、香叶 4g、
八角 8g

成熟技法　炸

成品特点　色泽金黄　外酥里嫩

烹制份数　20 份

营养分析

名称	每 100 g
能量	201 kcal
蛋白质	8.3 g
脂肪	15.4 g
碳水化合物	7.6 g
膳食纤维	0.5 g
钠	343.5 mg

烹制流程

1. 鲜鸡加 A 料搅拌均匀，腌制备用。

2. 土豆切丁入六成热油中炸熟，垫入盘底。

3. 鲜鸡上锅蒸至成熟。

4. 熟鸡入八成热油中炸至金黄，剁小块，铺在土豆上，香菜点缀即可。

小炒鸡胗

原料

鸡胗 2000g、青尖椒 1500g、小米辣圈 100g、青蒜 1000g

调料

植物油 200g、香油 20g

A 料：葱花 50g、姜片 50g、蒜片 50g

B 料：盐 32g、绵白糖 10g、鸡精 15g、胡椒粉 8g、料酒 50g、酱油 75g、老抽 15g

C 料：盐 6g、胡椒粉 4g、淀粉 40g

成熟技法 炒

成品特点 咸鲜微辣 口感脆爽

烹制份数 20 份

营养分析

名称	每 100 g
能量	104 kcal
蛋白质	8.7 g
脂肪	5.7 g
碳水化合物	5.2 g
膳食纤维	1.3 g
钠	424.5 mg

烹制流程

1. 鸡胗切片，尖椒切菱形块，青蒜切段备用。

2. 鸡胗加 C 料搅拌均匀，腌制备用。

3. 鸡胗、尖椒分别过油备用。

4. 锅留底油，加入小米辣圈、A 料炒香，加入鸡胗焖炒。

5. 加入青尖椒、青蒜，放 B 料调味，大火翻炒，淋香油出锅装盘。

小炒鸡胗

新疆大盘鸡

原料

鸡腿 2500g、土豆 2000g、圆葱 500g、青椒 500g、粉皮 330g

调料

清水 3500g、植物油 400g、辣椒酱 150g、番茄酱 110g、长鲜椒碎 80g、长鲜椒段 60g、冰糖（炒糖色）130g

A 料：葱段 100g、姜片 100g、蒜子 100g

B 料：盐 65g、白糖 30g、料酒 80g

C 料：八角 5g、干花椒 5g、桂皮 5g、香叶 2g、草果 20g

成熟技法　烧

成品特点　咸鲜微辣　风味独特

烹制份数　20 份

营养分析

名称	每 100 g
能量	139 kcal
蛋白质	6.6 g
脂肪	8.3 g
碳水化合物	10 g
膳食纤维	0.8 g
钠	481.2 mg

烹制流程

1. 鸡腿切块，土豆、青椒切滚刀块，圆葱切三角块，粉皮切菱形块备用。

2. 鸡块、土豆、粉皮分别焯水断生备用。

3. 锅留底油，加入冰糖炒糖色，加入鸡块、A 料、长鲜椒碎煸炒，加入一半辣椒酱、C 料、长鲜椒段继续煸炒。

4. 倒入三分之二清水，放 B 料调味，大火烧开，转小火烧至成熟，滤出料渣。

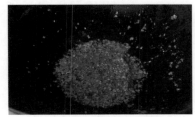

5. 另起锅留底油，加入番茄酱、辣椒酱煸炒，倒入清水，加入土豆、炖好的鸡块及原汤。

6. 小火烧至成熟后加入青椒、圆葱、粉皮，大火收汁出锅装盘。

油爆鸡丁

原料

鸡胸肉 1500g、青笋 1000g、胡萝卜 1000g

调料

植物油 150g、葱油 50g、清汤 750g

A 料：葱花 50g、姜片 50g

B 料：盐 40g、绵白糖 15g、鸡精 20g、胡椒粉 6g、料酒 50g

成熟技法 爆炒

成品特点 青笋脆爽 鸡丁滑嫩

烹制份数 20 份

营养分析

名称	每 100 g
能量	110 kcal
蛋白质	10.4 g
脂肪	6.2 g
碳水化合物	3.6 g
膳食纤维	1 g
钠	479 mg

烹制流程

1. 鸡胸肉切丁上浆滑油备用。

2. 青笋、胡萝卜切丁过油备用。

3. 锅留底油，下入 A 料炒香，倒入清汤，放 B 料调味，大火烧开。

4. 滤出小料，水淀粉勾芡，加入所有原料翻炒均匀，淋葱油出锅装盘。

鱼香鸡丝

原料

鸡胸肉 1500g、胡萝卜丝 1000g、青尖椒丝 1000g、水发木耳丝 200g

调料

清汤 1250g、植物油 200g、蒜末 80g、水淀粉（淀粉 90g、水 120g）

A 料：豆瓣酱 180g、泡椒酱 230g、葱末 50g、姜末 50g

B 料：盐 15g、绵白糖 400g、醋 370g、老抽 30g、胡椒粉 8g、鸡精 25g、料酒 40g

成熟技法　炒

成品特点　色泽红亮　鱼香味浓

烹制份数　20 份

营养分析

名称	每 100 g
能量	127 kcal
蛋白质	8.6 g
脂肪	5 g
碳水化合物	12.6 g
膳食纤维	1.3 g
钠	537.9 mg

烹制流程

1. 鸡胸肉切丝上浆滑油备用。

2. 胡萝卜、木耳、青尖椒过油备用。

3. 锅留底油，下入 A 料炒香，倒入清汤，放 B 料调味，大火烧开。

4. 水淀粉勾芡，加入鸡丝、青尖椒、胡萝卜、木耳，翻炒均匀，撒蒜末出锅装盘。

炸鸡柳

原料

鸡胸肉 3000g、黄面包糠 2000g、鸡蛋 1000g

调料

植物油、面粉 350g、番茄沙司 150g

A 料：葱段 150g、姜片 150g、盐 25g、料酒 50g、胡椒粉 3g

成熟技法 炸

成品特点 色泽金黄 外酥里嫩

烹制份数 20 份

营养分析

名称	每 100 g
能量	216 kcal
蛋白质	17.9 g
脂肪	3.8 g
碳水化合物	27.4 g
膳食纤维	0.2 g
钠	357.9 mg

烹制流程

1. 鸡胸肉切条加 A 料搅拌均匀，腌制备用。

2. 鸡柳依次裹上面粉、蛋液、面包糠。

3. 鸡柳入五成热油炸至成熟，配番茄沙司食用即可。

炸鸡柳

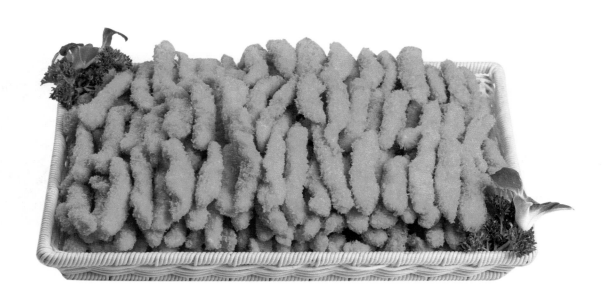

孜然鸡柳

原料

鸡胸肉 1250g、圆葱 2000g、青椒 1000g、熟白芝麻 20g

调料

植物油 200g、孜然碎 60g、辣椒面 30g

A 料：姜片 40g、蒜片 40g

B 料：盐 20g、胡椒粉 5g、料酒 50g、酱油 50g、老抽 5g

C 料：葱姜水 30g、盐 4g、绵白糖 2g、胡椒粉 2g、料酒 20g、鸡蛋 1 个、辣椒粉 7.5g、淀粉 20g、生粉 20g

成熟技法　炒

成品特点　咸鲜微辣　孜然味浓

烹制份数　20 份

营养分析

名称	每 100 g
能量	99 kcal
蛋白质	7.6 g
脂肪	5.2 g
碳水化合物	6 g
膳食纤维	0.7 g
钠	282.5 mg

烹制流程

1. 鸡胸肉切条加 C 料腌制上浆，入四成热油中滑熟备用。

2. 圆葱切条，青椒切条过油备用。

3. 锅留底油，加入 A 料炒香，加入圆葱、青椒，撒上一半的孜然碎和辣椒面煸炒。

4. 放 B 料调味，加入鸡柳撒入另一半孜然碎和辣椒面、白芝麻，翻炒均匀出锅装盘。

左宗棠鸡

原料

鸡腿肉 2000g、圆葱 1000g、青椒 800g、红椒 300g

调料

植物油 200g、清汤 1000g、蒜末 80g、水淀粉（淀粉 90g、水 100g）

A 料：泡椒酱 200g、葱花 50g、姜片 50g、蒜片 50g

B 料：盐 25g、绵白糖 500g、醋 450g、老抽 25g、鸡精 20g、料酒 50g

C 料：盐 6g、胡椒粉 4g、料酒 40g、淀粉 400g

成熟技法 炒

成品特点 色泽红亮 咸甜酸辣

烹制份数 20 份

营养分析

名称	每 100 g
能量	162 kcal
蛋白质	8 g
脂肪	6.4 g
碳水化合物	18.2 g
膳食纤维	0.6 g
钠	318.6 mg

烹制流程

1. 鸡腿肉切块加 C 料拌匀，入锅炸熟备用。

2. 青红椒切菱形块、圆葱切三角块过油备用。

3. 锅留底油，加入 A 料炒香，倒入清汤，放 B 料调味，大火烧开。

4. 水淀粉勾芡，加入鸡腿肉、圆葱、青红椒、蒜末，翻炒均匀出锅装盘。

豉椒鲍菇条

原料

杏鲍菇 2500g、熏鸭胸 500g、圆葱 1000g、青尖椒 1000g、红尖椒 700g

调料

植物油 150g、清汤 50g、葱油 50g

A 料：葱花 50g、姜片 40g、蒜片 40g、豆豉 50g、泡椒酱 150g

B 料：料酒 60g、酱油 80g、老抽 3g、盐 8g、绵白糖 10g、味精 25g、胡椒粉 6g

成熟技法 炒

成品特点 色泽鲜艳　口感软嫩　咸鲜微辣

烹制份数 20 份

营养分析

名称	每 100 g
能量	72 kcal
蛋白质	2.7 g
脂肪	3.6 g
碳水化合物	8.6 g
膳食纤维	2.7 g
钠	221.9 mg

烹制流程

1. 杏鲍菇、熏鸭胸、青红尖椒、圆葱切条备用。

2. 杏鲍菇入六成热油中炸至金黄捞出。

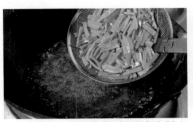

3. 熏鸭胸、青红尖椒分别过油断生备用。

4. 锅留底油，下入 A 料炒香，倒入青红椒、圆葱翻炒。

5. 加入杏鲍菇、熏鸭胸，放 B 料、清汤调味，大火炒匀，淋葱油翻炒出锅装盘。

豉椒鲍菇条

风味脆皮鸭

原料

白条鸭一只

调料

A 料：八角、香叶、桂皮、等十几种
　　香料

成熟技法　烤

成品特点　色泽红亮　香气浓郁

烹制份数　/

营养分析

名称	每 100 g
能量	163 kcal
蛋白质	10.5 g
脂肪	13.4 g
碳水化合物	0.1 g
膳食纤维	0 g
钠	46.9 mg

烹制流程

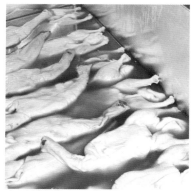

1. 鸭胚解冻，清洗血水，洗净内腔，用 A 料熬汤，腌制备用。

2. 腌制好的鸭子充气至皮肉分离，挂钩，进行烫皮后吹干。

3. 小火烤制第一遍 60 分钟至半成品。

4. 大火烤制第二遍 25 分钟至成品。

蚝油鸭片

原料

鸭胸肉 1500g、圆葱 1000g、青尖椒 1000g、红尖椒 500g

调料

植物油 100g、清汤 1000g、料油 50g、水淀粉（淀粉 70g、水 100g）

A 料：葱花 40g、姜片 40g、蒜片 80g、蚝油 220g

B 料：料酒 50g、酱油 60g、老抽 20g、盐 20g、绵白糖 15g、胡椒粉 6g、味精 20g

成熟技法 炒

成品特点 口味咸鲜　色泽分明

烹制份数 20 份

营养分析

名称	每 100 g
能量	90 kcal
蛋白质	6.2 g
脂肪	4.1 g
碳水化合物	8 g
膳食纤维	2.1 g
钠	464.6 mg

烹制流程

1. 鸭胸肉切片，圆葱切三角块，青红尖椒切菱形片备用。

2. 鸭胸肉上浆滑油，圆葱、青尖椒、红尖椒过油备用。

3. 锅留底油，下入 A 料炒香，倒入清汤。

4. 放 B 料调味，加入所有原料，水淀粉勾芡，淋料油出锅装盘。

麻辣鸭块

原料

鸭腿 3000g、土豆 3000g

调料

植物油 200g、清汤 5000g

A 料：盐 10g、老抽 10g

B 料：葱花 50g、姜片 50g、蒜片 50g、
　　　干花椒 60g、麻椒 10g、干辣
　　　椒 110g、辣椒 10g、豆瓣酱 150g

C 料：盐 20g、老抽 25g、绵白糖 10g、
　　　料酒 50g、十三香 5g、鸡精 30g

成熟技法　烧

成品特点　麻辣鲜香　色泽红亮

烹制份数　20 份

营养分析

名称	每 100 g
能量	146 kcal
蛋白质	6.3 g
脂肪	9.6 g
碳水化合物	8.9 g
膳食纤维	0.5 g
钠	385.7 mg

烹制流程

1. 鸭腿切块，加 A 料腌制后下热油
中炸制捞出备用。

2. 土豆切滚刀块，入热油中炸至金
黄色捞出备用。

3. 锅留底油，下入 B 料炒香，加入
清汤，放 C 料调味。

4. 倒入鸭块，小火烧至八成熟后加
入土豆，烧熟后出锅装盘。

啤酒鸭

原料

鸭腿 3000g、土豆 3000g、青杭椒 100g、美人椒 100g

调料

清汤 4500g、植物油 250g、啤酒 1000ml、金蒜仔 100g

A 料：葱 段 150g、姜 片 150g、豆 瓣 酱 100g、泡椒酱 100g

B 料：盐 30g、鸡精 20g、胡椒粉 8g、料酒 60g、酱油 50g、老抽 20g、冰糖 15g、干辣椒 10g、八角 8g、香叶 5g、桂皮 6g

成熟技法　炖

成品特点　色泽红亮　咸鲜微辣

烹制份数　20 份

营养分析

名称	每 100 g
能量	132 kcal
蛋白质	5.3 g
脂肪	8.5 g
碳水化合物	7.8 g
膳食纤维	0.6 g
钠	331.4 mg

烹制流程

1. 青红椒切丁备用，鸭腿剁块焯水断生备用。

2. 土豆切菱形块入六成热油中炸熟备用。

3. 锅留底油，下入 A 料炒香，加入鸭腿煸炒，倒入啤酒、清汤。

4. 放 B 料调味，大火烧开，改小火炖至八成熟。

5. 捞出料渣，下入土豆、金蒜仔炖至成熟后，青红椒点缀出锅装盘。

啤酒鸭

鲜姜烧鸭

原料

鸭腿 2500g、莲藕 2500g、姜片 1000g、青蒜 100g

调料

植物油 250g、清汤 4500g、水淀粉（淀粉 20g、水 30g）

A 料：广东米酒 610ml、盐 40g、鸡精 15g、胡椒粉 8g、酱油 50g、老抽 65g

成熟技法 烧

成品特点 口味咸鲜 风味独特

烹制份数 20 份

营养分析

名称	每 100 g
能量	123 kcal
蛋白质	4.6 g
脂肪	8.5 g
碳水化合物	7.7 g
膳食纤维	1.2 g
钠	295.3 mg

烹制流程

1. 鸭腿剁块，莲藕切滚刀块，青蒜切段备用。

2. 鸭腿、莲藕分别焯水断生备用。

3. 锅留底油，下入姜片炒香，加入鸭腿煸炒，放 A 料调味，倒入清汤。

4. 大火烧开，改小火炖至八成熟，加入莲藕炖至成熟，水淀粉勾芡，撒青蒜出锅装盘。

香酥鸭

原料

鸭子 5000g、土豆 3000g

调料

植物油

A 料：干花椒 40g、小茴香 8g、盐 5g

B 料：盐 65g、料酒 50g、味精 10g、胡椒粉 8g、葱段 150g、姜片 150g

C 料：淀粉 225g、清水 200g、老抽 5g、盐 2g

成熟技法　炸

成品特点　色泽金黄　外酥里嫩

烹制份数　20 份

营养分析

名称	每 100 g
能量	137 kcal
蛋白质	7.3 g
脂肪	8.1 g
碳水化合物	8.7 g
膳食纤维	0.4 g
钠	372.9 mg

烹制流程

1. A 料入锅炒香，打碎制成蘸料备用。

2. C 料搅拌均匀，制成面糊备用。

3. 鸭子加部分 A 料、B 料搅拌均匀，腌制后上锅蒸至八成熟备用。

4. 土豆切丁入六成热油炸熟垫入盘底。

5. 鸭子挂面糊，入八成热油中炸至外酥里嫩，切小块铺在土豆上，撒剩余 A 料即可。

香酥鸭

231

香酥鸭腿

原料

鸭腿 5000g、青椒丁 50g、红椒丁 50g、圆葱丁 100g

调料

植物油 30g

A 料：干花椒 40g、小茴香 8g、盐 5g

B 料：盐 60g、料酒 50g、味精 10g、胡椒粉 8g、葱段 150g、姜片 150g

C 料：淀粉 225g、清水 200g、老抽 5g、盐 2g

D 料：盐 3g、鸡精 2g、胡椒粉 1g

成熟技法 炸

成品特点 色泽金黄 外酥里嫩

烹制份数 20 份

营养分析

名称	每 100 g
能量	167 kcal
蛋白质	9.6 g
脂肪	12.7 g
碳水化合物	3.7 g
膳食纤维	0 g
钠	542.8 mg

烹制流程

1. A 料入锅炒香，打碎制成蘸料备用。

2. C 料搅拌均匀，制成面糊备用。

3. 鸭腿加部分 A 料、B 料搅拌均匀，腌制后上锅蒸至八成熟。

4. 鸭腿挂面糊，入八成热油中炸至外酥里嫩，装入盘中。

5. 锅留底油，加入青红椒、圆葱煸炒，放 D 料调味，与剩余 A 料一起撒在鸭腿上即可。

香酥鸭腿

仔姜鸭块

原料

鸭腿 3000g、莲藕 3000g、仔姜片 1000g、青蒜 100g

调料

植物油 200g、清汤 6000g

A 料：盐 60g、鸡精 20g、胡椒粉 10g、米酒 610ml

成熟技法　炖

成品特点　口味咸鲜　风味独特

烹制份数　20 份

营养分析

名称	每 100 g
能量	113 kcal
蛋白质	4.7 g
脂肪	7.7 g
碳水化合物	6.6 g
膳食纤维	1 g
钠	327.1 mg

烹制流程

1. 鸭腿剁块，莲藕切滚刀块，青蒜切段备用。

2. 鸭块、莲藕分别焯水断生备用。

3. 锅留底油，下入仔姜片炒香，加入鸭腿煸炒，放 A 料调味，倒入清汤。

4. 大火烧开，改小火炖至八成熟，加入莲藕后炖至成熟，撒青蒜出锅。

仔姜鸭胸

原料

鸭胸肉 1500g、泡仔姜 500g、大油菜茎 2500g

调料

植物油 200g、料油 50g

A 料：泡椒酱 150g、葱花 50g、蒜片 50g

B 料：料酒 40g、绵白糖 10g、鸡精 10g、老抽 15g、胡椒粉 6g

成熟技法　炒

成品特点　色泽红亮　鲜嫩味美

烹制份数　20 份

营养分析

名称	每 100 g
能量	85 kcal
蛋白质	5.4 g
脂肪	5.8 g
碳水化合物	2.9 g
膳食纤维	0.6 g
钠	568.1 mg

烹制流程

1. 鸭胸肉切片，仔姜切片，油菜茎切块备用。

2. 鸭胸肉上浆滑油备用。

3. 锅留底油，下入 A 料、仔姜炒香。

4. 倒入鸭胸肉、油菜，放 B 料调味，大火翻炒，淋料油出锅装盘。

爆腌罗非鱼

原料

罗非鱼 2000g、小米辣 50g、葱花 5g

调料

植物油 450g、盐 20g（腌鱼）、清汤 2600g

A 料：姜丁 40g、蒜丁 70g

B 料：剁椒酱 100g、豆瓣酱 120g、花椒油 100g

C 料：料酒 120g、蒸鱼豉油 100g、鸡精 30g、酱油 100g

成熟技法   烧

成品特点   麻辣鲜香   色泽红亮

烹制份数   10 份

营养分析

名称	每 100 g
能量	213 kcal
蛋白质	7.5 g
脂肪	19 g
碳水化合物	3.2 g
膳食纤维	0.2 g
钠	1118.7 mg

烹制流程

1. 罗非鱼打斜一字花刀加盐腌制备用，小米辣切粒备用。

2. 罗非鱼入七成热油中炸至表面微焦备用。

3. 锅留底油，下入 A 料炒香，加入 B 料、小米辣煸炒，放 C 料调味。

4. 加入罗非鱼，倒入清汤，小火烧至成熟，葱花点缀出锅装盘。

茶香虾

原料

北极虾 4000g、铁观音茶叶（干）100g、
香葱段 200g

调料

植物油 150g

A 料：葱花 50g、姜片 40g、干辣椒 50g

B 料：盐 20g、鸡精 30g、生抽 50g、胡
椒粉 8g

C 料：葱段 150g、姜片 150g、盐 10g、
料酒 20g、胡椒粉 5g

成熟技法 炒

成品特点 口味咸鲜 酥香可口

烹制份数 20 份

营养分析

名称	每 100 g
能量	151 kcal
蛋白质	13.4 g
脂肪	4.4 g
碳水化合物	14.3 g
膳食纤维	0.1 g
钠	737 mg

烹制流程

1. 北极虾加 C 料拌匀腌制备用。

2. 铁观音茶叶用热水冲泡开，入六
成热油中炸酥备用。

3. 北极虾入六成热油中炸至表皮变
酥备用。

4. 锅留底油，下入 A 料炒香，倒入
北极虾、茶叶，放 B 料调味，翻炒
均匀，撒香葱段出锅装盘。

豆豉鲮鱼油麦菜

原料

鲮鱼罐头 1000g、油麦菜 5500g

调料

植物油 100g、葱油 50g

A 料：葱花 30g、姜片 30g、蒜片 30g

B 料：盐 35g、绵白糖 20g、胡椒粉 6g

成熟技法　炒

成品特点　口味咸鲜　色泽翠绿

烹制份数　20 份

营养分析

名称	每 100 g
能量	93 kcal
蛋白质	4.7 g
脂肪	7.1 g
碳水化合物	3.6 g
膳食纤维	0.5 g
钠	394.2 mg

烹制流程

1. 鲮鱼切块，油麦菜切段备用。

2. 锅留底油、葱油，下入 A 料炒香。

3. 加入鲮鱼、油麦菜煸炒，放 B 料调味，翻炒均匀出锅装盘。

豆豉鲮鱼油麦菜

豆豉蒸鱼

原料

白鲢鱼 4000g、圆葱粒 30g、青尖椒粒 10g、红尖椒粒 10g

调料

清汤 80g、泡水陈皮 20g、豆豉 360g、植物油 300g

A 料：葱段 200g、姜片 200g、胡椒粉 8g、白酒 15g、料酒 80g、盐 30g

B 料：葱末 25g、姜末 40g、蒜末 50g

C 料：蚝油 150g、生抽 60g、料酒 20g、老抽 5g、绵白糖 5g、胡椒粉 6g、鸡精 15g、酱油 50g

成熟技法 蒸

成品特点 口味咸鲜 口感滑嫩

烹制份数 20 份

营养分析

名称	每 100 g
能量	158 kcal
蛋白质	15.2 g
脂肪	9.7 g
碳水化合物	2.5 g
膳食纤维	0.1 g
钠	917.8 mg

烹制流程

1. 白鲢鱼对半片开切段，打上花刀，陈皮切粒备用。

2. 白鲢鱼段加 A 料拌匀，腌制备用。

3. 锅留底油，下入豆豉、陈皮、一半圆葱粒炒香，加入清汤，放 C 料调味，小火熬制，下入 B 料，搅拌均匀，制成豆豉酱。

4. 将鱼块摆入盘中，浇上豆豉酱，上锅蒸熟，撒上青红尖椒粒、圆葱粒，浇热油即可。

剁椒鱼块

原料

草鱼 4500g

调料

植物油 50g、香葱末 20g

A 料：红线椒碎 350g、小米辣碎 20g、葱
　　　末 50g、姜末 50g、蒜末 50g、植物
　　　油 500g

B 料：鸡精 25g、蚝油 50g、生抽 50g、
　　　蒸鱼豉油 40g、绵白糖 20g

C 料：葱段 150g、姜片 150g、料酒 50g、
　　　盐 10g、胡椒粉 5g

成熟技法　蒸

成品特点　色泽鲜艳　香辣开胃

烹制份数　20 份

营养分析

名称	每 100 g
能量	188 kcal
蛋白质	13.8 g
脂肪	14.1 g
碳水化合物	2 g
膳食纤维	0.8 g
钠	246.7 mg

烹制流程

1. 锅留底油，加入 A 料炒香，加入 B 料调味，制成剁椒酱备用。

2. 草鱼切块加 C 料腌制备用。

3 把鱼块码入盘中，淋上剁椒酱，上锅蒸至成熟，撒香葱末，淋热油即可。

剁椒鱼块

丰收鱼米

原料

草鱼肉 1500g、玉米粒 2000g、青豆 500g

调料

植物油 150g、清水 1300g、葱油 50g、水淀粉（淀粉 70g、水 80g）

A 料：葱花 50g、姜片 50g

B 料：盐 30g、鸡精 20g、胡椒粉 5g、料酒 30g

C 料：葱姜水 50g、淀粉 100g、蛋清 120g、盐 5g、胡椒粉 2g

成熟技法　滑炒

成品特点　口味咸鲜　口感滑嫩

烹制份数　20 份

营养分析

名称	每 100 g
能量	180 kcal
蛋白质	11.8 g
脂肪	8.8 g
碳水化合物	14.6 g
膳食纤维	2.8 g
钠	335.1 mg

烹制流程

1. 玉米粒、青豆分别焯水断生备用。

2. 草鱼肉切丁加 C 料上浆，滑油备用。

3. 锅留底油，下入 A 料炒香，倒入清汤，放 B 料调味，大火烧开。

4. 捞出小料，水淀粉勾芡，倒入鱼肉、玉米、青豆，翻炒均匀，淋葱油出锅装盘。

干烧鱼块

原料

鲢鱼 4000g、猪五花肉 250g、青尖椒丁 25g、红尖椒丁 25g、香菇丁 40g、笋丁 40g

调料

植物油 350g、清汤 2500g、水淀粉（淀粉 25g、水 45g）

A 料：葱段 200g、姜片 200g、绵白糖 4g、胡椒粉 8g、盐 6g、料酒 80g

B 料：八角 5g、干花椒 5g、泡椒酱 80g、豆瓣酱 80g、葱花 50g、姜片 50g、蒜片 50g

C 料：料酒 100g、酱油 80g、醋 175g、盐 30g、绵白糖 150g、鸡精 20g、胡椒粉 8g

成熟技法　烧

成品特点　色泽红亮　味道醇厚

烹制份数　20 份

营养分析

名称	每 100 g
能量	175 kcal
蛋白质	14.4 g
脂肪	11.3 g
碳水化合物	3.6 g
膳食纤维	0.1 g
钠	554.1 mg

烹制流程

1. 鲢鱼对半片开后切块，猪五花肉切丁备用。

2. 香菇、笋丁分别焯水断生备用。

3. 鱼块加 A 料拌匀，腌制后入六成热油中炸透备用。

4. 锅留底油，下入五花肉煸炒，加 B 料炒香，倒入清汤，放 C 料调味。

5. 下入鱼块，大火烧开改小火烧熟，捞出鱼块摆入盘中，原汤勾芡，浇在鱼上，青红尖椒丁点缀即可。

干烧鱼块

海米冬瓜

原料

冬瓜 5000g、海米 100g

调料

植物油 150g、清汤 500g、水淀粉（淀粉 70g、水 100g）

A 料：葱花 60g、姜片 40g、蒜片 50g

B 料：盐 50g、鸡精 15g、胡椒粉 6g、绵白糖 10g

C 料：葱油 40g、香油 10g

成熟技法 烧

成品特点 口味咸鲜 口感软糯

烹制份数 20 份

营养分析

名称	每 100 g
能量	47 kcal
蛋白质	1.1 g
脂肪	4 g
碳水化合物	2.4 g
膳食纤维	0.7 g
钠	460.9 mg

烹制流程

1. 冬瓜切条，焯水断生备用。

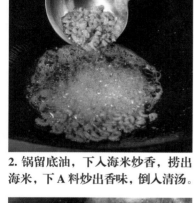

2. 锅留底油，下入海米炒香，捞出海米，下 A 料炒出香味，倒入清汤。

3. 滤出小料，加入海米，放 B 料调味，大火烧开。

4. 下入冬瓜，水淀粉勾芡，淋 C 料出锅装盘。

红烧鱼块

原料

草鱼 4000g、猪五花肉片 250g、冬笋片 100g、水发香菇 100g、青尖椒粒 20g、红尖椒粒 20g

调料

植物油 300g、清汤 2500g、水淀粉（淀粉 25g、水 40g）、八角 8g

A 料：葱花 50g、姜片 50g、蒜片 50g

B 料：料酒 100g、酱油 80g、醋 100g、盐 40g、绵白糖 90g、鸡精 20g、胡椒粉 8g、老抽 30g

C 料：盐 8g、胡椒粉 8g、料酒 80g、白酒 20g

成熟技法　烧

成品特点　色泽红亮　鱼鲜味厚

烹制份数　20 份

营养分析

1.5	每 100 g
能量	172 kcal
蛋白质	13.9 g
脂肪	11.9 g
碳水化合物	2.3 g
膳食纤维	0.1 g
钠	508.1 mg

烹制流程

1. 草鱼对半片开后加 C 料拌匀，腌制备用。

2. 冬笋、香菇焯水备用，鱼块入六成热油中炸熟备用。

3. 锅留底油，下入五花肉、八角煸炒，加 A 料炒香，倒入清汤。

4. 放 B 料调味，加入鱼块、冬笋、香菇，小火烧制。

5. 捞出鱼块、冬笋、香菇摆入盘中，汤汁滤出小料，水淀粉勾芡，浇在鱼上，青红尖椒粒点缀即可。

红烧鱼块

滑熘鱼片

原料

草鱼肉 2500g、青笋 2000g、木耳 500g

调料

植物油 150g、料油 50g、清汤 1800g、水淀粉（淀粉 70g、水 120g）

A 料：葱花 50g、姜片 50g

B 料：盐 30g、绵白糖 15g、鸡精 20g、胡椒粉 8g、料酒 60g

成熟技法 熘

成品特点 色泽亮丽 鱼片滑嫩
青笋脆爽

烹制份数 20 份

营养分析

名称	每 100 g
能量	98 kcal
蛋白质	8.5 g
脂肪	6.4 g
碳水化合物	1.9 g
膳食纤维	0.5 g
钠	261.8 mg

烹制流程

1. 草鱼肉斜刀切片，上浆滑油备用。

2. 青笋切菱形片，与木耳焯水备用。

3. 锅留底油，下入 A 料炒香，倒入清汤，滤出小料。

4. 放 B 料调味，水淀粉勾芡，下入所有原料，翻炒均匀，淋料油出锅装盘。

黄金鱼排

原料

深海鱼排 20 块、香菜 5g

调料

植物油 40g、清水 30g

A 料：绵白糖 70g、醋 40g、番茄沙司 200g、番茄酱 50g

成熟技法 炸

成品特点 色泽金黄 肉质酥嫩

烹制份数 20 份

营养分析

名称	每 100 g
能量	171 kcal
蛋白质	6.3 g
脂肪	2.7 g
碳水化合物	30.2 g
膳食纤维	0.3 g
钠	375.2 mg

烹制流程

1. 鱼排化冻，入五成热油中炸至金黄。

2. 鱼排改刀小块，摆入盘中。

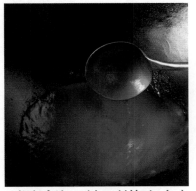

3. 锅留底油，下入 A 料炒开，加入清水，小火熬制制成酱汁，装入裱花袋挤在鱼排上，点缀香菜即可。

黄金鱼排

金汤手打鱼圆

原料

龙利鱼肉馅 1000g、水发木耳 300g、豆皮 400g、白萝卜丝 300g、南瓜蓉 200g、猪肥膘肉 100g、蛋清 80g、香葱末 5g

调料

清汤 3500g、植物油 60g

A 料：盐 30g、葱姜水 150g、清水 700g、淀粉 30g

B 料：葱花 10g、姜片 10g

C 料：盐 15g、绵白糖 4g、鸡精 10g、胡椒粉 4g

成熟技法 氽

成品特点 色泽金黄 口感嫩滑

烹制份数 20 份

营养分析

名称	每 100 g
能量	172 kcal
蛋白质	17.1 g
脂肪	10.3 g
碳水化合物	3.8 g
膳食纤维	0.6 g
钠	742.5 mg

烹制流程

1. 豆皮切条备用。

2. 龙利鱼肉馅加猪肥膘、蛋清、A 料搅拌均匀，捏成鱼丸入热水氽熟备用。

3. 木耳、豆皮、萝卜丝焯水断生备用。

4. 锅留底油，下入 B 料炒香，加入南瓜蓉，倒入清汤。

5. 放 C 料调味，加入木耳、豆皮、萝卜丝、鱼丸，烧开出锅，香葱末点缀即可。

金汤手打鱼圆

清蒸鲈鱼

原料

鲈鱼 2500g、香菜段 10g、红椒丝 10g、
葱丝 10g、姜丝 10g

调料

蒸鱼豉油 400g、植物油 100g

A 料：葱段 150g、姜片 150g、盐 12g、
　　　胡椒粉 5g、料酒 30g、白酒 10g

成熟技法　蒸

成品特点　葱香浓郁　鱼肉鲜嫩

烹制份数　5 份

营养分析

名称	每 100 g
能量	88 kcal
蛋白质	9.6 g
脂肪	4.9 g
碳水化合物	1.4 g
膳食纤维	0.1 g
钠	978.1 mg

烹制流程

1. 鲈鱼对半片开，打上花刀，加 A
料搅拌均匀，腌制备用。

2. 鲈鱼上锅蒸至成熟，浇蒸鱼豉油。

3. 撒红椒丝、葱姜丝，浇热油，香
菜点缀即可。

清蒸鲈鱼

清蒸鱼块

原料

草鱼 4500g、香菜 10g

调料

植物油 100g、蒸鱼豉油 400g

A 料：葱丝 10g、姜丝 10g、红椒丝 10g

B 料：葱段 200g、姜片 200g、盐 20g、
料酒 90g、白酒 20g、胡椒粉 9g

成熟技法 蒸

成品特点 口味咸鲜 鱼肉鲜嫩

烹制份数 20 份

营养分析

名称	每 100 g
能量	129 kcal
蛋白质	15.5 g
脂肪	6.6 g
碳水化合物	1.7 g
膳食纤维	0 g
钠	779 mg

烹制流程

1. 草鱼对半片开切块，打上花刀，加 B 料拌匀，腌制备用。

2. 草鱼摆入盘中，上锅蒸至成熟。

3. 撒上 A 料，浇热油，浇入蒸鱼豉油，香菜点缀即可。

清蒸鱼块

手打鱼圆

原料

龙利鱼肉馅 1000g、大白菜 2000g、菠菜 1000g、水发木耳 1000g、猪肥膘馅 100g、蛋清 80g

调料

清汤 3500g、植物油 60g

A 料：盐 30g、葱姜水 150g、清水 700g、淀粉 30g

B 料：盐 15g、绵白糖 5g

C 料：葱花 10g、姜片 10g

成熟技法 氽

成品特点 鱼丸嫩滑 汤汁鲜美

烹制份数 20 份

营养分析

名称	每 100 g
能量	63 kcal
蛋白质	5.4 g
脂肪	3.3 g
碳水化合物	3.4 g
膳食纤维	1.2 g
钠	389.7 mg

烹制流程

1. 大白菜切块，菠菜切段备用。

2. 龙利鱼肉馅加猪肥膘馅、蛋清、A 料搅拌均匀，捏成鱼丸入热水氽熟。

3. 锅留底油，下入 C 料炒香，倒入清汤，放 B 料调味，大火烧开。

4. 滤出小料，下入鱼丸、菠菜、大白菜、木耳，氽至成熟即可。

水煮鱼

原料

龙利鱼肉 2500g、黄豆芽 2000g、香葱末 5g

调料

植物油 200g、清汤 2500g、水淀粉（淀粉 110g、水 130g）、盐 10g

A 料：葱姜水 50g、盐 10g、胡椒粉 3g、白酒 5g、蛋清 5 个、红薯粉 100g、水 25g

B 料：豆瓣酱 200g、泡椒酱 100g、干花椒 15g、干辣椒 20g、豆豉 50g、葱花 50g、姜片 40g、蒜末 40g

C 料：盐 25g、鸡精 25g、十三香 5g、料酒 60g

D 料：干花椒 10g、干辣椒 10g、蒜末 40g

成熟技法 煮

成品特点 香辣可口 软嫩醇香

烹制份数 20 份

营养分析

名称	每 100 g
能量	106 kcal
蛋白质	11.9 g
脂肪	5.5 g
碳水化合物	2.6 g
膳食纤维	0.6 g
钠	742 mg

烹制流程

1. 龙利鱼肉切大片，加 A 料上浆腌制备用。

3. 鱼肉滑水，平铺在豆芽上。

5. 水淀粉勾芡，浇在鱼片上，撒上 D 料，浇热油，撒上香葱末即可。

2. 豆芽焯水，入锅加盐煸炒，垫入盘底。

4. 锅留底油，下入 B 料炒香，倒入清汤，放 C 料调味，大火烧开。

水煮鱼

酸菜鱼

原料

草鱼肉 3000g、川味酸菜 1500g、野山椒 350g、香葱末 5g

调料

植物油 200g、清汤 4500g

A 料：葱花 50g、姜片 40g、蒜末 40g、干花椒 5g、干辣椒 10g

B 料：绵白糖 2g、鸡精 30g、料酒 60g、胡椒粉 15g

C 料：葱姜水 40g、盐 8g、胡椒粉 2g、白酒 4g、蛋清 5 个、水 25g、红薯粉 180g

D 料：蒜末 40g、干辣椒 10g、干花椒 5g

成熟技法　煮

成品特点　酸辣可口　口味醇厚

烹制份数　20 份

营养分析

名称	每 100 g
能量	106 kcal
蛋白质	10.1 g
脂肪	6.9 g
碳水化合物	1 g
膳食纤维	0.2 g
钠	312.9 mg

烹制流程

1. 鱼肉切片，酸菜切段，野山椒切丁备用。

2. 鱼片加 C 料上浆腌制，滑水备用。

3. 锅留底油，下入野山椒、酸菜煸炒，下 A 料炒香。

4. 倒入清汤，大火煮至入味，放 B 料调味，酸菜垫入盘底，将滑水后的鱼片平铺在酸菜上，倒入原汤，撒上 D 料，浇热油香葱末点缀即可。

酸汤巴沙鱼片

原料

巴沙鱼 2000g、黄豆芽 1000g、川味酸菜 750g、豆皮 500g、金针菇 500g、南瓜蓉 300g、木耳 200g、红小米辣 200g、香葱末 5g

调料

植物油 200g、清汤 3000g、盐 10g

A 料：葱花 50g、姜片 50g、蒜片 40g

B 料：盐 45g、绵白糖 20g、鸡精 20g、胡椒粉 8g、料酒 50g、白醋 180g

C 料：葱姜水 40g、盐 8g、胡椒粉 2g、白酒 4g、红薯粉 180g、蛋清 5 个、水 25g

成熟技法 煮

成品特点 色泽鲜艳 酸辣开胃

烹制份数 20 份

营养分析

名称	每 100 g
能量	121 kcal
蛋白质	12.8 g
脂肪	6.3 g
碳水化合物	4 g
膳食纤维	1.6 g
钠	855.7 mg

烹制流程

1. 巴沙鱼切片，金针菇、酸菜切段，豆皮切条备用。

2. 鱼片加 C 料上浆腌制后滑水备用。

3. 酸菜、黄豆芽、豆皮、木耳、金针菇分别焯水断生备用。

4. 锅留底油，下入酸菜、黄豆芽、豆皮、木耳、金针菇加盐煸炒，垫入盘底，放上鱼片。

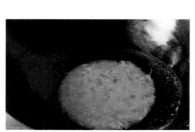

5 锅留底油，下入 A 料、红小米辣炒香，加入南瓜蓉调色，倒入清汤，放 B 料调味，大火烧开，倒入盘中，撒香葱末，浇热油即可。

酸汤巴沙鱼片

蒜香鲈鱼

原料

鲈鱼 4000g、圆葱粒 100g、青尖椒粒 50g、红尖椒粒 50g

调料

植物油 200g、淀粉 230g

A 料：盐 15g、胡椒粉 8g、料酒 60g、干花椒 5g、料汁（清水 250g、大葱 200g、姜 200g、大蒜 500g、圆葱 200g 混合打碎）

B 料：泡椒酱 70g、豆瓣酱 70g、葱花 40g、姜片 30g、蒜末 60g

C 料：盐 5g、绵白糖 10g、鸡精 15g、胡椒粉 8g

成熟技法　炸、炒

成品特点　色泽红润　蒜香味浓

烹制份数　20 份

营养分析

名称	每 100 g
能量	147 kcal
蛋白质	15.7 g
脂肪	7 g
碳水化合物	5 g
膳食纤维	0.2 g
钠	419.8 mg

烹制流程

1. 鲈鱼对半片开切块，加 A 料搅拌均匀，腌制备用。

2. 鱼块拍淀粉，入六成热油中炸熟备用，呈金黄色。

3. 锅留底油，下入 B 料炒香，放入青红尖椒粒、圆葱粒。

4. 放 C 料调味，下入鱼块，大火翻炒均匀出锅装盘。

五彩鱼丁

原料

草鱼 1500g、青笋 1500g、鲜香菇 250g、红椒 200g、黄椒 200g

调料

植物油 150g、清汤 1300g、葱油 50g、水淀粉（淀粉 70g、水 80g）

A 料：葱花 50g、姜片 50g

B 料：盐 35g、鸡精 20g、胡椒粉 5g、料酒 30g

C 料：葱姜水 40g、淀粉 100g、蛋清 120g、盐 5g、胡椒粉 2g

成熟技法 滑炒

成品特点 色泽亮丽 口感滑嫩

烹制份数 20 份

营养分析

名称	每 100 g
能量	99 kcal
蛋白质	7.3 g
脂肪	7 g
碳水化合物	2.1 g
膳食纤维	0.8 g
钠	426.6 mg

烹制流程

1. 青笋、香菇切丁焯水断生后过油，红椒、黄椒切块过油备用。

2. 草鱼切丁加 C 料上浆后滑油备用。

3. 锅留底油，下入 A 料炒香，倒入清汤，放 B 料调味，大火烧开。

4. 滤出小料，水淀粉勾芡，加入鱼丁、青笋、香菇、红椒、黄椒翻炒均匀，淋葱油出锅装盘。

虾皮汆冬瓜

烹制流程

原料

冬瓜 4000g、虾皮 100g、香菜末 5g

调料

清汤 5000g、香油 10g

A 料：盐 45g、鸡精 15g、胡椒粉 6g

成熟技法 汆

成品特点 口味咸鲜 清香适口

烹制份数 20 份

营养分析

名称	每 100 g
能量	8 kcal
蛋白质	0.5 g
脂肪	0.2 g
碳水化合物	1.2 g
膳食纤维	0.3 g
钠	280.4 mg

1. 冬瓜切片备用。

2. 锅内加入清汤，加入虾皮、冬瓜，大火烧开。

3. 放 A 料调味，煮至成熟，淋香油，香菜末点缀出锅装盘。

虾皮汆冬瓜

香辣带鱼

原料

带鱼 3000g、蒜薹 500g、红尖椒粒 300g

调料

植物油 150g、清水 20g、淀粉 230g

A 料：葱花 50g、姜片 40g、蒜片 40g

B 料：盐 15g、鸡精 20g、胡椒粉 6g

成熟技法　炒

成品特点　口味咸鲜　香辣开胃

烹制份数　20 份

营养分析

名称	每 100 g
能量	118 kcal
蛋白质	9.4 g
脂肪	5.7 g
碳水化合物	7.8 g
膳食纤维	1.1 g
钠	265.8 mg

烹制流程

1. 蒜薹对半切开切段备用，带鱼切段冲洗干净，拍淀粉，入六成热油中炸透备用。

2. 锅留底油，下入 A 料炒香，入蒜薹、红尖椒粒煸炒。

3. 放 B 料调味，下入带鱼，翻炒均匀出锅装盘。

香辣带鱼

小炒海带丝

原料

海带丝 4000g、圆葱丝 1000g

调料

植物油 100g、猪油 150g、盐 30g（焯水）

A 料：葱花 30g、姜片 30g、蒜片 30g、
　　　干辣椒 10g、干花椒 5g、八角 8g

B 料：酱油 80g、老抽 20g、盐 45g、绵
　　　白糖 5g、鸡精 25g、胡椒粉 8g

C 料：蒜蓉 80g、料油 30g

成熟技法　炒

成品特点　口味咸鲜　风味独特

烹制份数　20 份

营养分析

名称	每 100 g
能量	63 kcal
蛋白质	1.2 g
脂肪	5 g
碳水化合物	3.6 g
膳食纤维	0.6 g
钠	423.4 mg

烹制流程

1. 海带丝加盐焯水断生备用。

2. 锅留底油，下入 A 料炒香，加入海带丝、圆葱丝煸炒。

3. 放 B 料调味，翻炒均匀，淋 C 料出锅装盘。

小炒海带丝

菠菜炒鸡蛋

原料

菠菜 4000g、鸡蛋 2000g

调料

植物油 300g、葱油 50g、盐 8g

A 料：葱花 50g、姜片 50g

B 料：盐 42g、绵白糖 10g

成熟技法 炒

成品特点 口味咸鲜 口感软嫩

烹制份数 20 份

营养分析

名称	每 100 g
能量	112 kcal
蛋白质	5.8 g
脂肪	8.4 g
碳水化合物	3.8 g
膳食纤维	1.1 g
钠	401.3 mg

烹制流程

1. 菠菜切段，焯水断生备用。

2. 鸡蛋液加盐搅拌均匀，锅留底油，下入鸡蛋液炒熟备用。

3. 锅留底油，加入 A 料炒香，倒入菠菜煸炒。

4. 放 B 料调味，倒入鸡蛋翻炒均匀，淋葱油出锅装盘。

炒合菜

原料

鸡蛋 1000g、绿豆芽 3000g、韭菜 700g、肉丝 800g、粉丝 500g

调料

植物油 450g、香油 10g、老抽 5g、盐 4g

A 料：葱花 50g、姜片 50g、蒜片 50g

B 料：盐 35g、鸡精 20g、胡椒粉 5g、料酒 30g、老抽 10g、酱油 50g

成熟技法　炒

成品特点　口味咸鲜　营养丰富

烹制份数　20 份

营养分析

名称	每 100 g
能量	155 kcal
蛋白质	4.8 g
脂肪	13 g
碳水化合物	5.1 g
膳食纤维	0.7 g
钠	318.7 mg

烹制流程

1. 韭菜切长段备用。

2. 豆芽、粉丝焯水，肉丝上浆滑油备用。

3. 鸡蛋液加盐搅拌均匀，入锅炒熟备用。

4. 锅留底油，下入 A 料炒香，加入肉丝、豆芽。

5. 放 B 料调味，翻炒均匀，加入韭菜、粉丝、鸡蛋翻炒，淋香油出锅装盘。

炒合菜

葱花炒鸡蛋

原料

鸡蛋 4000g、葱花 1000g

调料

植物油 300g

A 料：盐 30g、胡椒粉 5g

成熟技法　炒

成品特点　口感软嫩　葱香味浓

烹制份数　20 份

营养分析

名称	每 100 g
能量	164 kcal
蛋白质	10.3 g
脂肪	12.3 g
碳水化合物	3.2 g
膳食纤维	0.4 g
钠	322.2 mg

烹制流程

1. 鸡蛋打散后加入 A 料、葱花搅拌均匀。

2. 锅留底油，下入鸡蛋液炒熟，出锅装盘。

葱花炒鸡蛋

大碗红薯粉

原料

红薯粉 3000g、鸡蛋 100g、香葱 15g

调料

清汤 2000g、植物油 600g、剁辣椒 670g

A 料：姜末 80g、蒜末 100g

B 料：蚝油 150g、生抽 115g、香油 30g、
　　　老抽 6g、鸡精 34g

成熟技法　煮

成品特点　色泽红亮　麻辣咸鲜
　　　　　　口感润滑

烹制份数　20 份

营养分析

名称	每 100 g
能量	251 kcal
蛋白质	0.9 g
脂肪	14.7 g
碳水化合物	28.5 g
膳食纤维	0.2 g
钠	713.4 mg

烹制流程

1. 红薯粉焯水断生备用。

2. 鸡蛋入锅摊饼，切丝备用。

3. 锅留底油，加入 A 料炒香，加入剁辣椒煸炒。

4. 倒入清汤，放 B 料调味，加入红薯粉，小火煮 3 分钟，撒蛋丝、香葱出锅装盘。

火腿炒鸡蛋

原料

鸡蛋 3500g、火腿 700g、红椒粒 150g、青豆 500g

调料

植物油 300g、葱花 60g

A 料：盐 35g、胡椒粉 5g

成熟技法 炒

成品特点 口味咸鲜 色泽鲜明

烹制份数 20 份

营养分析

名称	每 100 g
能量	191 kcal
蛋白质	12.2 g
脂肪	13.6 g
碳水化合物	5.2 g
膳食纤维	0.5 g
钠	459.3 mg

烹制流程

1. 火腿切丁，与青豆焯水断生备用。

2. 鸡蛋液加 A 料搅拌均匀，入锅炒熟备用。

3. 锅留底油，下入葱花炒香。

4. 加入红椒粒、青豆、火腿、鸡蛋翻炒均匀出锅装盘。

鸡蛋羹

原料

鸡蛋 2000g、红椒末 30g、香葱末 20g

调料

温水 3000g

A 料：盐 32g、胡椒粉 5g、香油 18g

B 料：酱油 100g、鸡精 10g、清水 500g

成熟技法　蒸

成品特点　口味咸鲜　口感滑嫩

烹制份数　20 份

营养分析

名称	每 100 g
能量	141 kcal
蛋白质	12.4 g
脂肪	8.8 g
碳水化合物	3.2 g
膳食纤维	0 g
钠	953.3 mg

烹制流程

1. 温水加 A 料搅拌均匀，打入鸡蛋搅散。

2. 倒入小碗，上锅蒸至八成熟后关火，焖至成熟。

3　锅内加入 B 料烧开，制成豉油汁，浇在鸡蛋羹上，香葱末、红椒末点缀即可。

鸡蛋羹

尖椒炒鸡蛋

原料

尖椒 1500g、鸡蛋 3500g、水发木耳 500g、午餐肉 500g

调料

植物油 300g、盐 10g

A 料：葱花 50g、姜片 50g

B 料：盐 25g、胡椒粉 5g

成熟技法　炒

成品特点　咸鲜微辣　软嫩可口

烹制份数　20 份

营养分析

名称	每 100 g
能量	148 kcal
蛋白质	8.4 g
脂肪	11 g
碳水化合物	4.2 g
膳食纤维	0.7 g
钠	370.1 mg

烹制流程

1. 午餐肉、尖椒切菱形片，木耳撕小块备用。

2. 木耳、午餐肉分别焯水断生备用。

3. 鸡蛋液加盐搅拌均匀，入锅炒熟。

4. 锅留底油，下入 A 料炒香，加入尖椒、火腿、木耳煸炒。

5. 放 B 料调味，加入鸡蛋，翻炒均匀出锅装盘。

尖椒炒鸡蛋

韭菜炒鸡蛋

原料

鸡蛋 3000g、韭菜 3000g

调料

植物油 300g、盐 10g

A 料：葱花 30g、姜片 30g

B 料：盐 25g、胡椒粉 6g

成熟技法　炒

成品特点　口味咸鲜　口感软嫩

烹制份数　20 份

营养分析

名称	每 100 g
能量	123 kcal
蛋白质	7.5 g
脂肪	9.1 g
碳水化合物	3.5 g
膳食纤维	0.7 g
钠	282.7 mg

烹制流程

1. 韭菜切段备用。

2. 鸡蛋液加盐打散，入锅炒熟备用。

3. 锅留底油，下入 A 料炒香，加入韭菜煸炒。

4. 放 B 料调味，翻炒均匀，加入鸡蛋翻炒出锅装盘。

苦瓜炒鸡蛋

原料

鸡蛋 1500g、苦瓜 3500g

调料

植物油 300g、香油 10g、盐 6g、葱花 60g

A 料：盐 30g、胡椒粉 3g、绵白糖 10g

成熟技法　炒

成品特点　咸鲜微苦　口感脆嫩

烹制份数　20 份

营养分析

名称	每 100 g
能量	108 kcal
蛋白质	4.4 g
脂肪	8.3 g
碳水化合物	4.2 g
膳食纤维	0.9 g
钠	303.2 mg

烹制流程

1. 鸡蛋液加盐搅匀，入锅炒熟备用。

2. 苦瓜去瓤切条，焯水断生备用。

3. 锅留底油，加入葱花炒香，加入苦瓜煸炒，放 A 料调味，加入鸡蛋，翻炒均匀，淋香油出锅装盘。

苦瓜炒鸡蛋

木耳炒鸡蛋

原料

鸡蛋 3000g、水发木耳 2000g

调料

植物油 300g、香油 10g、葱花 50g、盐 15g

A 料：盐 25g、胡椒粉 5g

成熟技法 炒

成品特点 鸡蛋软嫩　木耳爽脆

烹制份数 20 份

营养分析

名称	每 100 g
能量	143 kcal
蛋白质	8 g
脂肪	10.8 g
碳水化合物	3.8 g
膳食纤维	1 g
钠	371.4 mg

烹制流程

1. 鸡蛋液加盐打散，入锅炒熟备用。

2. 木耳撕小块，焯水断生备用。

3. 锅留底油，下入葱花炒香，加入木耳，放 A 料调味，倒入鸡蛋翻炒均匀，淋香油出锅装盘。

木耳炒鸡蛋

267

木须肉

原料

鸡蛋 1500g、黄瓜 2200g、水发木耳 500g、肉片 750g、水发黄花菜 120g

调料

植物油 350g、香油 20g、盐 5g

A 料：葱花 50g、姜片 50g

B 料：盐 20g、绵白糖 15g、鸡精 15g、胡椒粉 6g、料酒 50g、酱油 60g、老抽 10g、醋 50g

成熟技法 炒

成品特点 口味咸鲜 香气浓郁

烹制份数 20份

营养分析

名称	每 100 g
能量	166 kcal
蛋白质	6.2 g
脂肪	14.2 g
碳水化合物	3.5 g
膳食纤维	0.5 g
钠	287.3 mg

烹制流程

1. 黄瓜去皮切菱形片，黄花菜切段备用。

2. 肉片上浆滑油，鸡蛋液加盐入锅炒熟备用。

3. 木耳、黄花菜焯水断生备用。

4. 锅留底油，加入 A 料炒香，加入肉片、木耳、黄瓜、黄花菜，放 B 料调味，翻炒均匀。

5. 加入鸡蛋，大火翻炒，淋香油出锅装盘。

木须肉

青笋炒鸡蛋

原料

鸡蛋 1500g、青笋 3500g、水发木耳 250g

调料

植物油 300g、香油 10g、葱花 50g、盐 6g

A 料：盐 30g、胡椒粉 3g

成熟技法　炒

成品特点　鸡蛋软嫩　青笋爽脆

烹制份数　20 份

营养分析

名称	每 100 g
能量	99 kcal
蛋白质	4.3 g
脂肪	8 g
碳水化合物	2.8 g
膳食纤维	0.5 g
钠	311.9 mg

烹制流程

1. 鸡蛋液加盐搅匀，入锅炒熟备用。

2. 青笋切片，与木耳分别焯水断生备用。

3. 锅留底油，加入葱花炒香，加入青笋、木耳煸炒，放 A 料调味。

4. 加入鸡蛋翻炒均匀，淋香油出锅装盘。

丝瓜炒鸡蛋

原料

鸡蛋 1500g、丝瓜 3000g

调料

植物油 300g、香油 10g、葱花 60g、盐 6g

A 料：盐 30g、胡椒粉 3g

成熟技法　炒

成品特点　口味咸鲜　口感软嫩

烹制份数　20 份

营养分析

名称	每 100 g
能量	114 kcal
蛋白质	5 g
脂肪	9.2 g
碳水化合物	3.3 g
膳食纤维	0.4 g
钠	335.6 mg

烹制流程

1. 鸡蛋液加盐搅匀，入锅炒熟备用。

2. 丝瓜去皮切滚刀块焯水断生备用。

3. 锅留底油，下入葱花炒香，加入丝瓜，放 A 料调味。

4. 倒入鸡蛋翻炒均匀，淋香油出锅装盘。

蒜黄炒鸡蛋

原料

鸡蛋 1500g、蒜黄 4000g

调料

植物油 300g、盐 6g

A 料：盐 25g、绵白糖 10g、胡椒粉 5g

成熟技法　炒

成品特点　色泽黄亮　口感软嫩

烹制份数　20 份

营养分析

名称	每 100 g
能量	100 kcal
蛋白质	5.1 g
脂肪	7.5 g
碳水化合物	3.5 g
膳食纤维	1 g
钠	248.2 mg

烹制流程

1. 蒜黄切段备用。

2. 鸡蛋液加盐搅拌均匀，入锅炒熟备用。

3. 锅留底油，下入蒜黄煸炒。

4. 放 A 料调味，加入鸡蛋翻炒均匀出锅装盘。

蒜薹炒鸡蛋

原料

鸡蛋 1500g、蒜薹 3000g

调料

植物油 300g、香油 10g、盐 6g

A 料：盐 25g、胡椒粉 4g

成熟技法　炒

成品特点　口味咸鲜　口感软嫩

烹制份数　20 份

营养分析

名称	每 100 g
能量	143 kcal
蛋白质	5.4 g
脂肪	9.2 g
碳水化合物	10.4 g
膳食纤维	1.6 g
钠	295.4 mg

烹制流程

1. 鸡蛋液加盐搅匀，入锅炒熟备用。

2. 蒜薹切段焯水断生备用。

3. 锅留底油，加入蒜薹煸炒。

4. 放 A 料调味，加入鸡蛋，翻炒均匀，淋香油出锅装盘。

西红柿炒鸡蛋

原料

鸡蛋 2000g、西红柿 3000g

调料

植物油 300g、葱油 50g、水淀粉（淀粉 40g、水 50g）、盐 8g

A 料：葱花 50g、蒜片 50g

B 料：盐 30g、绵白糖 250g

成熟技法　炒

成品特点　甜咸适中　开胃适口

烹制份数　20 份

营养分析

名称	每 100 g
能量	133 kcal
蛋白质	5.2 g
脂肪	9.4 g
碳水化合物	7.2 g
膳食纤维	0.3 g
钠	317.5 mg

烹制流程

1. 西红柿切块备用。

2. 鸡蛋液加盐搅匀，入锅炒熟备用。

3. 锅留底油，下入 A 料炒香，加入西红柿煸炒，放 B 料调味。

4. 水淀粉勾芡，加入鸡蛋翻炒均匀，淋葱油出锅装盘。

西葫芦炒鸡蛋

原料

鸡蛋 1500g、西葫芦 3500g

调料

植物油 300g、香油 10g、葱花 60g、盐 6g

A 料：盐 30g、胡椒粉 3g

成熟技法 炒

成品特点 口味咸鲜 口感软嫩

烹制份数 20 份

营养分析

名称	每 100 g
能量	105 kcal
蛋白质	4.3 g
脂肪	8.4 g
碳水化合物	3.3 g
膳食纤维	0.4 g
钠	305.4 mg

烹制流程

1. 鸡蛋液加盐搅匀，入锅炒熟备用。

2. 西葫芦去心斜刀切片，焯水断生备用。

3. 锅留底油，加入葱花炒香，加入西葫芦。

4. 放 A 料调味，加入鸡蛋翻炒均匀，淋香油出锅装盘。

小白菜炒鸡蛋

原料

鸡蛋 1500g、小白菜 3500g

调料

植物油 300g、葱花 50g、盐 6g

A 料：盐 35g、胡椒粉 4g

成熟技法　炒

成品特点　口味咸鲜　口感脆嫩

烹制份数　20 份

营养分析

名称	每 100 g
能量	100 kcal
蛋白质	4.7 g
脂肪	8.3 g
碳水化合物	2.4 g
膳食纤维	0.7 g
钠	425.9 mg

烹制流程

1. 小白菜切段备用。

2. 鸡蛋液加盐搅匀，入锅炒熟备用。

3. 锅留底油，加入葱花炒香，下入小白菜煸炒。

4. 放 A 料调味，加入鸡蛋翻炒均匀，出锅装盘。

油菜炒鸡蛋

原料

鸡蛋 1500g、油菜 3000g

调料

植物油 300g、盐 6g

A 料：葱花 40g、蒜片 40g

B 料：盐 35g、绵白糖 10g、胡椒粉 5g

成熟技法　炒

成品特点　口味咸鲜　清香适口

烹制份数　20 份

营养分析

名称	每 100 g
能量	110 kcal
蛋白质	4.9 g
脂肪	9.2 g
碳水化合物	2.3 g
膳食纤维	0.7 g
钠	419.1 mg

烹制流程

1. 鸡蛋液加盐搅拌均匀，入锅炒熟备用。

2. 油菜切块焯水断生备用。

3. 锅留底油，下入 A 料炒香，加入油菜。

4. 放 B 料调味，加入鸡蛋，翻炒均匀，出锅装盘。

鱼香鸡蛋

原料

鸡蛋 3000g、木耳 200g、胡萝卜 500g、青豆 300g

调料

植物油 300g、清汤 1000g、水淀粉（淀粉 70g、水 100g）、盐 10g、蒜末 40g

A 料：泡椒酱 150g、豆瓣酱 150g、葱花 60g、姜片 60g、蒜末 40g

B 料：盐 15g、绵白糖 500g、醋 450g、老抽 25g、料酒 60g

成熟技法　炒

成品特点　口感软嫩　色泽红亮　鱼香味浓

烹制份数　20 份

营养分析

名称	每 100 g
能量	192 kcal
蛋白质	9 g
脂肪	11.4 g
碳水化合物	13.5 g
膳食纤维	0.7 g
钠	552.6 mg

烹制流程

1. 鸡蛋液加盐搅匀，入锅炒熟备用。

2. 胡萝卜、木耳切丁，与青豆焯水断生备用。

3. 锅留底油，加入 A 料炒香，放 B 料调味，倒入清汤，大火烧开。

4. 加入木耳、胡萝卜、青豆，水淀粉勾芡，加入鸡蛋、蒜末翻炒均匀，出锅装盘。

圆葱炒鸡蛋

原料

鸡蛋 2000g、圆葱 3000g

调料

植物油 300g、香油 10g、盐 8g

A 料：盐 35g、胡椒粉 5g

成熟技法　炒

成品特点　口感软嫩　葱香味浓

烹制份数　20 份

营养分析

名称	每 100 g
能量	128 kcal
蛋白质	5.6 g
脂肪	9.2 g
碳水化合物	6.1 g
膳食纤维	0.5 g
钠	367.9 mg

烹制流程

1. 圆葱切丝备用。

2. 鸡蛋液加盐搅匀，入锅炒熟备用。

3. 锅留底油，下入圆葱丝煸炒，放 A 料调味。

4. 加入鸡蛋翻炒均匀，淋香油出锅装盘。

白菜炖豆腐

原料

大白菜 3500g、北豆腐 2000g、香葱末 5g

调料

植物油 150g、清汤 4000g、香油 20g

A 料：葱花 60g、姜片 30g

B 料：盐 60g、鸡精 20g、胡椒粉 8g

成熟技法　炖

成品特点　汤鲜味美　豆腐白嫩
白菜软烂

烹制份数　20 份

营养分析

名称	每 100 g
能量	80 kcal
蛋白质	4.2 g
脂肪	5.9 g
碳水化合物	3.1 g
膳食纤维	0.7 g
钠	456.1 mg

烹制流程

1. 大白菜去根切片备用。

2. 锅内加水烧开，豆腐切块焯水备用。

3. 锅留底油，下入 A 料炒香，加白菜煸炒变软后加清汤烧开。

4. 下 B 料调味，加入豆腐，小火慢炖，淋香油，香葱末点缀出锅装盘。

葱香老豆腐

原料

北豆腐 6000g、大葱 750g

调料

植物油 160g、清汤 2000g、水淀粉（生
粉 80g、淀粉 30g、水 110g）

A 料：姜片 35g、八角 2.5g

B 料：料酒 60g、酱油 100g、老抽 12g

C 料：盐 25g、鸡精 20g、绵白糖 15g

成熟技法 烧

成品特点 汁色红亮 葱香味浓

烹制份数 20 份

营养分析

名称	每 100 g
能量	124 kcal
蛋白质	8.1 g
脂肪	9.2 g
碳水化合物	3.5 g
膳食纤维	0.7 g
钠	228.4 mg

烹制流程

1. 大葱切段，豆腐切条备用。

2. 豆腐入六成热油中炸至外酥里嫩
备用。

3. 锅留底油，加入葱段煸香至表面
微黄捞出。

4. 加入 A 料炒香，烹 B 料，倒入
清汤大火烧开，入 C 料调味。

5. 加入豆腐改小火烧制，勾芡加葱
段翻炒均匀，出锅装盘。

葱香老豆腐

大煮干丝

原料

干丝 2000g、火腿丝 500g、泡发木耳丝 500g、油菜丝 100g

调料

清汤 6500g、鸡油 350g、植物油 100g、食用碱 5g

A 料：葱花 60g、姜片 50g

B 料：盐 50g、鸡精 20g、胡椒粉 8g

成熟技法　煮

成品特点　口味咸鲜　汤鲜味美

烹制份数　20 份

营养分析

名称	每 100 g
能量	112 kcal
蛋白质	5.9 g
脂肪	9.2 g
碳水化合物	1.4 g
膳食纤维	0.2 g
钠	341.3 mg

烹制流程

1. 干丝加碱焯水断生备用。

2. 锅留底油，下入 A 料炒香，倒入清汤，滤出小料。

3. 放 B 料调味，加入干丝、鸡油、火腿丝、木耳丝，大火烧开，撒油菜丝出锅装盘。

大煮干丝

豆腐丸子

原料

北豆腐 5000g、香菜末 250g、胡萝卜末 250g

调料

植物油

A 料：面粉 70g、淀粉 70g、鸡蛋 7 个、盐 50g、绵白糖 20g、胡椒粉 20g、五香粉 10g

成熟技法 炸

成品特点 咸香可口 外酥里嫩

烹制份数 20 份

营养分析

名称	每 100 g
能量	116 kcal
蛋白质	8.6 g
脂肪	7.3 g
碳水化合物	5.3 g
膳食纤维	0.7 g
钠	345.6 mg

烹制流程

1. 豆腐碾碎加香菜末、胡萝卜末、A 料搅拌均匀。

2. 豆腐挤成丸子状，入五成热油中炸熟，出锅装盘。

豆腐丸子

豆花鸡片

原料

内酯豆腐 4600g、鸡胸肉 1000g

调料

植物油 150g、红油 50g、清汤 2000g、盐水（盐 8g、水 50g）、水淀粉（淀粉 130g、水 180g）、香葱末 5g

A 料：花椒 5g、泡椒酱 50g、豆瓣酱 50g、葱花 50g、姜片 20g、自制底料 50g

B 料：盐 15g、绵白糖 15g、老抽 13g、酱油 120g、胡椒粉 5g、料酒 60g、味精 15g

成熟技法　蒸

成品特点　色泽红亮　口感滑嫩　口味香辣

烹制份数　20 份

营养分析

名称	每 100 g
能量	91 kcal
蛋白质	8 g
脂肪	5.1 g
碳水化合物	3.1 g
膳食纤维	0.3 g
钠	352.2 mg

烹制流程

1. 鸡胸肉切片备用。

2. 鸡肉片上浆，入四成热油中滑熟捞出。

3. 豆腐撒上盐水，入蒸箱蒸制。

4. 锅留底油，入 A 料炒香，加入清汤，大火烧开，放入 B 料调味。

5. 加入鸡肉片后勾芡，淋红油，撒香葱末出锅装盘。

豆花鸡片

豆泡烧牛肉

原料

牛腩 2000g、豆泡 2500g

调料

植物油 150g、清汤 7000g、水淀粉（淀粉 130g、水 160g）、香葱末 5g

A 料：葱段 150g、姜片 80g、八角 5g、桂皮 2g、香叶 1g

B 料：料酒 100g、酱油 200g、老抽 75g、盐 40g、味精 25g、胡椒粉 8g、绵白糖 10g

成熟技法　烧

成品特点　口味咸鲜　汁味醇厚

烹制份数　20 份

营养分析

名称	每 100 g
能量	291 kcal
蛋白质	15.9 g
脂肪	24 g
碳水化合物	3.1 g
膳食纤维	0.3 g
钠	572.7 mg

烹制流程

1. 牛腩切块，与豆泡分别焯水断生备用。

2. 锅留底油，下入 A 料炒香，加入清汤，大火烧开。

3. 入 B 料调味，加入牛肉，小火慢炖至软烂。

4. 下豆泡烧制，勾芡，撒葱花出锅装盘。

豆皮鸡

原料

鸡腿 2000g、豆皮 1250g、黄豆芽 750g

调料

植物油 250g、清汤 4000g、香葱末 5g

A 料：泡椒酱 50g、豆瓣酱 50g、花椒 5g、
葱花 50g、姜片 20g、八角 3g、
桂皮 2g、香叶 1g、干辣椒 5g、
自制底料 50g

B料：料酒 60g、酱油 120g、老抽 8g、
盐 30g、绵白糖 15g、味精 15g、胡
椒粉 5g

成熟技法　煮

成品特点　色泽红亮　麻辣鲜香

烹制份数　20 份

营养分析

名称	每 100 g
能量	237 kcal
蛋白质	21.6 g
脂肪	14.9 g
碳水化合物	4 g
膳食纤维	0.3 g
钠	627 mg

烹制流程

1. 鸡腿切正方块，豆皮切条备用。

2. 鸡块、黄豆芽分别焯水备用。

3. 锅留底油，加入 A 料炒香，下入鸡块翻炒。

4. 加清汤大火烧开，入 B 料调味，小火烧制，捞出鸡块。

5. 下入豆皮、黄豆芽烧熟后捞出垫入盘底，放上鸡块，倒入汤汁，撒香葱末即可。

豆皮鸡

腐竹红烧肉

原料

带皮五花肉 2500g、水发腐竹 3000g

调料

清汤 6000g、植物油 70g、水淀粉（淀粉 130g、水 230g）、香葱末 5g

A 料：大葱 100g、姜片 60g、八角 5g、桂皮 2g、香叶 1g

B 料：料酒 100g、酱油 200g、老抽 65g、盐 35g、绵白糖（炒糖色）60g、鸡精 20g

成熟技法　烧

成品特点　色泽红亮　咸鲜香醇

烹制份数　20 份

营养分析

名称	每 100 g
能量	284 kcal
蛋白质	14.9 g
脂肪	21.8 g
碳水化合物	7.1 g
膳食纤维	0.3 g
钠	453.5 mg

烹制流程

1. 五花肉切块焯水断生，捞出备用。

2. 腐竹炸制捞出，切条备用。

3. 锅留底油，下入五花肉煸炒至表面微黄后捞出。

4. 下入 A 料炒香，加入清汤，大火烧开，放入五花肉，B 料调味，改小火慢炖，捞出料渣。

5. 加入腐竹，慢火烧制，勾芡出锅装盘，撒上香葱末即可。

腐竹红烧肉

鸡刨豆腐

原料

北豆腐 3000g、鸡蛋 2000g、泡好木耳末 100g、胡萝卜末 100g、香葱 20g

调料

植物油 400g

A 料：葱花 50g、姜片 30g

B 料：胡椒粉 10g、盐 50g、鸡精 30g

成熟技法　炒

成品特点　口味咸鲜　香气浓郁

烹制份数　20 份

营养分析

名称	每 100 g
能量	177 kcal
蛋白质	9.6 g
脂肪	14.5 g
碳水化合物	2.9 g
膳食纤维	0.4 g
钠	399.9 mg

烹制流程

1. 豆腐碾碎加入蛋液、木耳末、胡萝卜末、B 料搅拌均匀。

2. 锅留底油，下入 A 料炒香。

3. 倒入豆腐，大火翻炒，淋香油，葱花点缀出锅装盘。

鸡刨豆腐

家常豆腐

原料

北豆腐 3000g、泡发木耳 500g、猪瘦肉 800g、青蒜 150g

调料

植物油 100g、清汤 2500g、水淀粉（淀粉 70g、水 100g）、花椒油 50g

A 料：葱花 50g、姜片 30g、蒜片 40g、豆瓣酱 200g

B 料：鸡精 25g、绵白糖 20g、老抽 40g、胡椒粉 8g

成熟技法 烧

成品特点 咸香微辣 色泽红亮

烹制份数 20 份

营养分析

名称	每 100 g
能量	133 kcal
蛋白质	9.6 g
脂肪	9.3 g
碳水化合物	4 g
膳食纤维	0.7 g
钠	326.8 mg

烹制流程

1. 豆腐、猪瘦肉切片，青蒜切块备用。

2. 豆腐入热油中炸至金黄备用。

3. 肉片上浆滑油，木耳焯水断生备用。

4. 锅留底油，下入 A 料炒香，倒入清汤，放 B 料调味，大火烧开。

5. 加入豆腐、肉片、木耳烧至入味，勾芡，撒青蒜，淋花椒油出锅装盘。

家常豆腐

尖椒豆皮

原料

豆皮 1500g、尖椒 1000g、猪肉片 500g

调料

植物油 150g、碱 5g、水淀粉（淀粉 120g、水 120g）、清汤 2500g、香油 20g

A 料：葱花 40g、姜片 20g、蒜片 40g

B 料：料酒 80g、酱油 60g、老抽 40g

C 料：盐 40g、白糖 6g、鸡精 30g、胡椒粉 8g

成熟技法　烩

成品特点　香味浓郁　滑嫩适口

烹制份数　20 份

营养分析

名称	每 100 g
能量	321 kcal
蛋白质	26 g
脂肪	21.6 g
碳水化合物	7.7 g
膳食纤维	0.8 g
钠	600.5 mg

烹制流程

1. 尖椒、豆皮切菱形片备用。

2. 锅留底油，入尖椒片爆炒捞出，肉片上浆入热油中滑熟捞出备用。

3. 锅内加水，放碱烧开，加入豆皮稍烫捞出冲洗干净。

4. 锅留底油，入 A 料炒出香味，烹入 B 料，加清汤，大火烧开，加入 C 料调味，加入豆皮、肉片烩至入味。

5. 水淀粉勾芡，加入尖椒，翻炒均匀，淋香油出锅装盘。

尖椒豆皮

韭香豆皮

原料

豆皮 1500g、韭菜 2000g

调料

植物油 330g

A 料：葱花 50g、姜片 30g

B 料：酱油 200g、盐 50g、鸡精 20g、
绵白糖 10g、胡椒粉 7g

C 料：香油 10g、料油 40g

成熟技法 炒

成品特点 色泽分明 口味咸鲜

烹制份数 20 份

营养分析

名称	每 100 g
能量	260 kcal
蛋白质	20.1 g
脂肪	17.7 g
碳水化合物	7.4 g
膳食纤维	0.8 g
钠	759.2 mg

烹制流程

1. 豆皮切丝，韭菜切段备用。

2. 锅留底油，加入韭菜煸炒备用。

3. 豆皮焯水断生备用。

4. 锅留底油，下 A 料炒香，加入豆皮丝翻炒。

5. 加 B 料调味，倒入韭菜，翻炒均匀，淋 C 料出锅装盘。

韭香豆皮

麻婆豆腐

原料

南豆腐 3000g、猪肉末 750g、青蒜 100g

调料

清汤 1250g、植物油 100g、水淀粉（淀粉 100g、水 120g）、盐 40g（焯水）

A 料：葱花 40g、姜片 20g、蒜片 20g、花椒 20g、豆瓣酱 200g、豆豉 50g

B 料：鸡精 25g、老抽 30g、绵白糖 10g

成熟技法　烧

成品特点　麻辣鲜香　口感软嫩

烹制份数　20 份

营养分析

名称	每 100 g
能量	163 kcal
蛋白质	6.9 g
脂肪	13.3 g
碳水化合物	4.4 g
膳食纤维	0.2 g
钠	435.5 mg

烹制流程

1. 青蒜切段备用，豆腐切块加盐焯水断生备用。

2. 锅留底油，加入肉末煸香，放 A 料炒出香味。

3. 倒入清汤，加 B 料调味，放入豆腐烧至入味，勾芡后撒青蒜出锅装盘。

麻婆豆腐

芹菜炒腐竹

原料

芹菜 3500g、水发腐竹 1000g

调料

清汤 500g、植物油 150g、水淀粉（淀粉 50g、水 90g）

A 料：葱花 60g、姜片 40g

B 料：盐 60g、鸡精 30g、胡椒粉 6g、绵白糖 20g

C 料：香油 5g、料油 45g

成熟技法 炒

成品特点 腐竹软嫩 芹菜脆爽

烹制份数 20份

营养分析

名称	每 100 g
能量	104 kcal
蛋白质	5.6 g
脂肪	6.6 g
碳水化合物	6.1 g
膳食纤维	1 g
钠	613 mg

烹制流程

1. 芹菜切条、腐竹斜刀切条焯水，捞出过凉。

2. 锅留底油，下入 A 料炒香，加入腐竹、芹菜大火翻炒。

3. 加 B 料调味，加入清汤，水淀粉勾芡，翻炒均匀，淋 C 料出锅装盘。

芹菜炒腐竹

三色豆腐

原料

南豆腐 4000g、豌豆 500g、火腿肠 200g、水发木耳 250g

调料

植物油 100g、葱油 50g、清汤 2000g、水淀粉（淀粉 100g、水 150g）、盐 30g（焯水）

A 料：葱花 50g、姜片 40g

B 料：盐 60g、绵白糖 10g、鸡精 15g、胡椒粉 5g

成熟技法　烩

成品特点　口味咸鲜　口感滑嫩

烹制份数　20 份

营养分析

名称	每 100 g
能量	115 kcal
蛋白质	5.8 g
脂肪	7.8 g
碳水化合物	6.2 g
膳食纤维	0.6 g
钠	489.2 mg

烹制流程

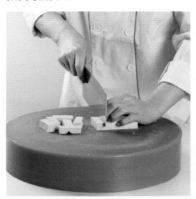

1. 南豆腐切块，火腿肠、木耳切丁备用。

2. 豆腐加盐焯水，豌豆、木耳焯水断生备用。

3. 锅留底油，下入 A 料炒香，倒入清汤。

4. 滤出小料，放 B 料调味，大火烧开，加入豆腐、豌豆、木耳、火腿肠，水淀粉勾芡，淋葱油出锅装盘；

三鲜玉子豆腐

原料

玉子豆腐 4000g、豌豆 1000g、香菇 300g、火腿 250g

调料

植物油 100g、葱油 50g、清汤 1500g、水淀粉（淀粉 70g、水 130g）、盐 30g（焯水）

A 料：葱花 50g、姜片 40g

B 料：盐 50g、绵白糖 10g、胡椒粉 5g

成熟技法 烩

成品特点   口味咸鲜   口感滑嫩

烹制份数 20 份

营养分析

名称	每 100 g
能量	109 kcal
蛋白质	6.5 g
脂肪	6.6 g
碳水化合物	6.2 g
膳食纤维	0.7 g
钠	632.2 mg

烹制流程

1. 玉子豆腐切块，火腿、香菇切丁备用。

2. 豆腐加盐焯水，豌豆、香菇焯水断生备用。

3. 锅留底油，下入 A 料炒香，倒入清汤。

4. 滤出小料，放 B 料调味，大火烧开，加入豆腐、豌豆、香菇、火腿，水淀粉勾芡，淋葱油出锅装盘。

臊子烧豆腐

原料

北豆腐 4500g、红彩椒 150g、青椒 150g、肥肉末 300g、瘦肉末 300g

调料

植物油 120g、清汤 2500g、水淀粉（生粉 80g、淀粉 40g、水 120g）

A 料：葱花 40g、姜片 20g、八角 2.5g

B 料：盐 25g、绵白糖 15g、料酒 80g、酱油 100g、老抽 35g、鸡精 12.5g、胡椒粉 5g

成熟技法　烧

成品特点　色泽金黄　香醇味美

烹制份数　20 份

营养分析

名称	每 100 g
能量	157 kcal
蛋白质	8.9 g
脂肪	12.5 g
碳水化合物	3.4 g
膳食纤维	0.5 g
钠	287.9 mg

烹制流程

1. 豆腐、青红椒切块备用。

2. 油烧至六成热，下入豆腐炸至外焦里嫩，呈金黄色捞出控油。

3. 锅留底油，将肉末煸炒出油，下入 A 料炒出香味。

4. 放 B 料调味，加清汤大火烧开，放入豆腐烧至入味，撒青红椒，勾芡出锅装盘。

素烧豆腐

原料

南豆腐 3500g、红彩椒 150g、青椒 150g

调料

植物油 120g、清汤 1750g、水淀粉（生粉 80g、淀粉 50g、水 130g）

A 料：葱花 50g、姜片 25g、八角 2.5g

B 料：盐 25g、胡椒粉 6g、鸡精 15g、老抽 16g、酱油 150g、绵白糖 10g

成熟技法 烧

成品特点 色泽红亮 口感软嫩

烹制份数 20 份

营养分析

名称	每 100 g
能量	105 kcal
蛋白质	5.2 g
脂肪	7.9 g
碳水化合物	3.6 g
膳食纤维	0.3 g
钠	453 mg

烹制流程

1. 南豆腐、青红椒切块备用。

2. 锅内加水烧开，下入豆腐焯透捞出备用。

3. 锅留底油，下入 A 料炒香，放入 B 料。

4. 加清汤大火烧开，放入豆腐，小火烧至入味，撒青红椒，勾芡出锅装盘。

酸菜蒸豆花

原料

内酯豆腐 15 盒、川味酸菜 1500g、香葱 5g

调料

植物油 150g、清汤 1500g、盐 5g

A 料：葱花 50g、姜片 50g、干辣椒 20g

B 料：盐 20g、绵白糖 5g、鸡精 10g、胡椒粉 5g、料酒 40g

成熟技法　蒸

成品特点　酸爽开胃　质地软嫩

烹制份数　20 份

营养分析

名称	每 100 g
能量	61 kcal
蛋白质	4 g
脂肪	3.6 g
碳水化合物	2.8 g
膳食纤维	1.2 g
钠	841.1 mg

烹制流程

1. 豆腐切片备用，酸菜切末焯水断生备用。

2. 锅留底油，下入 A 料炒香，加入酸菜煸炒，放 B 料调味。

3. 倒入清汤，大火烧开，垫入盘底。

4. 豆腐铺在酸菜上，表面撒上盐，上锅蒸熟，香葱末点缀即可。

香干炒芹菜

原料

香干 2000g、芹菜 2500g

调料

植物油 100g、清汤 500g、水淀粉（淀粉 50g、水 90g）

A 料：葱花 60g、姜片 30g、蒜片 40g

B 料：酱油 100g、老抽 8g、盐 35g、绵白糖 15g、鸡精 30g、胡椒粉 5g

C 料：料油 45g、香油 5g

成熟技法 炒

成品特点 香干软嫩 芹菜脆爽

烹制份数 20 份

营养分析

名称	每 100 g
能量	105 kcal
蛋白质	7.3 g
脂肪	6.5 g
碳水化合物	5 g
膳食纤维	1 g
钠	587.3 mg

烹制流程

1. 芹菜、香干切条后焯水断生，捞出冲凉备用。

2. 锅留底油，下 A 料炒香，加入芹菜、香干翻炒。

3. 加入清汤改大火，下 B 料调味，勾芡后淋 C 料出锅装盘。

香干炒芹菜

香干盐煎肉

原料

香干 4000g、猪五花肉 1500g、圆葱 500g、青蒜 250g

调料

植物油 250g

A 料：葱花 50g、姜片 30g、蒜片 30g、豆瓣酱 250g、豆豉 100g、干花椒 5g

B 料：老抽 30g、鸡精 20g、绵白糖 5g

成熟技法　炒

成品特点　色泽红亮　香辣鲜香

烹制份数　20 份

营养分析

名称	每 100 g
能量	209 kcal
蛋白质	11.5 g
脂肪	16.2 g
碳水化合物	4.7 g
膳食纤维	0.6 g
钠	500.1 mg

烹制流程

1. 香干、猪五花肉切片，圆葱切三角块，青蒜切段备用。

2. 香干入五成油温炸至表面变硬起泡捞起备用。

3. 锅留底油，煸炒五花肉，下入 A 料炒香。

4. 放入香干、圆葱，放 B 料调味，翻炒均匀，撒入青蒜出锅装盘。

香辣千页豆腐

原料

千页豆腐 3500g、猪五花肉 1000g、青尖椒 500g

调料

植物油 150g、清汤 750g、水淀粉（淀粉 50g、水 100g）

A 料：红小米辣圈 15g、葱花 50g、姜片 30g、蒜片 50g、泡椒酱 40g、豆瓣酱 20g

B 料：盐 30g、绵白糖 15g、料酒 50g、酱油 80g、老抽 7g

成熟技法 炒

成品特点 色泽红亮 咸鲜微辣

烹制份数 20 份

营养分析

名称	每 100 g
能量	208 kcal
蛋白质	9.8 g
脂肪	15.7 g
碳水化合物	6.9 g
膳食纤维	0.2 g
钠	559.9 mg

烹制流程

1. 千页豆腐、青尖椒切三角片，猪五花肉切片备用。

2. 千页豆腐过油断生备用。

3. 锅留底油，下入五花肉煸炒至微黄，放入 A 料炒香。

4. 加入清汤烧开，下 B 料调味，放入千页豆腐，大火收汁，加入青尖椒翻炒均匀，勾芡出锅装盘。

小炒素鸡

原料

素鸡3000g、五花肉1000g、青尖椒500g、水发木耳400g、红椒200g

调料

植物油200g、葱油50g、清汤800g、水淀粉（淀粉15g、水30g）

A料：干辣椒10g、葱花50g、姜片50g、蒜片50g

B料：料酒40g、酱油60g、老抽40g、盐10g、绵白糖10g、鸡精15g、胡椒粉8g

成熟技法　炒

成品特点　口味咸鲜　口感软韧

烹制份数　20份

营养分析

名称	每100 g
能量	221 kcal
蛋白质	13.4 g
脂肪	17 g
碳水化合物	3.7 g
膳食纤维	0.5 g
钠	150.8 mg

烹制流程

1. 素鸡斜刀切片过油，木耳焯水断生，五花肉切片煸炒备用。

2. 锅留底油，加入A料炒香，倒入清汤，放B料调味。

3. 加入素鸡、木耳、五花肉炒至成熟。

4. 加入青红椒翻炒均匀，水淀粉勾芡，淋葱油出锅装盘。

小炒香干

原料

香干 2500g、猪肉丝 650g、芹菜 800g

调料

植物油 150g、清汤 700g、水淀粉（淀粉 50g、水 90g）

A 料：葱花 50g、姜片 30g、蒜片 40g

B 料：料酒 50g、酱油 100g、老抽 15g、盐 60g、绵白糖 15g、味精 25g、胡椒粉 7g

C 料：香油 10g、料油 40g

成熟技法 炒

成品特点 香干软嫩 芹菜脆爽

烹制份数 20 份

营养分析

名称	每 100 g
能量	158 kcal
蛋白质	12.6 g
脂肪	10.1 g
碳水化合物	4.6 g
膳食纤维	0.7 g
钠	852.3 mg

烹制流程

1. 肉丝上浆，入四成热油中滑熟，捞出控油。

2. 香干、芹菜切条焯水断生备用。

3. 锅留底油，下入 A 料炒香，下香干、芹菜，加 B 料调味。

4. 加入肉丝，翻炒均匀，勾芡，淋 C 料出锅装盘。

小炒油豆皮

原料

泡发油豆皮 3250g、猪五花肉 1000g、小米辣 100g、蒜薹 500g

调料

葱油 50g、植物油 200g、老抽 30g

A 料：葱花 50g、姜片 40g、蒜片 40g

B 料：盐 30g、绵白糖 10g、鸡精 20g、胡椒粉 6g、料酒 60g、酱油 60g

成熟技法　炒

成品特点　口味咸鲜　微辣适口

烹制份数　20 份

营养分析

名称	每 100 g
能量	320 kcal
蛋白质	19.3 g
脂肪	17.9 g
碳水化合物	15.6 g
膳食纤维	0.2 g
钠	479.3 mg

烹制流程

1. 油豆皮切条焯水，蒜薹切段过油。

2. 猪五花肉切片，加老抽入锅煸炒备用。

3. 锅留底油，下入 A 料、小米辣炒香。

4. 下入五花肉、豆皮、蒜薹，放 B 料调味，翻炒均匀，淋葱油出锅装盘。

雪菜烧豆腐

原料

南豆腐 5000g、雪菜 300g

调料

清汤 1700g、植物油 100g、料油 50g、水淀粉（淀粉 110g、水 150g）、盐 60g（焯水）

A 料：葱花 50g、姜片 20g、八角 5g、干辣椒 5g

B 料：盐 20g、酱油 150g、老抽 25g、鸡精 13g、绵白糖 10g、胡椒粉 6g

成熟技法　烧

成品特点　口味咸鲜微辣
　　　　　　口感滑嫩

烹制份数　20 份

营养分析

名称	每 100 g
能量	106 kcal
蛋白质	5.3 g
脂肪	7.9 g
碳水化合物	4.2 g
膳食纤维	0.2 g
钠	297.7 mg

烹制流程

1. 豆腐切块加盐焯水断生、雪菜切段焯水断生备用。

2. 锅留底油，下入雪菜煸炒，盛出备用。

3. 锅留底油，下入 A 料炒香，加入清汤大火烧开，放 B 料调味。

4. 加入豆腐小火烧熟后下雪菜，勾芡，淋料油出锅装盘。

珍菌滑肉

原料

平菇 2300g、鸡腿肉 1000g、豆泡 200g、
香菜 5g

调料

清汤 5000g、植物油 100g、香油 10g

A 料：葱花 50g、姜片 50g

B 料：盐 35g、胡椒粉 6g

C 料：葱姜水 50g、盐 6g、胡椒粉 1g、
花椒面 2g

D 料：淀粉 600g、面粉 160g、清水 430g、
鸡蛋 150g、菜籽油 200g

成熟技法　炖

成品特点　汤鲜味美　口感滑嫩

烹制份数　20 份

营养分析

名称	每 100 g
能量	172 kcal
蛋白质	7 g
脂肪	9.3 g
碳水化合物	15.6 g
膳食纤维	1.2 g
钠	362.5 mg

烹制流程

1. 鸡腿肉切块加 C 料搅拌均匀，腌制备用。

2. 平菇撕成块状焯水断生备用。

3. D 料搅拌均匀，和成面糊，加入鸡腿肉搅匀，入六成热油中炸熟。

4. 锅留底油，加入 A 料炒香，倒入清汤，大火烧开。

5. 滤出小料，加入豆泡、鸡腿肉，放 B 料调味，小火炖至八成熟，加入平菇，烧开撒香菜，淋香油出锅。

珍菌滑肉

水木食集

疙瘩汤

原料

西红柿 1000g、面粉 1000g、鸡蛋液 200g、油菜丝 100g

调料

植物油 150g、清水 7000g、香油 10g、葱花 100g

A 料：盐 30g、鸡精 15g、酱油 50g、老抽 25g

成熟技法 煮

成品特点 口味咸鲜 清香适口

烹制份数 20 份

营养分析

名称	每 100 g
能量	65 kcal
蛋白质	2.3 g
脂肪	2.4 g
碳水化合物	8.9 g
膳食纤维	0.4 g
钠	177.7 mg

烹制流程

1. 西红柿切块备用。

2. 面粉加水和成疙瘩备用。

3. 锅留底油，下入葱花炒香，加入西红柿煸炒；

4. 倒入清水，放 A 料调味，大火烧开。

5. 加入疙瘩搅匀，加入蛋液、油菜丝，淋香油出锅。

疙瘩汤

306

红枣银耳汤

原料

泡发银耳 1500g、干红枣 300g

调料

清水 15000g、冰糖 1000g

成熟技法　炖

成品特点　香甜可口　营养丰富

烹制份数　20 份

营养分析

名称	每 100 g
能量	65 kcal
蛋白质	0.3 g
脂肪	0.1 g
碳水化合物	16.2 g
膳食纤维	0.8 g
钠	2.4 mg

烹制流程

1. 银耳撕小块，焯水断生备用。

2. 锅内倒入清水，加入银耳、红枣。

3. 大火烧开改小火炖至八成熟，加入冰糖炖至成熟即可。

红枣银耳汤

双菇养生汤

原料

平菇 3000g、白玉菇 1000g、水发干枣 100g

调料

清汤 4500g

A 料：盐 20g、绵白糖 15g、鸡精 20g、胡椒粉 5g

成熟技法　煮

成品特点　口味咸鲜　菌香浓郁

烹制份数　20 份

营养分析

名称	每 100 g
能量	16 kcal
蛋白质	1.1 g
脂肪	0.1 g
碳水化合物	3 g
膳食纤维	0.9 g
钠	98.3 mg

烹制流程

1. 白玉菇切段、平菇撕成块状后焯水断生备用。

2. 锅内倒入清汤，加入白玉菇、平菇、水发干枣。

3. 放 A 料调味，大火煮至成熟即可。

双菇养生汤

酸辣汤

原料

北豆腐 1000g、蛋液 300g、水发木耳丝 100g、水发黄花菜 100g、冬笋丝 100g、香菜 10g

调料

清汤 6000g、香油 10g、水淀粉（淀粉 160g、水 130g）、醋 350g、胡椒粉 50g

A 料：盐 70g、绵白糖 20g、鸡精 30g、老抽 20g

成熟技法　煮

成品特点　醇香可口　酸辣开胃

烹制份数　20 份

营养分析

名称	每 100 g
能量	25 kcal
蛋白质	1.9 g
脂肪	1.5 g
碳水化合物	1.1 g
膳食纤维	0.2 g
钠	363.8 mg

烹制流程

1. 豆腐切丝，黄花菜切段备用。

2. 豆腐、木耳、黄花菜、冬笋焯水断生备用。

3. 锅内加入清汤，放 A 料调味，大火烧开。

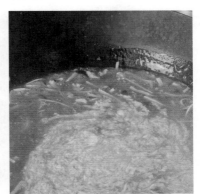

4. 放入豆腐、木耳、黄花菜、冬笋，水淀粉勾芡，加入蛋液，加入醋、胡椒粉，淋香油，撒香菜出锅装盘。

西红柿鸡蛋汤

原料

西红柿 1000g、鸡蛋液 500g、油菜 250g

调料

清汤 6400g、香油 20g、植物油 60g、水淀粉 300g、胡椒粉 20g

A 料：葱花 50g、姜片 20g

B 料：盐 75g、鸡精 30g

成熟技法 煮

成品特点 口味咸鲜 色泽分明

烹制份数 20 份

营养分析

名称	每 100 g
能量	20 kcal
蛋白质	1 g
脂肪	1.5 g
碳水化合物	0.7 g
膳食纤维	0.1 g
钠	366.7 mg

烹制流程

1. 西红柿、油菜切块备用。

2. 油烧热，入 A 料炒香后下西红柿。

3. 西红柿炒软后加入清汤，放入 B 料，大火烧开，撒入胡椒粉。

4. 加水淀粉勾芡，撒油菜，泼入蛋液，淋香油出锅装盘。

滋补山药汤

原料

山药 2000g、玉米 1500g、南瓜 1500g、干红枣 20g

调料

清水 4500g

A 料：盐 55g、绵白糖 15g、鸡精 20g

成熟技法　炖

成品特点　汤汁鲜美　营养丰富

烹制份数　20 份

营养分析

名称	每 100 g
能量	41 kcal
蛋白质	1.3 g
脂肪	0.3 g
碳水化合物	8.6 g
膳食纤维	0.9 g
钠	272.4 mg

烹制流程

1. 山药、南瓜切滚刀块，玉米切块后焯水断生备用。

2. 锅内加入清水，下入玉米、山药，大火烧开。

3. 放 A 料调味，小火炖至八成熟，加入南瓜、干枣，炖至成熟后出锅。

滋补山药汤

紫菜蛋花汤

原料

鸡蛋液 300g、紫菜 10g、香菜 5g

调料

清汤 8000g、香油 20g、水淀粉（淀粉 130g、水 150g）

A 料：盐 60g、鸡精 30g、胡椒粉 6g

成熟技法　煮

成品特点　汤鲜味美　口味咸鲜

烹制份数　20 份

营养分析

名称	每 100 g
能量	8 kcal
蛋白质	0.5 g
脂肪	0.5 g
碳水化合物	0.1 g
膳食纤维	0 g
钠	286.9 mg

烹制流程

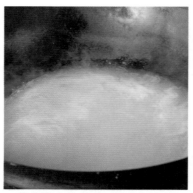

1. 紫菜撕小块备用，锅内加入清汤烧开，放 A 料调味。

2. 水淀粉勾芡，洒入蛋液，下入紫菜，淋香油，香菜点缀出锅。

紫菜蛋花汤

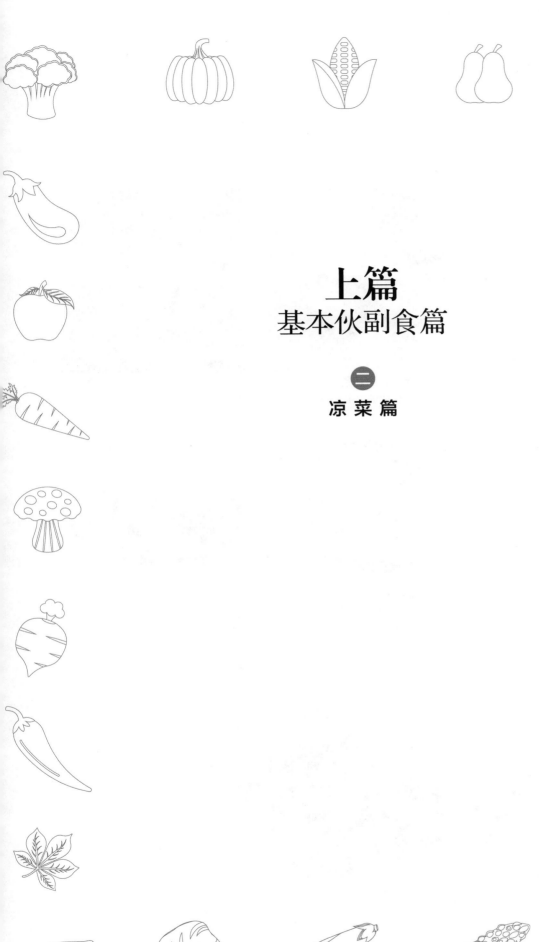

上篇
基本伙副食篇

二

凉 菜 篇

泡椒凤爪

原料

鸡爪 1500g、胡萝卜 200g、芹菜 200g、红小米辣 60g

调料

清水 5000g、凉白开 3500g、鸡汁 5g

A 料：盐 10g（焯水）、料酒 100g、大葱 120g、姜 100g、八角 5g、香叶 3g、花椒 3g

B 料：盐 110g、白醋 150g、小米辣泡椒 900g、绵白糖 25g、柠檬 80g、香叶 3g、八角 3g、花椒 3g、姜 40g

成熟技法 泡

成品特点 酸辣爽口 皮脆肉香

烹制份数 /

营养分析

名称	每 100 g
能量	95 kcal
蛋白质	7.7 g
脂肪	5.1 g
碳水化合物	4.2 g
膳食纤维	1.3 g
钠	1633.2 mg

烹制流程

1. 胡萝卜、芹菜切条、小米辣切段备用，鸡爪切块焯水至断生备用。

2. 锅内倒入清水，加入 A 料烧开，加入鸡汁小火煮至成熟，捞出冲凉。

3. 凉白开加入 B 料搅拌均匀，加入鸡爪、胡萝卜、芹菜、小米辣，浸泡 24 小时即可。

泡椒凤爪

巧拌鸭胗

原料

鸭胗 2500g、大葱 200g、香菜 100g

调料

自制酱汤

A 料：盐 5g、味精 5g、辣椒油 70g、香油 15g

成熟技法 拌

成品特点 香辣爽口

烹制份数 10 份

营养分析

名称	每 100 g
能量	106 kcal
蛋白质	15.7 g
脂肪	3.6 g
碳水化合物	2.8 g
膳食纤维	0.4 g
钠	130.7 mg

烹制流程

1. 大葱切丝，香菜切段备用。

2. 鸭胗焯水后入自制酱汤，小火酱 20 分钟关火，焖 1 小时捞出。

3. 鸭胗切大片加葱丝、香菜、A 料搅拌均匀即可。

巧拌鸭胗

清水羊头

原料

羊头 6800g

调料

A 料：干花椒 5g、香叶 5g、白蔻 10g、
小茴香 15g、干辣椒 15g、大
葱 150g、姜 150g

B 料：盐 230g、鸡精 30g、胡椒粉 10g

C 料：蒜末 10g、生抽 20g、香油 3g、
米醋 25g

成熟技法 卤

成品特点 色白洁净　软嫩清脆
醇香不腻

烹制份数 /

营养分析

名称	每 100 g
能量	187 kcal
蛋白质	21.6 g
脂肪	10.6 g
碳水化合物	1.2 g
膳食纤维	0 g
钠	2165.4 mg

烹制流程

1. 羊头焯水断生备用。

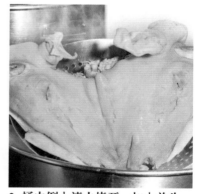

2. 桶内倒入清水烧开，加入羊头、
A 料。

3. 大火烧开改小火卤制，加 B 料调
味煮至成熟捞出，放凉去骨切片。

4. C 料混合均匀制成三合油，同羊
头一起上桌即可。

水晶皮冻

原料

肉皮 1000g、青豆 200g、胡萝卜丁 200g

调料

清水 2000g

A 料：花椒 1g、香叶 1g、八角 3g、大葱 60g、姜 30g（料包）

B 料：盐 15g、味精 15g、老抽 7g

成熟技法　蒸

成品特点　口味咸鲜　口感韧弹

烹制份数　/

营养分析

名称	每 100 g
能量	116 kcal
蛋白质	8.8 g
脂肪	8.5 g
碳水化合物	1.1 g
膳食纤维	0.4 g
钠	201.4 mg

烹制流程

1. 青豆、胡萝卜焯水备用。

2. 肉皮切条加入清水、A 料，上锅蒸至成熟。

3. 放 B 料调味，加入青豆、胡萝卜搅拌均匀，放凉即可．

水晶皮冻

苏式熏鱼

原料

草鱼 1500g

调料

清水 2500g、植物油 100g

A 料：葱 150g、姜 80g、八角 5g、桂皮 5g、香叶 2g

B 料：料酒 150g、番茄沙司 100g、排骨酱 45g、南乳汁 20g、冰糖 200g、生抽 100g、盐 20g

成熟技法 熏

成品特点 鱼肉甜咸 口味浓厚

烹制份数 /

营养分析

名称	每 100 g
能量	142 kcal
蛋白质	7.4 g
脂肪	7.1 g
碳水化合物	12.2 g
膳食纤维	0.1 g
钠	859.5 mg

烹制流程

1. 草鱼去皮去骨切块，入六成热油炸透至表面微干。

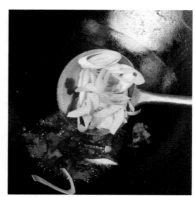

2. 锅留底油，加入 A 料炒香，倒入清水，加入 B 料小火熬制。

3. 加入鱼块，小火收汁至浓稠即可。

苏式熏鱼

菠菜拌粉丝

原料

菠菜 1000g、泡发粉丝 300g、胡萝卜丝 100g

调料

蒜末 20g、清水 5000g

A 料：盐 30g（焯水）、植物油 20g

B 料：盐 15g、绵白糖 4g、葱油 30g、香油 20g

成熟技法　拌

成品特点　色泽翠绿　口感脆嫩

烹制份数　10 份

营养分析

名称	每 100 g
能量	92 kcal
蛋白质	1.9 g
脂肪	4.9 g
碳水化合物	10.5 g
膳食纤维	1.4 g
钠	462.3 mg

烹制流程

1. 菠菜、粉丝切段备用。

2. 锅内倒入清水，加入 A 料烧开，将菠菜、粉丝、胡萝卜丝焯水至断生后捞出过凉。

3. 菠菜、粉丝、胡萝卜丝加蒜末、B 料搅拌均匀即可。

菠菜拌粉丝

橙汁藕片

原料

莲藕 1200g

调料

清水 5000g、盐 30g（焯水）

A 料：橙汁 250g、清水 500g、绵白糖 60g

成熟技法　拌

成品特点　色泽金黄　口感爽脆
　　　　　　酸甜适口

烹制份数　10 份

营养分析

名称	每 100 g
能量	44 kcal
蛋白质	0.7 g
脂肪	0.1 g
碳水化合物	10.7 g
膳食纤维	1.3 g
钠	21.5 mg

烹制流程

1. 莲藕去皮切片备用。

2. 锅内倒入清水，加盐烧开，加入藕片焯水，过凉备用。

3. A 料混合，搅拌均匀，加入藕片浸泡入味即可。

橙汁藕片

大拌菜

原料

生菜 400g、紫甘蓝 200g、苦菊 200g、彩椒 50g、胡萝卜 200g、小西红柿 150g、蒜末 8g

调料

A 料：辣椒油 15g、盐 8g、绵白糖 66g、白醋 66g、葱油 30g

成熟技法　拌

成品特点　口味酸甜　口感爽脆

烹制份数　10 份

营养分析

名称	每 100 g
能量	73 kcal
蛋白质	1.5 g
脂肪	3.4 g
碳水化合物	10 g
膳食纤维	2.5 g
钠	266.1 mg

烹制流程

生菜、紫甘蓝撕成块状，苦菊切段，彩椒、胡萝卜切菱形块，小西红柿对半切开后，加 A 料、蒜末搅拌均匀即可。

大拌菜

腐竹拌芹菜

原料

水发腐竹 300g、芹菜 1000g

调料

清水 5000g

A 料：盐 30g（焯水）、植物油 20g

B 料：盐 6g、味精 4g、香油 15g、花椒
　　　油 30g、辣椒油 30g

成熟技法　拌

成品特点　腐竹软嫩　芹菜爽口

烹制份数　10 份

营养分析

名称	每 100 g
能量	110 kcal
蛋白质	5.8 g
脂肪	7.3 g
碳水化合物	6.1 g
膳食纤维	1.3 g
钠	289.6 mg

烹制流程

1. 腐竹、芹菜切菱形块备用。

2. 锅内倒入清水，加入 A 料烧开，将腐竹、芹菜焯水至断生后捞出过凉。

3. 腐竹、芹菜加 B 料搅拌均匀即可。

腐竹拌芹菜

红油金针菇

原料

金针菇 1500g、青椒丝 100g、红椒丝 100g

调料

清水 5000g、盐 30g（焯水）

A 料：盐 12g、香油 10g、红油 50g、绵白糖 4g、花椒油 20g

成熟技法　拌

成品特点　色泽红亮　麻辣鲜香

烹制份数　10 份

营养分析

名称	每 100 g
能量	66 kcal
蛋白质	2.2 g
脂肪	4.1 g
碳水化合物	6.1 g
膳食纤维	2.8 g
钠	267.7 mg

烹制流程

1. 锅内倒入清水，加盐烧开，将金针菇、青红椒丝焯水后捞出过凉。

2. 金针菇、青红椒丝加 A 料搅拌均匀即可。

红油金针菇

浇汁豆腐

原料

内酯豆腐 2000g、香葱 10g

调料

植物油 50g、清水 100g

A 料：葱花 10g、姜片 10g

B 料：蚝油 100g、生抽 50g、味精 5g、盐 3g

成熟技法　浇汁

成品特点　口味咸鲜　口感软嫩

烹制份数　10 份

营养分析

名称	每 100 g
能量	72 kcal
蛋白质	4.8 g
脂肪	4 g
碳水化合物	4.2 g
膳食纤维	0.4 g
钠	360.7 mg

烹制流程

1. 豆腐切片上锅蒸熟，改刀装盘。

2. 锅留底油，加入 A 料炒香，倒入清水烧开，放 B 料调味。

3. 滤出小料，小火熬制，浇在豆腐上，撒葱花即可。

浇汁豆腐

咖喱菜花

原料

菜花 1100g、胡萝卜 100g

调料

咖喱粉 10g、植物油 50g、蒜末 25g、清水 5000g

A 料：盐 30g（焯水）、植物油 20g

B 料：盐 10g、葱油 30g

成熟技法　拌

成品特点　色泽黄亮　咖喱味浓

烹制份数　10 份

营养分析

名称	每 100 g
能量	78 kcal
蛋白质	1.6 g
脂肪	6.5 g
碳水化合物	4.5 g
膳食纤维	2 g
钠	380.8 mg

烹制流程

1. 菜花切块，胡萝卜切菱形片备用。

2. 锅留底油，加入咖喱粉炒香备用。

3. 锅内倒入清水，加入 A 料烧开，将菜花、胡萝卜焯水至断生后捞出过凉。

4. 菜花、胡萝卜加咖喱、蒜末、B 料搅拌均匀即可。

开胃萝卜

原料

白萝卜 1200g、红小米辣 100g

调料

盐 30g、清水 300g

A 料：绵白糖 300g、白醋 200g、盐 5g

成熟技法 腌

成品特点 酸辣开胃 口感脆爽

烹制份数 10 份

营养分析

名称	每 100 g
能量	88 kcal
蛋白质	0.7 g
脂肪	0.1 g
碳水化合物	22.2 g
膳食纤维	1.5 g
钠	882.5 mg

烹制流程

1. 锅内倒入清水，加入小米辣、A 料熬制，放凉备用．

2. 小米辣切段，白萝卜去皮切条加盐搅拌均匀，腌制后挤干水分。

3. 白萝卜加入料汁中浸泡 6 小时即可。

开胃萝卜

凉拌白菜片

原料

大白菜 1100g、红尖椒 150g

调料

清水 5000g

A 料：盐 20g（焯水）、植物油 30g

B 料：盐 13g、绵白糖 5g、辣椒油 20g

成熟技法　拌

成品特点　口感爽脆　口味咸鲜微辣

烹制份数　10 份

营养分析

名称	每 100 g
能量	37 kcal
蛋白质	1.9 g
脂肪	1.5 g
碳水化合物	5.6 g
膳食纤维	2.3 g
钠	457.2 mg

烹制流程

1. 大白菜、红尖椒切菱形片备用。

2. 锅内倒入清水，加 A 料烧开，加入大白菜、红尖椒焯水，过凉备用。

3. 大白菜、红尖椒加 B 料搅拌均匀即可。

凉拌白菜片

凉拌豆腐丝

原料

豆腐丝 1100g、香菜段 50g、香葱段 50g

调料

蒜末 40g

A 料：香油 15g、葱油 20g、辣椒油 40g

成熟技法 拌

成品特点 口感软嫩 鲜香微辣

烹制份数 10 份

营养分析

名称	每 100 g
能量	225 kcal
蛋白质	18.8 g
脂肪	14.4 g
碳水化合物	6.2 g
膳食纤维	1.4 g
钠	21 mg

烹制流程

1. 豆腐丝上锅蒸熟放凉备用。

2. 豆腐丝、香菜、香葱、蒜末加入 A 料搅拌均匀即可。

凉拌豆腐丝

凉拌腐竹

原料

腐竹 1200g、水发木耳 200g、圆葱丝 100g

调料

清水 5000g

A 料：盐 30g（焯水）、植物油 20g

B 料：盐 8g、辣椒油 30g、香油 20g、
葱油 20g

成熟技法　拌

成品特点　咸鲜微辣　口感软嫩

烹制份数　10 份

营养分析

名称	每 100 g
能量	219 kcal
蛋白质	17.3 g
脂肪	12.3 g
碳水化合物	10.1 g
膳食纤维	1 g
钠	211.2 mg

烹制流程

1. 腐竹切菱形块，木耳切条备用。

2. 锅内倒入清水，加入 A 料烧开，将腐竹、木耳焯水至断生后捞出过凉。

3. 腐竹、木耳、圆葱丝加 B 料搅拌均匀即可。

凉拌腐竹

凉拌海带丝

原料

海带丝 1100g、香菜段 400g

调料

蒜末 12g、清水 5000g

A 料：盐 30g（焯水）、植物油 20g

B 料：盐 10g、辣椒油 40g、葱油 15g

成熟技法　拌

成品特点　咸鲜微辣　口感爽脆

烹制份数　10 份

营养分析

名称	每 100 g
能量	45 kcal
蛋白质	1.3 g
脂肪	3.2 g
碳水化合物	3.4 g
膳食纤维	1 g
钠	270.2 mg

烹制流程

1. 锅内倒入清水，加入 A 料烧开，将海带丝焯水至断生后捞出过凉。

2. 海带丝、香菜加蒜末、B 料搅拌均匀即可。

凉拌海带丝

凉拌绿豆芽

原料

绿豆芽 1000g、粉丝 100g、胡萝卜丝 100g

调料

蒜末 25g、干辣椒段 15g、植物油 50g、清水 5000g

A 料：盐 30g（焯水）、植物油 20g

B 料：盐 8g、香油 30g

成熟技法　拌

成品特点　咸鲜微辣　口感脆爽

烹制份数　10 份

营养分析

名称	每 100 g
能量	82 kcal
蛋白质	1.4 g
脂肪	6.3 g
碳水化合物	5.2 g
膳食纤维	1.2 g
钠	274.3 mg

烹制流程

1. 锅内倒入清水，加入 A 料烧开，将绿豆芽、粉丝、胡萝卜丝焯水至断生后捞出过凉备用。

2. 锅内加入植物油烧热，浇在干辣椒段上制成辣椒油备用。

3. 绿豆芽、粉丝、胡萝卜丝加蒜末、B 料、辣椒油搅拌均匀即可。

凉拌绿豆芽

凉拌木耳

原料

水发木耳 1000g、香菜段 150g、圆葱
丝 150g

调料

盐 30g（焯水）、清水 5000g

A 料：盐 8g、绵白糖 3g、葱油 20g、辣
椒油 50g

成熟技法 拌

成品特点 口感脆爽　咸鲜微辣

烹制份数 10 份

营养分析

名称	每 100 g
能量	69 kcal
蛋白质	1.6 g
脂肪	4.6 g
碳水化合物	6.7 g
膳食纤维	2.5 g
钠	240.6 mg

烹制流程

1. 锅内倒入清水，加盐烧开，将木
耳焯水至断生后捞出过凉。

2. 木耳、香菜、圆葱丝加 A 料搅拌
均匀即可。

凉拌木耳

凉拌藕片

原料

莲藕 1200g

调料

清水 5000g、盐 30g（焯水）

A 料：盐 8g、辣椒油 60g、葱油 15g

成熟技法 拌

成品特点 口味咸鲜　口感脆爽

烹制份数 10 份

营养分析

名称	每 100 g
能量	90 kcal
蛋白质	1.2 g
脂肪	5.1 g
碳水化合物	11.4 g
膳食纤维	2.5 g
钠	278.3 mg

烹制流程

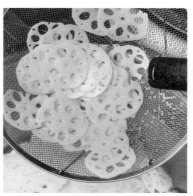

1. 莲藕去皮切片备用，锅内倒入清水，加盐烧开，加入藕片焯水备用。

2 藕片加 A 料搅拌均匀即可。

凉拌藕片

凉拌素什锦

原料

芹菜 650g、胡萝卜 350g、水发木耳 200g

调料

清水 5000g

A 料：盐 30g（焯水）、植物油 20g

B 料：盐 10g、香油 15g、葱油 15g

成熟技法 拌

成品特点 色泽分明　口感爽脆

烹制份数 10 份

营养分析

名称	每 100 g
能量	46 kcal
蛋白质	1.2 g
脂肪	2.6 g
碳水化合物	5.6 g
膳食纤维	1.9 g
钠	435.9 m

烹制流程

1. 所有原料切条备用，锅内倒入清水，加入 A 料烧开，加入芹菜、胡萝卜、木耳焯水断生后捞出过凉。

2. 芹菜、胡萝卜、木耳加 B 料搅拌均匀即可。

凉拌素什锦

凉拌土豆丝

原料

土豆丝 1100g、胡萝卜丝 200g

调料

清水 5000g

A 料：盐 30g（焯水）、植物油 20g

B 料：盐 10g、白醋 15g、花椒油 30g

成熟技法　拌

成品特点　咸鲜微麻　口感脆爽

烹制份数　10 份

营养分析

名称	每 100 g
能量	90 kcal
蛋白质	2.3 g
脂肪	2.2 g
碳水化合物	16 g
膳食纤维	1.4 g
钠	316.5 mg

烹制流程

1. 锅内倒入清水，加 A 料烧开，加入土豆丝、胡萝卜焯水至断生后捞出过凉。

2. 土豆丝、胡萝卜丝加 B 料搅拌均匀即可。

凉拌土豆丝

凉拌西蓝花

原料

西蓝花 1100g、胡萝卜 200g

调料

蒜末 20g、清水 5000g

A 料：盐 30g（焯水）、植物油 20g

B 料：盐 10g、香油 20g、绵白糖 4g、
葱油 30g

成熟技法 拌

成品特点 色泽翠绿 爽口开胃

烹制份数 10 份

营养分析

名称	每 100 g
能量	61 kcal
蛋白质	3 g
脂肪	4.2 g
碳水化合物	4.5 g
膳食纤维	1.8 g
钠	343.8 mg

烹制流程

1. 西蓝花切块，胡萝卜切菱形片备用。

2. 锅内倒入清水，加 A 料烧开，加入西蓝花、胡萝卜焯水断生后捞出过凉。

3. 西蓝花、胡萝卜加蒜末、B 料搅拌均匀即可。

凉拌西蓝花

凉拌心里美

原料

心里美萝卜丝 1300g、熟黑芝麻 10g、熟白芝麻 10g

调料

A 料：盐 10g、绵白糖 100g、白醋 100g

成熟技法　拌

成品特点　色泽鲜艳　酸甜脆爽

烹制份数　10 份

营养分析

名称	每 100 g
能量	57 kcal
蛋白质	1 g
脂肪	0.8 g
碳水化合物	11.7 g
膳食纤维	0.8 g
钠	352.9 mg

烹制流程

1. 心里美萝卜丝泡水。

2. 心里美萝卜丝、黑芝麻、白芝麻加 A 料搅拌均匀即可。

凉拌心里美

凉拌油菜

原料

小油菜 1500g、红椒 100g

调料

蒜末 20g、清水 5000g

A 料：盐 10g、绵白糖 5g、香油 30g、
　　　葱油 30g

B 料：盐 30g（焯水）、植物油 20g

成熟技法 拌

成品特点 色泽翠绿 口感清脆

烹制份数 10 份

营养分析

名称	每 100 g
能量	46 kcal
蛋白质	1.3 g
脂肪	3.8 g
碳水化合物	2.1 g
膳食纤维	0.8 g
钠	282.7 mg

烹制流程

1. 红椒切条备用，锅内倒入清水，加入 B 料烧开，加入小油菜、红椒焯水至断生后捞出过凉。

2. 小油菜、红椒加 A 料、蒜末搅拌均匀即可。

凉拌油菜

凉拌圆白菜

原料

圆白菜丝 1500g、胡萝卜丝 100g

调料

清水 5000g

A 料：盐 30g（焯水）、植物油 20g

B 料：盐 10g、香油 15g、葱油 15g、花椒油 10g

成熟技法　拌

成品特点　口味咸鲜　口感脆爽

烹制份数　10 份

营养分析

名称	每 100 g
能量	45 kcal
蛋白质	1.5 g
脂肪	2.5 g
碳水化合物	4.7 g
膳食纤维	1.1 g
钠	270.4 mg

烹制流程

1. 锅内倒入清水，加入 A 料烧开，加入圆白菜、胡萝卜焯水断生后捞出过凉。

2. 圆白菜、胡萝卜加 B 料搅拌均匀即可。

凉拌圆白菜

皮蛋豆腐

原料

内酯豆腐 2000g、皮蛋 400g、香葱末 15g

调料

A 料：盐 8g、香油 10g

成熟技法 拌

成品特点 清淡爽口　口感软嫩

烹制份数 10 份

营养分析

名称	每 100 g
能量	73 kcal
蛋白质	6.5 g
脂肪	3.7 g
碳水化合物	3.5 g
膳食纤维	0.3 g
钠	223.8 mg

烹制流程

1. 豆腐切片上锅蒸熟后改刀装盘。

2. 皮蛋切块上锅蒸熟后改刀装盘。

3. 浇 A 料、撒葱花即可。

皮蛋豆腐

炝拌瓜条

原料

黄瓜 1300g、蒜末 20g

调料

A 料：盐 8g、绵白糖 5g、辣椒油 50g

成熟技法　拌

成品特点　咸鲜脆辣　香味浓郁

烹制份数　10 份

营养分析

名称	每 100 g
能量	46 kcal
蛋白质	0.9 g
脂肪	3.1 g
碳水化合物	4 g
膳食纤维	0.9 g
钠	233 mg

烹制流程

黄瓜去皮切条，加蒜末、A 料搅拌均匀即可。

炝拌瓜条

芹菜花生米

原料

芹菜 1000g、花生米 300g

调料

清水 5000g

A 料：八角 5g、大葱 50g、姜 50g、盐 50g（焯水）

B 料：盐 8g、葱油 20g、香油 15g、辣椒油 30g

成熟技法 拌

成品特点 口味咸鲜 口感脆爽

烹制份数 10 份

营养分析

名称	每 100 g
能量	184 kcal
蛋白质	6.2 g
脂肪	14.1 g
碳水化合物	9.2 g
膳食纤维	2 g
钠	442.7 mg

烹制流程

1. 锅内倒入清水，加入 A 料烧开，加入花生米煮熟捞出备用。

2. 芹菜切丁，焯水至断生后捞出过凉.

3. 芹菜、花生米加 B 料搅拌均匀即可。

芹菜花生米

清拌豇豆

原料

豇豆 850g、水发木耳 150g、红椒 30g

调料

蒜末 25g、清水 5000g

A 料：盐 30g（焯水）、植物油 20g

B 料：盐 10g、香油 20g、葱油 15g

成熟技法　拌

成品特点　色泽翠绿　清新爽脆

烹制份数　10 份

营养分析

名称	每 100 g
能量	60 kcal
蛋白质	2 g
脂肪	3.5 g
碳水化合物	6.8 g
膳食纤维	3.9 g
钠	374.7 mg

烹制流程

1. 豇豆切段，红椒切条备用。

2. 锅内倒入清水，加入 A 料烧开，将豇豆、木耳、红椒焯水至断生后捞出过凉。

3. 豇豆、木耳、红椒加蒜末、B 料搅拌均匀即可。

清拌豇豆

水果沙拉

原料

苹果 400g、哈密瓜 400g、橘子 200g、雪梨 400g

调料

沙拉酱 250g

成熟技法　拌

成品特点　清香爽口　酸甜开胃

烹制份数　10 份

营养分析

名称	每 100 g
能量	156 kcal
蛋白质	1 g
脂肪	12 g
碳水化合物	11.6 g
膳食纤维	1.2 g
钠	118.4 mg

烹制流程

水果去皮去核，切块与沙拉酱搅拌均匀即可。

水果沙拉

四川泡菜

原料

白萝卜 1500g、胡萝卜 1500g、芹菜 1000g、圆白菜 2000g、小米辣 130g

调料

凉白开 4000g、辣椒油 300g

A 料：盐 320g、冰糖 121g、白酒 110g、醪糟 150g、八角 10g、香叶 4g、花椒 8g、黄泡椒 750g

成熟技法　腌

成品特点　酸辣开胃　口感脆爽

烹制份数　/

营养分析

名称	每 100 g
能量	60 kcal
蛋白质	1.2 g
脂肪	3.3 g
碳水化合物	7.2 g
膳食纤维	1.9 g
钠	1771.8 mg

烹制流程

1. 白萝卜、胡萝卜、芹菜切菱形块，圆白菜带根切四瓣，小米辣切段备用。

2. A 料加凉白开混合均匀，加入所有原料，放入密封罐中腌制 6 天。

3. 捞出泡菜，加辣椒油拌匀即可。

四川泡菜

蒜泥茄子

原料

茄子 2000g、红椒粒 50g

调料

A 料：盐 5g、绵白糖 15g、生抽 50g、
　　　香油 15g、香菜末 100g、蒜蓉 80g

成熟技法　蒸

成品特点　口感软嫩　蒜香味浓

烹制份数　10 份

营养分析

名称	每 100 g
能量	32 kcal
蛋白质	1.2 g
脂肪	0.9 g
碳水化合物	5.7 g
膳食纤维	1.3 g
钠	232.1 mg

烹制流程

1. A 料搅拌均匀，制成蒜汁。

2. 茄子去皮切条，上锅蒸至成熟，浇上蒜汁，撒上红椒粒即可。

蒜泥茄子

糖拌西红柿

原料

西红柿 1000g

调料

绵白糖 50g

成熟技法 拌

成品特点 色泽鲜明　口味酸甜

烹制份数 10 份

营养分析

名称	每 100 g
能量	33 kcal
蛋白质	0.9 g
脂肪	0.2 g
碳水化合物	7.8 g
膳食纤维	0.5 g
钠	9.3 mg

烹制流程

西红柿切半圆片，摆盘后撒上白糖即可。

糖拌西红柿

小葱拌豆腐

原料

内酯豆腐 2000g、香葱末 15g

调料

A 料：盐 10g、香油 10g

成熟技法 拌

成品特点 口感软嫩 葱香味浓

烹制份数 10 份

营养分析

名称	每 100 g
能量	54 kcal
蛋白质	4.9 g
脂肪	2.4 g
碳水化合物	3.3 g
膳食纤维	0.4 g
钠	199.6 mg

烹制流程

1. 豆腐切片上锅蒸熟，改刀装盘。

2. 浇 A 料、撒葱花即可。

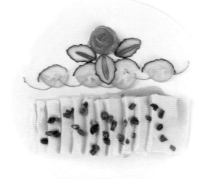

小葱拌豆腐

上篇
基本伙副食篇

三

热荤篇

奥尔良鸡翅

原料

鸡翅 1500g

调料

奥尔良粉 150g、清水 150g

成熟技法 烤

成品特点 口感软嫩 香气浓郁

烹制份数 /

营养分析

名称	每 100 g
能量	153 kcal
蛋白质	12.7 g
脂肪	7.4 g
碳水化合物	8.5 g
膳食纤维	0 g
钠	1150 mg

烹制流程

1. 鸡翅加奥尔良粉、清水搅拌均匀，腌制备用。

2. 鸡翅挂风干架上晾至表面风干，入烤箱烤至成熟即可。

奥尔良鸡腿

原料

鸡腿 1500g

调料

奥尔良粉 150g、清水 150g

成熟技法　烤

成品特点　口感软嫩　香气浓郁

烹制份数　/

营养分析

名称	每 100 g
能量	124 kcal
蛋白质	14.4 g
脂肪	5.1 g
碳水化合物	5 g
膳食纤维	0 g
钠	1167.7 mg

烹制流程

1. 鸡腿加奥尔良粉、清水搅拌均匀，腌制备用。

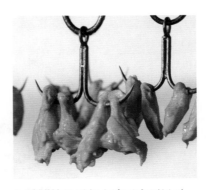

2. 鸡腿挂风干架上晾至表面风干，入烤箱烤至成熟即可。

扒鸡

原料

三黄鸡 2680g

调料

老抽 20g、自制卤汤

成熟技法 卤

成品特点 肉嫩味纯 脱骨软烂

烹制份数 /

营养分析

名称	每 100 g
能量	110 kcal
蛋白质	12.7 g
脂肪	6.2 g
碳水化合物	0.9 g
膳食纤维	0 g
钠	41.8 mg

烹制流程

1. 三黄鸡焯水断生备用。

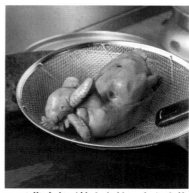

2. 三黄鸡表面抹上老抽，入六成热油中炸至表面金黄。

3. 酱汤烧开，加入三黄鸡，开锅 30 分钟关火，焖至成熟后捞出，改刀装盘即可。

扒鸡

干炸素丸子

原料

胡萝卜 1500g、水发粉丝 250g、香菜 250g、圆白菜 500g

调料

植物油

A 料：胡椒粉 10g、香油 10g、盐 20g、料酒 60g、五香粉 10g、淀粉 300g、面粉 600g、泡打粉 10g、植物油 100g、葱水 50g

成熟技法　炸

成品特点　色泽金黄　外酥里嫩

烹制份数　/

营养分析

名称	每 100 g
能量	148 kcal
蛋白质	3.6 g
脂肪	3.7 g
碳水化合物	26.2 g
膳食纤维	2 g
钠	282.9 mg

烹制流程

1. 胡萝卜、圆白菜切丝，香菜切末后，与粉丝、A 料搅拌均匀制成馅料。

2. 馅料挤成 4cm 大小的丸子，入六成热油中炸熟即可。

干炸素丸子

干炸丸子

原料

猪肉末 1500g、白芝麻 50g

调料

植物油

A 料：盐 3g、料酒 75g、酱油 30g、绵白糖 6g、胡椒粉 3g、淀粉 240g、葱姜水 75g、花椒水 75g、鸡蛋 150g、香油 15g

成熟技法 炸

成品特点 外酥里嫩　咸香可口

烹制份数 10 份

营养分析

名称	每 100 g
能量	372 kcal
蛋白质	11.6 g
脂肪	30.2 g
碳水化合物	13.5 g
膳食纤维	0.3 g
钠	201.9 mg

烹制流程

1. 猪肉末加 A 料、白芝麻混合均匀。

2. 将馅料捏成 3cm 大小的丸子。

3. 入五成油温中炸熟即可。

干炸丸子

骨肉相连

原料

鸡脆骨 1000g

调料

植物油、奥尔良粉 300g

成熟技法　炸

成品特点　色泽红亮　口味咸鲜

烹制份数　/

营养分析

名称	每100 g
能量	188 kcal
蛋白质	9.7 g
脂肪	10.1 g
碳水化合物	14.2 g
膳食纤维	0 g
钠	3536.9 mg

烹制流程

鸡脆骨加奥尔良粉腌制后穿串，入六成热油中炸熟即可。

骨肉相连

果木熏鸡

原料

三黄鸡 2250g

调料

A 料：大葱 150g、姜 50g、洋葱 150g、
胡萝卜 100g、芹菜 100g、盐 20g、
奥尔良粉 15g、盐焗粉 3g、十三
香 4g

B 料：麦芽糖 100g、清水 1000g

C 料：绵白糖 100g、花茶 20g、果木
屑 100g

成熟技法 熏

成品特点 色泽红亮 果木香浓郁

烹制份数 /

营养分析

名称	每 100 g
能量	131 kcal
蛋白质	11.6 g
脂肪	5.6 g
碳水化合物	8.4 g
膳食纤维	0 g
钠	428.5 mg

烹制流程

1. 三黄鸡加 A 料涂抹均匀，腌制
备用。

2. 三黄鸡洗净，焯水断生备用。

3. B 料混合均匀制成脆皮水，涂抹
在三黄鸡表面，风干。

4. 三黄鸡入烤箱，230℃烤制 50
分钟。

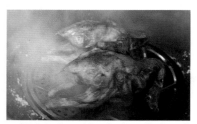

5. 锅内加入 C 料，加入三黄鸡，熏
制 3 分钟，改刀装盘即可。

果木熏鸡

酱鸡翅

原料

鸡翅 1500g

调料

自制酱汤

成熟技法　酱

成品特点　酱香浓郁　口感软烂

烹制份数　/

营养分析

名称	每 100 g
能量	139 kcal
蛋白质	13.1 g
脂肪	7.9 g
碳水化合物	3.8 g
膳食纤维	0 g
钠	35.1 mg

烹制流程

1. 鸡翅焯水断生。

2. 入自制酱汤小火酱 15 分钟，关火焖 45 分钟即可。

酱鸡翅

酱鸡腿

原料

鸡腿 1600g

调料

自制酱汤

成熟技法 酱

成品特点 酱香浓郁 口感软烂

烹制份数 /

营养分析

名称	每 100 g
能量	108 kcal
蛋白质	15 g
脂肪	5.3 g
碳水化合物	0 g
膳食纤维	0 g
钠	54.5 mg

烹制流程

1. 鸡腿焯水断生。

2. 入自制酱汤小火酱 15 分钟，关火焖 45 分钟即可。

酱鸡爪

原料

鸡爪 1500g

调料

自制酱汤

成熟技法　酱

成品特点　酱香浓郁　咸香适口

烹制份数　/

营养分析

名称	每 100 g
能量	152 kcal
蛋白质	14.3 g
脂肪	9.8 g
碳水化合物	1.6 g
膳食纤维	0 g
钠	101.4 mg

烹制流程

1. 鸡爪焯水断生。

2. 入自制酱汤小火酱 15 分钟，关火焖 45 分钟即可。

酱鸡胗

原料

鸡胗 1000g

调料

自制酱汤

成熟技法 酱

成品特点 酱香浓郁 口感软韧

烹制份数 /

营养分析

名称	每 100 g
能量	118 kcal
蛋白质	19.2 g
脂肪	2.8 g
碳水化合物	4 g
膳食纤维	0 g
钠	74.8 mg

烹制流程

1. 鸡胗焯水断生。

2. 入自制酱汤小火酱 15 分钟，关火焖 45 分钟，捞出切片即可。

酱鸡胗

酱口条

原料

猪舌 3000g

调料

自制酱汤

成熟技法　酱

成品特点　肉质软烂　香而不腻

烹制份数　/

营养分析

名称	每 100 g
能量	184 kcal
蛋白质	18.1 g
脂肪	12.4 g
碳水化合物	0 g
膳食纤维	0 g
钠	79.4 mg

烹制流程

1. 猪舌焯水断生。

2. 入自制酱汤小火酱 40 分钟，关火焖 30 分钟，捞出切片即可。

酱牛腱子肉

原料

牛腱子肉 2000g

调料

自制酱汤

成熟技法 酱

成品特点 咸淡适中 酱香浓郁

烹制份数 /

营养分析

名称	每 100 g
能量	122 kcal
蛋白质	23 g
脂肪	3.3 g
碳水化合物	0 g
膳食纤维	0 g
钠	83.1 mg

烹制流程

1. 牛腱子肉焯水断生。

2. 入自制酱汤小火酱 60 分钟，关火焖 60 分钟，捞出切片即可。

酱牛腱子肉

酱牛霖

原料

牛霖肉 2800g

调料

自制酱汤

成熟技法　酱

成品特点　咸淡适中　酱香浓郁

烹制份数　/

营养分析

名称	每 100 g
能量	110 kcal
蛋白质	22.5 g
脂肪	1 g
碳水化合物	2.7 g
膳食纤维	0 g
钠	30.3 mg

烹制流程

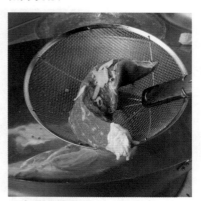

1. 牛霖肉焯水断生。

2. 入自制酱汤小火酱 60 分钟，关火焖 60 分钟即可。

酱排骨

原料

排骨 1200g

调料

自制酱汤

成熟技法 酱

成品特点 肉质软烂 香而不腻

烹制份数 /

营养分析

名称	每 100 g
能量	180 kcal
蛋白质	12.4 g
脂肪	13.9 g
碳水化合物	1.2 g
膳食纤维	0 g
钠	30.3 mg

烹制流程

1. 排骨焯水断生。

2. 入自制酱汤小火酱 30 分钟，关火焖 30 分钟，捞出剁块即可。

酱排骨

酱五花肉

原料

猪五花肉 1300g

调料

自制酱汤

成熟技法　酱

成品特点　肉质软烂　肥而不腻

烹制份数　/

营养分析

名称	每 100 g
能量	349 kcal
蛋白质	7.7 g
脂肪	35.3 g
碳水化合物	0 g
膳食纤维	0 g
钠	36.7 mg

烹制流程

1. 五花肉焯水断生。

2. 入自制酱汤小火酱 30 分钟，关火焖 30 分钟，捞出切片即可。

酱五花肉

酱香鸡

原料

鸡 2500g

调料

自制酱汤

成熟技法 酱

成品特点 酱香浓郁 口感软烂

烹制份数 /

营养分析

名称	每 100 g
能量	110 kcal
蛋白质	12.7 g
脂肪	6.2 g
碳水化合物	0.9 g
膳食纤维	0 g
钠	41.8 mg

烹制流程

1. 鸡焯水断生。

2. 入自制酱汤小火酱 80 分钟，关火焖 15 分钟即可。

酱香鸡

酱鸭肝

原料

鸭肝 2500g

调料

自制酱汤

成熟技法　酱

成品特点　口感软嫩　咸香味浓

烹制份数　/

营养分析

名称	每 100 g
能量	128 kcal
蛋白质	14.5 g
脂肪	7.5 g
碳水化合物	0.5 g
膳食纤维	0 g
钠	87.2 mg

烹制流程

1. 鸭肝焯水至断生备用。

2. 鸭肝加入自制酱汤，小火酱 15 分钟，关火焖 1 小时，捞出即可。

酱鸭肝

酱鸭腿

原料

鸭腿 1500g

调料

自制酱汤

成熟技法　酱

成品特点　酱香浓郁　口感软烂

烹制份数　/

营养分析

名称	每 100 g
能量	163 kcal
蛋白质	10.5 g
脂肪	13.4 g
碳水化合物	0.1 g
膳食纤维	0 g
钠	46.9 mg

烹制流程

1. 鸭腿焯水断生。

2. 入自制酱汤小火酱 15 分钟，关火焖 45 分钟，捞出剁块即可。

酱鸭腿

酱猪棒骨

原料

猪棒骨 2000g

调料

自制酱汤

成熟技法　酱

成品特点　肉质软烂　香而不腻

烹制份数　/

营养分析

名称	每 100 g
能量	166 kcal
蛋白质	11.1 g
脂肪	10.7 g
碳水化合物	6.3 g
膳食纤维	0 g
钠	53.6 mg

烹制流程

1. 猪棒骨焯水断生。

2. 入自制酱汤小火酱 30 分钟，关火焖 30 分钟即可。

酱猪棒骨

酱猪耳

原料

猪耳朵 2600g

调料

自制酱汤

成熟技法 酱

成品特点 肉质软脆 香而不腻

烹制份数 /

营养分析

名称	每 100 g
能量	176 kcal
蛋白质	19.1 g
脂肪	11.1 g
碳水化合物	0 g
膳食纤维	0 g
钠	68.2 mg

烹制流程

1. 猪耳朵焯水断生。

2. 入自制酱汤小火酱 30 分钟，关火焖 30 分钟，捞出切条即可。

酱猪耳

酱猪蹄

原料

猪蹄 2600g

调料

自制酱汤

成熟技法　酱

成品特点　肉质软烂　香而不腻

烹制份数　/

营养分析

名称	每 100 g
能量	156 kcal
蛋白质	13.6 g
脂肪	11.3 g
碳水化合物	0 g
膳食纤维	0 g
钠	60.6 mg

烹制流程

1. 猪蹄焯水断生。

2. 入自制酱汤小火酱 30 分钟，关火焖 45 分钟，捞出剁块即可。

酱猪蹄

371

酱猪心

原料

猪心 2800g

调料

自制酱汤

成熟技法 酱

成品特点 肉质软韧 香而不腻

烹制份数 /

营养分析

名称	每 100 g
能量	119 kcal
蛋白质	16.6 g
脂肪	5.3 g
碳水化合物	1.1 g
膳食纤维	0 g
钠	71.2 mg

烹制流程

1. 猪心焯水断生。

2. 入自制酱汤小火酱 30 分钟，关火焖 30 分钟，捞出切片即可。

酱猪心

酱猪肘

原料

猪肘 2500g

调料

自制酱汤

成熟技法　酱

成品特点　肉质软烂　香而不腻

烹制份数　/

营养分析

名称	每 100 g
能量	221 kcal
蛋白质	13.3 g
脂肪	17.6 g
碳水化合物	2.2 g
膳食纤维	0 g
钠	94.2 mg

烹制流程

1. 肘子焯水断生。

2. 入自制酱汤小火酱 50 分钟，关火焖 45 分钟即可。

椒麻鸡

原料

鸡腿 3000g

调料

清水 5500g

A 料：大葱 120g、姜 100g、八角 5g、花椒 3g、香叶 3g、盐 30g（焯水）、料酒 100g

B 料：盐 24g、绵白糖 5g、鸡汁 4g、藤椒油 160g、花椒油 50g、红小米辣末 20g、香菜末 10g、蒜末 20g、鲜花椒 20g

成熟技法　煮

成品特点　椒麻鲜香　口感软嫩

烹制份数　/

营养分析

名称	每 100 g
能量	157 kcal
蛋白质	13.8 g
脂肪	11.3 g
碳水化合物	0.3 g
膳食纤维	0 g
钠	351.5 mg

烹制流程

1. 鸡腿焯水断生备用。

2. 锅内倒入清水，加入 A 料、鸡腿烧开，小火煮制后放凉。

3. B 料混合均匀，制成藤椒汁。

4. 鸡腿改刀摆盘，浇上藤椒汁即可。

烤鸭胸

原料

料理鸭胸 1500g

调料

植物油 50g

成熟技法 　烤

成品特点 　色泽明亮　香气浓郁

烹制份数 　/

营养分析

名称	每 100 g
能量	116 kcal
蛋白质	14.5 g
脂肪	4.7 g
碳水化合物	3.9 g
膳食纤维	0 g
钠	58.6 mg

烹制流程

烤盘刷油，放上鸭胸，刷油，入烤箱，烤至成熟切片即可。

烤鸭胸

卤水花腩拼

原料

金钱肚 1000g、鹅 3000g、猪五花肉 1300g、鸡蛋 300g、豆腐 3000g

调料

自制卤汤

A 料：白醋 25g、绵白糖 12g、盐 0.5g、大红浙醋 2.5g、蒜末 2g、青尖椒末 1g、红椒末 1g

成熟技法 卤

成品特点 卤味纯厚 鲜香可口

烹制份数 /

营养分析

名称	每 100 g
能量	155 kcal
蛋白质	9.6 g
脂肪	12.4 g
碳水化合物	1.5 g
膳食纤维	0.1 g
钠	36 mg

烹制流程

1. 豆腐切片入六成热油中炸制金黄，入卤水中卤 20 分钟即可。

2. 鸡蛋煮熟去皮，入卤水中焖 40 分钟即可。

3. 金钱肚、五花肉、鹅焯水，入卤水中卤 120 分钟即可。

4. A 料混合均匀制成蘸料，搭配拼盘食用。

卤水鸭翅

原料
鸭翅 800g

调料
自制卤水

成熟技法　卤

成品特点　卤味纯厚　鲜香可口

烹制份数　/

营养分析

名称	每 100 g
能量	98 kcal
蛋白质	11.1 g
脂肪	4.1 g
碳水化合物	4.2 g
膳食纤维	0 g
钠	35.9 mg

烹制流程

1. 鸭翅焯水断生备用。

2. 鸭翅入自制卤汤卤制 20 分钟，关火焖 30 分钟即可。

卤水鸭翅

卤猪肚

原料

猪肚 2500g

调料

自制辣卤汤

成熟技法 卤

成品特点 鲜香微辣　口感脆弹

烹制份数 /

营养分析

名称	每 100 g
能量	110 kcal
蛋白质	15.2 g
脂肪	5.1 g
碳水化合物	0.7 g
膳食纤维	0 g
钠	75.1 mg

烹制流程

1. 猪肚洗净焯水备用。

2. 辣卤汤烧开，加入猪肚，小火卤制 40 分钟关火，焖 40 分钟后捞出，切片即可。

卤猪肚

美式焗排骨

原料

排骨 1600g

调料

鸡汤 1500g、自制酱汁 200g

A 料：卡真粉 60g、棕糖 40g、海盐 35g、
黑胡椒碎 10g、葱 50g、姜 30g

成熟技法　焗

成品特点　口味酸甜　软烂脱骨

烹制份数　/

营养分析

名称	每 100 g
能量	181 kcal
蛋白质	11.9 g
脂肪	13.3 g
碳水化合物	3.4 g
膳食纤维	0 g
钠	850.8 mg

烹制流程

1. 排骨加 A 料涂抹均匀，腌制备用。

2. 烤盘内倒入鸡汤，加入排骨，铺上锡纸，入烤箱烤至成熟。

3. 取出排骨，抹上自制酱汁，入烤箱焗 2 分钟，改刀装盘即可。

美式焗排骨

美味香酥鸭

原料

整鸭 4000g

调料

植物油、大葱 40g、姜 40g

A 料：盐 100g、花椒 10g

成熟技法　炸

成品特点　外酥里嫩　咸鲜可口

烹制份数　/

营养分析

名称	每 100 g
能量	159 kcal
蛋白质	10.3 g
脂肪	13.1 g
碳水化合物	0.1 g
膳食纤维	0 g
钠	1004.6 mg

烹制流程

1. A 料入锅炒香，制成花椒盐备用。

2. 鸭子表面涂抹上花椒盐，加葱姜腌制备用。

3. 鸭子清洗后入上锅蒸至八成熟。

4. 锅烧热油至六成热，下入鸭子炸至表面金黄，改刀装盘即可。

酥炸大虾

原料

海虾 1500g

调料

植物油、淀粉 150g

A 料：大葱 50g、姜 50g、料酒 40g、盐 10g、胡椒粉 2g

成熟技法　炸

成品特点　外酥里嫩　咸鲜适口

烹制份数　/

营养分析

名称	每 100 g
能量	68 kcal
蛋白质	7.8 g
脂肪	0.3 g
碳水化合物	8.4 g
膳食纤维	0 g
钠	376.7 mg

烹制流程

1. 海虾去虾枪、虾须，开背去虾线后，加 A 料搅拌均匀腌制备用。

2. 海虾拍淀粉，入六成热油中炸至金黄即可。

酥炸大虾

糖醋排骨

原料

排骨 1500g

调料

植物油 100g、清水 380g、姜片 40g

A 料：大葱 40g、姜 40g、盐 6g

B 料：白醋 375g、浙醋 190g、番茄酱 150g、姜片糖 190g、白糖 410g、盐 10g

成熟技法　烧

成品特点　酸甜适口　色泽鲜亮

烹制份数　10 份

营养分析

名称	每 100 g
能量	272 kcal
蛋白质	7.9 g
脂肪	14.8 g
碳水化合物	26.7 g
膳食纤维	0.1 g
钠	198.6 mg

烹制流程

1. 排骨切块，加 A 料搅拌均匀，腌制后入六成热油中炸至八成熟。

2. 锅留底油，加入姜片炒香，下入 B 料，倒入清水烧制。

3. 滤出小料，加入排骨，小火烧至成熟，收汁至浓稠即可。

糖醋排骨

香辣罗非鱼

原料

罗非鱼 1800g、香葱 5g

调料

植物油 300g、清水 2500g

A 料：姜 150g、大葱 100g、料酒 80g、
盐 10g、胡椒粉 5g

B 料：豆瓣酱 50g、泡椒酱 100g、葱花 30g、
姜片 30g、蒜片 30g、小米辣 30g

C 料：料酒 50g、米醋 20g、生抽 50g、老
抽 5g、绵白糖 50g、胡椒粉 5g、
盐 10g、鸡精 10g

D 料：干辣椒 40g、干花椒 8g

成熟技法　烧

成品特点　鱼肉鲜香　香辣开胃

烹制份数　/

营养分析

名称	每 100 g
能量	168 kcal
蛋白质	8 g
脂肪	13.3 g
碳水化合物	4.1 g
膳食纤维	0 g
钠	693.3 mg

烹制流程

1. 罗非鱼两面打一字花刀，加 A 料腌制。

2. 罗非鱼入六成热油中炸透备用。

3. 锅留底油，加入 B 料炒香，放 C 料调味。

4. 倒入清水烧开，加入罗非鱼，小火烧至成熟出锅。

5. 锅留底油，加入 D 料炒香，浇在鱼上，撒香葱即可。

香辣罗非鱼

香炸带鱼

原料

带鱼 1000g

调料

植物油、淀粉 80g

A 料：葱 50g、姜 40g、花椒 5g、盐 15g、
花雕酒 100g

成熟技法 炸

成品特点 色泽金黄 外酥里嫩

烹制份数 /

营养分析

名称	每 100 g
能量	94 kcal
蛋白质	11.3 g
脂肪	2.7 g
碳水化合物	6.2 g
膳食纤维	0 g
钠	696.5 mg

烹制流程

1. 带鱼切段，打一字花刀，加 A 料
搅拌均匀，腌制备用。

2. 带鱼拍上淀粉，入六成热油中炸
熟至表面金黄即可。

香炸带鱼

香炸鲷鱼

原料

鲷鱼 1500g

调料

植物油、淀粉 200g

A 料：盐 12g、花雕酒 100g、干花椒 5g、
　　　葱 50g、姜 50g

成熟技法　炸

成品特点　鱼肉鲜嫩　色泽金黄

烹制份数　/

营养分析

名称	每 100 g
能量	101 kcal
蛋白质	10.3 g
脂肪	1.5 g
碳水化合物	11.5 g
膳食纤维	0 g
钠	335.4 mg

烹制流程

1. 鲷鱼去皮去骨，加 A 料搅拌均匀腌制备用。

2. 鲷鱼拍淀粉，入六成热油中炸熟即可。

香炸鲷鱼

杏干里脊肉

原料

猪里脊 2000g、杏干 200g

调料

植物油 100g、清水 2000g

A 料：葱 50g、姜 40g、料酒 100g、盐 15g

B 料：葱 80g、姜 80g、八角 5g

C 料：料酒 100g、番茄沙司 100g、冰
　　　糖 110g、排骨酱 20g、盐 10g、
　　　味精 10g、白醋 50g

成熟技法　煨

成品特点　颜色红润　果味浓郁
　　　　　　口感筋道

烹制份数　/

营养分析

名称	每 100 g
能量	202 kcal
蛋白质	15.6 g
脂肪	10.2 g
碳水化合物	12.2 g
膳食纤维	0.4 g
钠	499.1 mg

烹制流程

1. 里脊切片加 A 料搅拌均匀，腌制备用。

2. 里脊入六成热油中炸透备用。

3. 锅留底油，加入 B 料炒香，倒入 C 料调味，倒入清水，小火煨制。

4. 加入里脊、杏干，小火煨至汁液浓稠即可。

盐水鸭

原料

白条鸭 4000g

调料

盐 500g、花椒 50g、清水 10000g

A 料：葱 150g、姜 150g、八角 10g、花椒 20g、桂皮 5g、香叶 5g

成熟技法　卤

成品特点　咸鲜可口　肉质嫩滑

烹制份数　/

营养分析

名称	每 100 g
能量	163 kcal
蛋白质	10.5 g
脂肪	13.4 g
碳水化合物	0.1 g
膳食纤维	0 g
钠	46.9 mg

烹制流程

1. 锅内加入盐、花椒炒香制成花椒盐备用。

2. 将花椒盐均匀涂抹在鸭子上腌制备用。

3. 将鸭子上的花椒盐洗净，焯水至表皮断生。

4. 锅内倒入清水烧开，加入 A 料，放入鸭子，小火煮至成熟捞出放凉，改刀装盘即可。

中篇
基本伙主食篇

四
蒸制篇

* 猪肉馅制作：

所用原料：猪肉末 1500g

所用调料：清汤 900g，A 料：盐 40g、生抽 30g、
老抽 60g、姜末 50g、胡椒粉 3g

制作过程：将 A 料倒入猪肉末中，搅打均匀后将
清汤分次打入肉末中，搅打上劲黏稠即可。

鸡腿酱肉包

原料

面粉 500g、鸡腿肉 500g、圆葱 500g

调料

植物油 200g

A 料：葱花 40g、姜末 15g

B 料：老抽 8g、盐 2g、甜面酱 150g

C 料：温水（40℃）250g、酵母 5g、泡
打粉 5g、绵白糖 3g、猪油 10g

成熟技法　蒸

成品特点　口感暄软　酱香浓郁

烹制份数　10 个

营养分析

名称	每 100 g
能量	262 kcal
蛋白质	10.6 g
脂肪	13.9 g
碳水化合物	24.4 g
膳食纤维	0.9 g
钠	286.9 mg

烹制流程

1. 鸡腿肉焯水，入酱汤酱制 25 分钟切丁备用。

2. 锅留底油，加入 A 料炒香，下入鸡腿肉煸炒，加入圆葱、B 料，翻炒出锅。

3. 面粉加 C 料搅拌揉成面团，入压面机反复压制，饧发备用。

4. 面团揪成 75 克一个的剂坯，擀成圆面坯，包入馅料，饧好后上锅蒸制 15 分钟即可。

酱肉包

原料

面粉 500g、猪五花肉 500g、圆葱 500g

调料

植物油 150g

A 料：葱花 40g、姜末 15g

B 料：老抽 8g、盐 2g、甜面酱 150g

C 料：温水（40℃）250g、酵母 5g、泡
打粉 5g、绵白糖 3g、猪油 10g

成熟技法　蒸

成品特点　口感松软　酱香浓郁

烹制份数　10 个

营养分析

名称	每 100 g
能量	301 kcal
蛋白质	7.5 g
脂肪	19.3 g
碳水化合物	25.1 g
膳食纤维	0.9 g
钠	284.5 mg

烹制流程

1. 猪五花肉焯水，入酱汤酱制 40 分钟切丁备用。

2. 锅留底油，加入 A 料炒香，下入猪肉煸炒，加入圆葱、B 料，翻炒出锅。

3. 面粉加 C 料搅拌揉成面团，入压面机反复压制，进行饧发。

4. 面团揪成 75 克一个的剂坯，擀成圆面坯，包入馅料，上锅蒸制 15 分钟即可。

豇豆肉包

原料

面粉 500g、豇豆 300g、猪肉馅 250g

调料

A 料：猪油 25g、葱花 20g、香油 5g、
　　　盐 2g

B 料：温水（40℃）250g、酵母 5g、泡
　　　打粉 5g、绵白糖 3g、猪油 10g

成熟技法　蒸

成品特点　口感暄软　馅料鲜香

烹制份数　10 个

营养分析

名称	每 100 g
能量	260 kcal
蛋白质	9.7 g
脂肪	9.7 g
碳水化合物	35.3 g
膳食纤维	2.2 g
钠	249.9 mg

烹制流程

1. 豇豆焯水断生切末备用。

2. 豇豆、猪肉馅加 A 料混合均匀，制成馅料备用。

3. 面粉加 B 料搅拌揉成面团，入压面机反复压制，进行饧发。

4. 将饧发好的面团揪成 55 克一个的剂坯，擀成圆面坯，包入馅料，上锅蒸制 15 分钟即可。

猪肉白菜包

原料

面粉 500g、大白菜 250g、猪肉馅 400g

调料

A 料：香油 10g、盐 3g、葱花 25g

B 料：温水（40℃）250g、酵母 5g、泡
打粉 5g、绵白糖 3g、猪油 10g

成熟技法 蒸

成品特点 外皮暄软 馅料咸香

烹制份数 10 个

营养分析

名称	每 100 g
能量	255 kcal
蛋白质	9.8 g
脂肪	10.5 g
碳水化合物	31.8 g
膳食纤维	1.1 g
钠	370.1 mg

烹制流程

1. 大白菜切碎，与猪肉馅、A 料混合均匀，制成馅料备用。

2. 面粉加 B 料搅拌揉成面团，入压面机反复压制，饧发备用。

3. 面团揪成 55 克一个的剂坯，擀成圆面坯，包入馅料，上锅蒸制 15 分钟左右即可。

猪肉白菜包

猪肉大葱包

原料

大葱 250g、面粉 500g、猪肉馅 300g

调料

A 料：香油 5g、盐 2g

B 料：温水（40℃）250g、酵母 5g、泡
打粉 5g、绵白糖 3g、猪油 10g

成熟技法　蒸

成品特点　外皮暄软　馅心鲜香

烹制份数　10 个

营养分析

名称	每 100 g
能量	255 kcal
蛋白质	10 g
脂肪	9 g
碳水化合物	35.4 g
膳食纤维	1.6 g
钠	286.5 mg

烹制流程

1. 大葱切末，与猪肉馅、A 料混合
均匀，制成馅料备用。

2. 面粉加 B 料搅拌揉成面团，入压
面机反复压制，饧发备用。

3. 面团揪成 55 克一个的剂坯，擀
成圆面坯，包入馅料，上锅蒸制 15
分钟左右即可。

猪肉大葱包

猪肉冬菜包

原料

面粉 500g、冬菜末 200g、胡萝卜末 50g、
猪肉末 250g

调料

植物油 200g

A 料：姜末 20g、葱末 20g

B 料：料酒 30g、生抽 20g、老抽 3g、
　　　绵白糖 2g、盐 4g

C 料：温水（40℃）250g、酵母 5g、泡
　　　打粉 5g、绵白糖 3g、猪油 10g

成熟技法　蒸

成品特点　色泽洁白　咸香味浓

烹制份数　10 个

营养分析

名称	每 100 g
能量	390 kcal
蛋白质	9.8 g
脂肪	25.5 g
碳水化合物	31.7 g
膳食纤维	1.5 g
钠	1407.3 mg

烹制流程

1. 锅留底油，加入 A 料炒香，下猪
肉末煸炒。

2. 加入冬菜、胡萝卜煸炒，放 B 料
调味，炒匀制成馅料备用。

3. 面粉加 C 料搅拌揉成面团，入压
面机反复压制，饧发备用。

4. 面团揪成 75 克一个的剂坯，擀
成圆面坯，包入馅料，上锅蒸制 15
分钟左右即可。

猪肉韭菜包

原料

面粉 500g、猪肉馅 350g、韭菜 350g

调料

A 料：料油 20g、香油 3g、盐 5g

B 料：温水（40℃）250g、酵母 5g、泡
打粉 5g、绵白糖 3g、猪油 10g

成熟技法 蒸

成品特点 外皮暄软 馅心鲜香

烹制份数 10 个

营养分析

名称	每 100 g
能量	245 kcal
蛋白质	9.3 g
脂肪	10.1 g
碳水化合物	30.7 g
膳食纤维	1.3 g
钠	372.1 mg

烹制流程

1. 韭菜切末，与猪肉馅、A 料搅拌
均匀，制成馅料备用。

2. 面粉加 B 料搅拌揉成面团，入压
面机反复压制，饧发备用。

3. 面团揪成 55 克一个的剂坯，擀
成圆面坯，包入馅料，上锅蒸制 15
分钟左右即可。

猪肉韭菜包

猪肉茄丁包

原料

面粉 500g、茄子 300g、猪肉馅 250g

调料

盐 10g

A 料：猪油 15g、香油 5g、葱花 20g

B 料：温水（40℃）250g、酵母 5g、泡打粉 5g、绵白糖 3g、猪油 10g

成熟技法 蒸

成品特点 外皮暄软 馅心鲜香

烹制份数 10 个

营养分析

名称	每 100 g
能量	245 kcal
蛋白质	9.4 g
脂肪	8.1 g
碳水化合物	34.9 g
膳食纤维	1.4 g
钠	539.3 mg

烹制流程

1. 茄子切丁加盐搅拌均匀，腌渍出水，挤干水分备用。

2. 茄子、猪肉馅加 A 料混合均匀，制成馅料备用。

3. 面粉加 B 料搅拌揉成面团，入压面机反复压制，饧发备用。

4. 面团揪成 55 克一个的剂坯，擀成圆面坯，包入馅料，上锅蒸制 15 分钟左右即可。

猪肉酸菜包

原料

面粉 500g、酸菜末 500g、猪肉末 250g

调料

植物油 150g

A 料：葱花 20g、姜末 20g

B 料：料酒 30g、生抽 20g、老抽 5g、
盐 4g

C 料：温水（40℃）250g、酵母 5g、泡
打粉 5g、绵白糖 3g、猪油 10g

成熟技法　蒸

成品特点　口感软嫩　口味独特

烹制份数　10 个

营养分析

名称	每 100 g
能量	299 kcal
蛋白质	8.1 g
脂肪	18.5 g
碳水化合物	26.4 g
膳食纤维	1 g
钠	218 mg

烹制流程

1. 锅留底油，加入 A 料炒香，下猪肉末煸炒。

2. 加入酸菜煸炒，放 B 料调味，炒匀制成馅料备用。

3. 面粉加 C 料搅拌揉成面团，入压面机反复压制，饧发备用。

4. 面团揪成 55 克一个的剂坯，擀成圆面坯，包入馅料，上锅蒸制 15 分钟左右即可。

猪肉雪菜包

原料

面粉 500g、雪菜末 500g、猪肉末 250g

调料

植物油 200g

A 料：葱花 20g、姜末 20g

B 料：料酒 30g、生抽 20g、老抽 5g、
　　　盐 4g

C 料：温水（40℃）250g、酵母 5g、泡
　　　打粉 5g、绵白糖 3g、猪油 10g

成熟技法　蒸

成品特点　口感软嫩　口味独特

烹制份数　10 个

营养分析

名称	每 100 g
能量	325 kcal
蛋白质	8.3 g
脂肪	21.3 g
碳水化合物	26.3 g
膳食纤维	1.3 g
钠	206.7 mg

烹制流程

1. 锅留底油，加入 A 料炒香，下猪肉末煸炒。

2. 加入雪菜煸炒，放 B 料调味，炒匀制成馅料备用。

3. 面粉加 C 料搅拌揉成面团，入压面机反复压制，饧发备用。

4. 面团揪成 55 克一个的剂坯，擀成圆面坯，包入馅料，上锅蒸制 15 分钟左右即可。

小笼包（北方口味）

原料

面粉 500g、猪肉馅 200g、大葱 300g

调料

A 料：温水（40℃）240g、酵母 5g、泡打粉 5g、绵白糖 3g、猪油 10g

B 料：胡椒粉 1g、老抽 15g、酱油 10g、香油 5g、料油 10g、盐 2g、姜末 5g

成熟技法　蒸

成品特点　口味咸鲜　口感软嫩

烹制份数　10 份

营养分析

名称	每 100 g
能量	250 kcal
蛋白质	9.7 g
脂肪	7.6 g
碳水化合物	36.9 g
膳食纤维	1.3 g
钠	362.3 mg

烹制流程

1. 面粉加 A 料搅拌揉成面团，入压面机反复压制，饧发备用。

2. 大葱切碎，与猪肉馅加 B 料混合均匀制成馅料。

3. 面团揪成 17 克一个的剂坯，擀成圆面坯，包入馅料，上锅蒸制 15 分钟左右即可。

小笼包（北方口味）

小笼包（南方口味）

原料

面粉 500g、猪肉馅 200g、大葱 300g、豆豉 20g

调料

A 料：温水（40℃）240g、酵母 5g、泡打粉 5g、绵白糖 3g、猪油 10g

B 料：胡椒粉 1g、白糖 15g、生抽 10g、香油 5g、料油 10g、盐 2g、姜末 5g

成熟技法　蒸

成品特点　咸鲜微甜　口味独特

烹制份数　10 份

营养分析

名称	每 100 g
能量	250 kcal
蛋白质	9.8 g
脂肪	7.8 g
碳水化合物	37.3 g
膳食纤维	1.2 g
钠	463.9 mg

烹制流程

1. 面粉加 A 料搅拌揉成面团，入压面机反复压制，饧发备用。

2. 大葱切碎，与猪肉馅、豆豉加 B 料混合均匀制成馅料。

3. 面团揪成 17 克一个的剂坯，擀成圆面坯，包入馅料，上锅蒸制 15 分钟左右即可。

小笼包（南方口味）

鲜虾灌汤包

原料

面粉 500g、虾仁 50g、猪肉末 500g、皮冻 200g

调料

A 料：盐 5g、生抽 30g、老抽 10g、姜末 15g、葱花 20g、鸡精 2g、胡椒粉 1g、香油 5g、料油 10g、清汤 300g

B 料：蛋清 80g、盐 3g、猪油 5g、清水 450g

成熟技法　蒸

成品特点　皮薄鲜嫩　汁多味美

烹制份数　20 份（1 份 2 个）

营养分析

名称	每 100 g
能量	243 kcal
蛋白质	11 g
脂肪	13.6 g
碳水化合物	19.3 g
膳食纤维	0.5 g
钠	276.9 mg

烹制流程

1. 虾仁切丁，与猪肉末、皮冻加 A 料搅拌均匀，制成馅料备用。

2. 面粉加 B 料搅拌揉成面团，入压面机反复压制。

3. 面团揪成 17 克一个的剂坯，擀成圆面坯，包入馅料。

4. 上锅蒸至成熟即可。

白菜鸡蛋包

原料

面粉 500g、圆白菜 300g、鸡蛋 300g、胡萝卜 100g、泡发粉条 50g

调料

植物油 50g

A 料：温水（40℃）240g、酵母 5g、泡打粉 5g、绵白糖 3g、猪油 10g

B 料：猪油 10g、香油 5g、料油 10g、盐 9g、葱末 10g、姜末 5g

成熟技法　蒸

成品特点　皮白暄软　馅心鲜嫩

烹制份数　10 个

营养分析

名称	每 100 g
能量	236 kcal
蛋白质	9.3 g
脂肪	9.1 g
碳水化合物	30.4 g
膳食纤维	1.3 g
钠	310.8 mg

烹制流程

1. 锅留底油，加入鸡蛋炒熟备用。

2. 粉条切碎，圆白菜、胡萝卜切碎焯水断生。

3. 面粉加 A 料搅拌揉成面团，入压面机反复压制，饧发备用。

4. 圆白菜、泡发粉条、胡萝卜、鸡蛋加 B 料混合均匀制成馅料。

5. 面团揪成 50 克一个的剂坯，擀成圆面皮，包入馅料，上锅蒸制 15 分钟即可。

白菜鸡蛋包

豆腐鸡蛋包

原料

面粉 500g、豆腐 200g、鸡蛋 200g、粉条 100g、胡萝卜 100g

调料

植物油 30g

A 料：温水（40℃）260g、酵母 5g、泡打粉 5g、绵白糖 3g、猪油 10g

B 料：猪油 10g、香油 5g、料油 10g、盐 6g、葱末 10g、姜末 5g

成熟技法 蒸

成品特点 皮白暄软 馅心鲜嫩

烹制份数 10 个

营养分析

名称	每 100 g
能量	260 kcal
蛋白质	10.2 g
脂肪	8.9 g
碳水化合物	35.9 g
膳食纤维	1.3 g
钠	239.1 mg

烹制流程

1. 豆腐切小碎丁上锅蒸制 10 分钟备用。

2. 胡萝卜切碎焯水断生备用。

3. 锅留底油，加入鸡蛋炒熟备用。

4. 面粉加 A 料搅拌揉成面团，入压面机反复压制，饧发备用。

5. 豆腐、鸡蛋、粉条、胡萝卜加 B 料混合均匀制成馅料。

6. 面团揪成 50 克一个的剂坯，擀成圆面皮，包入馅料，上锅蒸制 15 分钟即可。

韭菜鸡蛋包

原料

面粉 500g、韭菜 250g、鸡蛋 250g

调料

植物油 50g

A 料：温水（40℃）240g、酵母 5g、泡打粉 5g、绵白糖 3g、猪油 10g

B 料：猪油 15g、料油 10g、香油 5g、盐 7g

成熟技法　蒸

成品特点　口味咸香　口感喧软

烹制份数　10 个

营养分析

名称	每 100 g
能量	275 kcal
蛋白质	10.7 g
脂肪	11.2 g
碳水化合物	34.4 g
膳食纤维	1.4 g
钠	286.5 mg

烹制流程

1. 锅留底油，加入鸡蛋炒熟备用。

2. 面粉加 A 料搅拌揉成面团，入压面机反复压制，进行饧发。

3. 韭菜、鸡蛋加 B 料混合均匀制成馅料。

4. 将饧发好的面团揉成 50 克一个的剂坯，擀成圆面坯，包入馅料，上锅蒸制 15 分钟即可。

芹菜鸡蛋包

原料

面粉 500g、芹菜 200g、鸡蛋 200g、胡萝卜 100g

调料

植物油 30g

A 料：温水（40℃）240g、酵母 5g、泡打粉 5g、绵白糖 3g、猪油 10g

B 料：猪油 10g、香油 3g、料油 10g、盐 6g、葱末 10g、姜末 5g

成熟技法 蒸

成品特点 口味咸鲜 口感暄软

烹制份数 10 个

营养分析

名称	每 100 g
能量	256 kcal
蛋白质	10.2 g
脂肪	8.6 g
碳水化合物	35.6 g
膳食纤维	1.5 g
钠	290 mg

烹制流程

1. 锅留底油，加入鸡蛋炒熟备用。

2. 芹菜、胡萝卜焯水断生。

3. 面粉加 A 料搅拌揉成面团，入压面机反复压制，饧发备用。

4. 芹菜、胡萝卜、鸡蛋加 B 料混合均匀制成馅料。

5. 面团揪成 50 克一个的剂坯，擀成圆面坯，包入馅料，上锅蒸制 15 分钟即可。

芹菜鸡蛋包

茄丁包子

原料

茄丁 400g、尖椒 100g、面粉 500g

调料

盐 20g

A 料：香油 6g、葱花 20g、姜末 10g、
　　　猪油 30g、味精 1g、鸡精 1g、料
　　　油 15g

B 料：温水（40℃）250g、酵母 5g、泡
　　　打粉 5g、绵白糖 3g、猪油 10g

成熟技法　蒸

成品特点　外皮暄软　馅料鲜香

烹制份数　10 个

营养分析

名称	每 100 g
能量	226 kcal
蛋白质	7.7 g
脂肪	6.5 g
碳水化合物	35.6 g
膳食纤维	1.7 g
钠	734.6 mg

烹制流程

1. 茄子加盐搅拌均匀，腌制出水，挤干备用。

2. 茄子、尖椒加 A 料混合均匀，制成馅料。

3. 面粉加 B 料搅拌揉成面团，入压面机反复压制，饧发备用。

4. 面团揪成 55 克一个的剂坯，擀成圆面坯，包入馅料，上锅蒸制 15 分钟即可。

芹菜包

原料

面粉 500g、芹菜 250g、水发木耳 200g、
泡发粉条 50g

调料

A 料：温水（40℃）240g、酵母 5g、泡
打粉 5g、绵白糖 3g、猪油 10g

B 料：猪油 10g、香油 3g、料油 10g、
盐 6g、葱末 10g、姜末 5g

成熟技法 蒸

成品特点 口味咸鲜 口感暄软

烹制份数 10 个

营养分析

名称	每 100 g
能量	221 kcal
蛋白质	8.2 g
脂肪	4.3 g
碳水化合物	38.7 g
膳食纤维	1.8 g
钠	270.7 mg

烹制流程

1. 面粉加 A 料搅拌揉成面团，入压
面机反复压制，饧发备用。

2. 芹菜、木耳焯水断生，与粉条、
B 料混合均匀制成馅料。

3. 面团揪成 50 克一个的剂坯，擀
成圆面坯，包入馅料，上锅蒸制 15
分钟即可。

芹菜包

三鲜包子（素）

原料

面粉 500g、大白菜 200g、水发木耳 100g、发好香菇 100g、鸡蛋 100g

调料

盐 20g、植物油 20g

A 料：温水（40℃）240g、酵母 5g、泡打粉 5g、绵白糖 3g、猪油 10g

B 料：猪油 15g、香油 5g、料油 10g、盐 10g、葱末 10g、姜末 5g

成熟技法　蒸

成品特点　口味鲜香　口感暄软

烹制份数　10 个

营养分析

名称	每 100 g
能量	236 kcal
蛋白质	9.1 g
脂肪	7.2 g
碳水化合物	34.9 g
膳食纤维	1.7 g
钠	1109.5 mg

烹制流程

1. 大白菜切碎加盐腌渍出水，挤干水分备用。

2. 锅留底油，加入鸡蛋炒熟备用。

3. 香菇切碎加水上锅蒸制20分钟，木耳切碎焯水备用。

4. 面粉加 A 料搅拌揉成面团，入压面机反复压制，饧发备用。

5. 香菇、大白菜、木耳、鸡蛋加 B 料混合均匀制成馅料。

6. 面团揪成 55 克一个的剂坯，擀成圆面坯，包入馅料，上锅蒸制 15 分钟即可。

什锦大包子

原料

面粉 500g、圆白菜 300g、鸡蛋 300g、水发香菇 50g、胡萝卜 50g

调料

植物油 20g

A 料：温水（40℃）250g、酵母 5g、泡打粉 5g、绵白糖 3g、猪油 10g

B 料：猪油 15g、香油 10g、料油 10g、盐 8g、葱末 10g、姜末 5g

成熟技法　蒸

成品特点　皮白暄软　馅心鲜嫩

烹制份数　10 个

营养分析

名称	每 100 g
能量	229 kcal
蛋白质	9.9 g
脂肪	8 g
碳水化合物	30.5 g
膳食纤维	1.4 g
钠	292.9 mg

烹制流程

1. 锅留底油，加入鸡蛋炒熟备用，圆白菜、香菇、胡萝卜切碎备用。

2. 香菇加水上锅蒸制 20 分钟，圆白菜、胡萝卜焯水。

3. 面粉加 A 料搅拌揉成面团，入压面机反复压制，饧发备用。

4. 香菇、圆白菜、胡萝卜、鸡蛋加 B 料混合均匀制成馅料。

5. 面团揪成 75 克一个的剂坯，擀成圆面坯，包入馅料，上锅蒸制 20 分钟即可。

什锦大包子

土豆包子

原料

面粉 500g、土豆 350g、发好粉条 350g

调料

A 料：猪油 10g、料油 10g、香油 3g、
　　　生抽 30g、盐 6g、葱花 10g、姜
　　　末 5g

B 料：温水（40℃）250g、酵母 5g、泡
　　　打粉 5g、绵白糖 3g、猪油 10g

成熟技法　蒸

成品特点　外皮暄软　馅料咸香

烹制份数　10 个

营养分析

名称	每 100 g
能量	236 kcal
蛋白质	7.2 g
脂肪	3.5 g
碳水化合物	44.9 g
膳食纤维	1.3 g
钠	327.8 mg

烹制流程

1. 土豆切小丁焯水至断生备用。

2. 土豆、粉条加 A 料搅拌均匀，制成馅料。

3. 面粉加 B 料搅拌揉成面团，入压面机反复压制，饧发备用。

4. 面团揪成 55 克一个的剂坯，擀成圆面坯，包入馅料，上锅蒸至成熟即可。

香菇油菜包

原料

面粉 500g、发好香菇 100g、油菜 300g、
鸡蛋 100g

调料

植物油 20g

A 料：温水（40℃）240g、酵母 5g、泡
打粉 5g、绵白糖 3g、猪油 10g

B 料：猪油 15g、香油 3g、料油 10g、
盐 6g、葱末 10g、姜末 5g

成熟技法 蒸

成品特点 口味咸鲜 皮白暄软

烹制份数 10 个

营养分析

名称	每 100 g
能量	238 kcal
蛋白质	9.2 g
脂肪	7.4 g
碳水化合物	35.1 g
膳食纤维	1.6 g
钠	259.3 mg

烹制流程

1. 锅留底油，加入鸡蛋炒熟备用。

2. 香菇切碎加水上锅蒸制 20 分钟，
油菜切碎焯水断生备用。

3. 面粉加 A 料搅拌揉成面团，入压
面机反复压制，饧发备用。

4. 香菇、油菜、鸡蛋加 B 料混合均
匀制成馅料。

5. 面团揪成 50 克一个的剂坯，擀
成圆面坯，包入馅料，上锅蒸制 15
分钟左右即可。

香菇油菜包

小白菜包子

原料

面粉 500g、小白菜 200g、鸡蛋 200g、粉丝 30g、水发香菇 50g、虾皮 20g

调料

植物油 30g

A 料：温水（40℃）250g、酵母 5g、泡打粉 5g、绵白糖 3g、猪油 10g

B 料：猪油 10g、香油 5g、料油 10g、盐 5g、葱末 10g、姜末 5g

成熟技法　蒸

成品特点　皮白暄软　口味咸香

烹制份数　10 个

营养分析

名称	每 100 g
能量	260 kcal
蛋白质	10.8 g
脂肪	8.9 g
碳水化合物	35.8 g
膳食纤维	1.4 g
钠	331.3 mg

烹制流程

1. 锅留底油，加入鸡蛋炒熟备用。

2. 小白菜切碎焯水，香菇切碎加水上锅蒸制 20 分钟备用。

3. 粉丝切碎，锅内加油，下入粉丝炸至蓬松备用。

4. 面粉加 A 料搅拌揉成面团，入压面机反复压制，饧发备用。

5. 香菇、小白菜、粉丝、虾皮、鸡蛋加 B 料混合均匀制成馅料。

6. 面团揪成 55 克一个的剂坯，擀成圆面坯，包入馅料，上锅蒸制 15 分钟即可。

一品素包

原料

面粉 500g、水发木耳 100g、圆白菜 150g、鸡蛋 150g、水发粉条 50g

调料

植物油 20g

A 料：温水（40℃）240g、酵母 5g、泡打粉 5g、绵白糖 3g、猪油 10g

B 料：猪油 10g、香油 5g、料油 10g、盐 5g、葱末 10g、姜末 5g

成熟技法 蒸

成品特点 口味咸鲜 色泽洁白

烹制份数 10 个

营养分析

名称	每 100 g
能量	264 kcal
蛋白质	10.2 g
脂肪	7.8 g
碳水化合物	39.2 g
膳食纤维	1.6 g
钠	223.3 mg

烹制流程

1. 锅留底油，加入鸡蛋炒熟备用。

2. 粉条、胡萝卜切碎备用，圆白菜、木耳焯水断生切碎备用。

3. 面粉加 A 料搅拌揉成面团，入压面机反复压制，饧发备用。

4. 木耳、圆白菜、粉条、鸡蛋加 B 料混合均匀制成馅料。

5. 面团揪成 50 克一个的剂坯，擀成圆面坯，包入馅料，上锅蒸制 15 分钟左右即可。

一品素包

红糖馒头

原料

面粉 500g

调料

A 料：酵母 7g、红糖 100g、清水 210g、
　　 糖色 4g

成熟技法 蒸

成品特点 松软筋道　口味香甜

烹制份数 8 个

营养分析

名称	每 100 g
能量	277 kcal
蛋白质	9.9 g
脂肪	1.6 g
碳水化合物	56.9 g
膳食纤维	1.3 g
钠	4.3 mg

烹制流程

1. A 料混合稀释，与面粉搅拌和成面团。

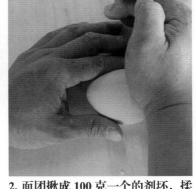

2. 面团揪成 100 克一个的剂坯，揉成圆形。

3. 饧发后，生坯上锅蒸 25 分钟即可。

红糖馒头

开花馒头

原料

面粉 500g、南瓜 100g

调料

A 料：奶粉 1g、泡打粉 8g、酵母 12g、
鸡蛋 30g、猪油 25g、清水 110g、
白糖 42g

成熟技法 蒸

成品特点 色泽金黄 暄软香甜

烹制份数 8 个

营养分析

名称	每 100 g
能量	281 kcal
蛋白质	10.4 g
脂肪	4.6 g
碳水化合物	50.6 g
膳食纤维	1.4 g
钠	12.1 mg

烹制流程

1. 南瓜上锅蒸 20 分钟，制成南瓜泥。

2. 面粉、南瓜泥加 A 料搅拌和成面团，入压面机反复压制。

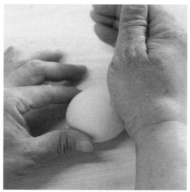

3. 面团揪 100 克一个的剂坯，揉成圆形。

4. 表面划三道花刀，饧发后，入锅蒸 20 分钟即可。

南瓜馒头

原料

面粉 500g、南瓜 100g

调料

A 料：酵母 7g、绵白糖 7g、清水 125g

成熟技法　蒸

成品特点　色泽金黄　暄软香甜

烹制份数　8 个

营养分析

名称	每 100 g
能量	233 kcal
蛋白质	9.9 g
脂肪	1.6 g
碳水化合物	45.9 g
膳食纤维	1.4 g
钠	2.1 mg

烹制流程

1. 南瓜上锅蒸 20 分钟，入制成南瓜泥。

2. 面粉、南瓜泥加 A 料搅拌和成面团，入压面机反复压制。

3. 面团揪成 100 克一个的剂坯，揉成圆形。

4. 饧发后，面团上锅蒸制 25 分钟即可。

紫米馒头

原料

面粉 500g、紫米面 100g

调料

A 料：酵母 7g、绵白糖 7g、清水 260g

成熟技法 蒸

成品特点 松软筋道　口味香甜

烹制份数 10 个

营养分析

名称	每 100 g
能量	244 kcal
蛋白质	9.6 g
脂肪	1.7 g
碳水化合物	48.9 g
膳食纤维	1.3 g
钠	2.6 mg

烹制流程

1. 面粉、紫米面加 A 料搅拌和成面团，入压面机反复压制。

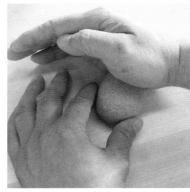

2. 面团揪成 90 克大小的剂坯，揉成圆形。

3. 饧发后，面团上锅蒸制 25 分钟左右即可。

紫米馒头

椒盐花卷

原料

面粉 500g

调料

椒盐 8g、植物油 20g

A 料：酵母 7g、绵白糖 7g、泡打粉 5g、
　　　清水 225g

成熟技法　蒸

成品特点　口感暄软　口味咸鲜

烹制份数　10 个

营养分析

名称	每 100 g
能量	378 kcal
蛋白质	14.8 g
脂肪	6.2 g
碳水化合物	67.7 g
膳食纤维	2.1 g
钠	591.2 mg

烹制流程

1. 面粉加 A 料搅拌和成面团，入压面机反复压制。

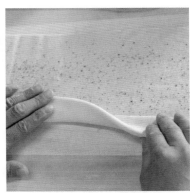

2. 面团擀成大面坯，刷上植物油，撒椒盐，卷大卷。

3. 切成 35 克一个的剂坯，两个剂坯叠在一起，用筷子从中间按压出花。

4. 饧发后，上锅蒸 15 分钟即可。

金银花卷

原料

面粉 850g、玉米面 150g

调料

盐 10g、植物油 50g

A 料：酵母 7g、绵白糖 7g、泡打粉 5g、清水 225g

B 料：酵母 7g、绵白糖 7g、泡打粉 5g、清水 225g

成熟技法　蒸

成品特点　口感暄软　口味香甜

烹制份数　20 个

营养分析

名称	每 100 g
能量	384 kcal
蛋白质	13.6 g
脂肪	6.9 g
碳水化合物	68.3 g
膳食纤维	2.4 g
钠	369.3 mg

烹制流程

1. 取 350 克面粉加玉米面、A 料搅拌和成面团。

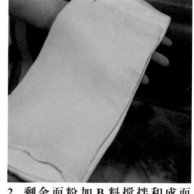

2. 剩余面粉加 B 料搅拌和成面团，两种面团叠一起入压面机反复压制。

3. 面团擀成大面坯，刷植物油，撒盐，卷成大卷，切成 35 克一个的剂坯。

4. 两个剂坯叠在一起用筷子从中间按压出花，饧发后，上锅蒸 15 分钟即可。

麻酱花卷

原料

面粉 500g、麻酱 100g

调料

绵白糖 50g

A 料：酵母 7g、绵白糖 7g、泡打粉 7g、
清水 225g

成熟技法　蒸

成品特点　口感暄软　麻酱味浓
香甜适口

烹制份数　10 个

营养分析

名称	每 100 g
能量	411 kcal
蛋白质	15.5 g
脂肪	10.5 g
碳水化合物	65 g
膳食纤维	1.7 g
钠	2.6 mg

烹制流程

1. 面粉加 A 料搅拌和成面团，入压面机反复压制。

2. 将绵白糖打入麻酱中，面团擀成大面坯，刷上甜麻酱，卷成大卷，切成 35 克一个的剂坯。

3. 两个剂坯叠在一起，用筷子从中间按压出花，饧发后，上锅蒸 20 分钟即可。

麻酱花卷

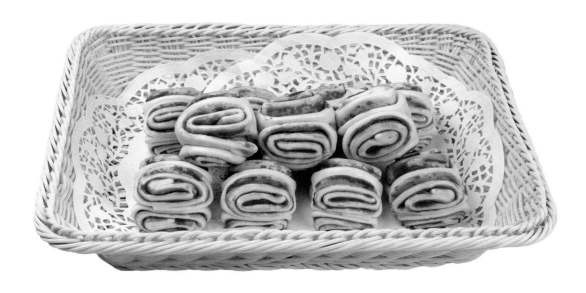

紫薯花卷

原料

面粉 1000g、紫薯粉 20g

调料

盐 10g、植物油 50g

A 料：酵母 7g、绵白糖 7g、泡打粉 5g、
清水 225g

B 料：酵母 7g、绵白糖 7g、泡打粉 5g、
清水 225g

成熟技法　蒸

成品特点　口感暄软　口味香甜

烹制份数　20 个

营养分析

名称	每 100 g
能量	380 kcal
蛋白质	14.4 g
脂肪	6.9 g
碳水化合物	66.5 g
膳食纤维	2 g
钠	363.1 mg

烹制流程

1. 取一半面粉加紫薯粉、A 料搅拌
和成面团，入压面机反复压制。

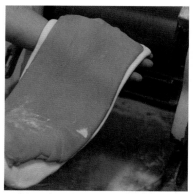

2. 另一半面粉加 B 料搅拌和成面
团，两种面团叠一起入压面机压制。

3. 面团擀成大面坯，刷植物油，撒
盐，卷成大卷，切成 35 克一个的
剂坯。

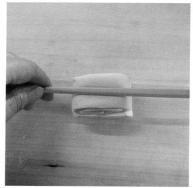

4. 两个剂坯叠在一起用筷子从中间
按压出花，饧发后，上锅蒸 20 分
钟左右即可。

雪菜肉末菜团子

原料

面粉 100g、玉米面 300g、雪菜 500g、肉末 500g

调料

植物油 200g

A 料：葱花 40g、姜末 40g

B 料：生抽 40g、老抽 10g、料酒 60g、盐 8g

C 料：酵母 10g、泡打粉 5g、小苏打 1g、清水 250g

成熟技法　蒸

成品特点　色泽金黄　口味鲜香

烹制份数　10 个

营养分析

名称	每 100 g
能量	325 kcal
蛋白质	7.3 g
脂肪	24 g
碳水化合物	21 g
膳食纤维	1.6 g
钠	359.6 mg

烹制流程

1. 雪菜切末焯水断生备用。

2. 锅留底油，下入肉末煸炒，加入 A 料炒香，加入雪菜，放 B 料调味，翻炒出锅。

3. 玉米面、面粉加 C 料搅拌，揉成面团，饧发备用。

4. 面团揪成 75 克一个的剂坯，擀成面坯，包入馅料，入锅蒸 20 分钟左右即可。

萝卜菜团子

原料

玉米面 300g、面粉 100g、白萝卜 900g、胡萝卜 100g、火腿 120g、海米 40g

调料

A 料：猪油 80g、料油 30g、香油 5g、盐 11g、葱花 10g、姜末 5g

B 料：酵母 10g、泡打粉 5g、小苏打 1g、清水 250g

成熟技法　蒸

成品特点　色泽金黄　口味咸鲜

烹制份数　10 个

营养分析

名称	每 100 g
能量	171 kcal
蛋白质	4.9 g
脂肪	7.6 g
碳水化合物	22.2 g
膳食纤维	1.8 g
钠	470.9 mg

烹制流程

1. 火腿切丝备用，白萝卜、胡萝卜切丝后焯水备用。

2. 白萝卜、胡萝卜、火腿、海米加 A 料搅拌均匀，制成馅料。

3. 玉米面、面粉加 B 料搅拌，揉成面团，饧发备用。

4. 面团揪成 75 克一个的剂坯，擀成面坯，包入馅料，入锅蒸 20 分钟即可。

白面发糕

原料

面粉 500g、红枣 30g

调料

A 料：酵母 5g、鸡蛋 60g、白糖 20g、
　　　猪油 10g、泡打粉 5g、清水 390g

成熟技法　蒸

成品特点　色泽洁白　口感松软

烹制份数　10 个

营养分析

名称	每 100 g
能量	175 kcal
蛋白质	7.3 g
脂肪	2.3 g
碳水化合物	32.3 g
膳食纤维	1 g
钠	9.3 mg

烹制流程

1. 面粉加 A 料搅拌均匀，饧发备用。

2. 面团倒入模具，摆上红枣，入锅蒸制 40 分钟即可。

白面发糕

红糖发糕

原料

面粉 500g、红糖 80g、红枣 30g

调料

A 料：酵母 5g、鸡蛋 60g、猪油 10g、
泡打粉 5g、清水 390g

成熟技法 蒸

成品特点 色泽红亮 口味微甜
口感松软

烹制份数 10 个

营养分析

名称	每 100 g
能量	194 kcal
蛋白质	7.3 g
脂肪	2.3 g
碳水化合物	37 g
膳食纤维	1 g
钠	10.5 mg

烹制流程

1. 面粉、红糖加 A 料搅拌均匀，饧
发备用。

2. 面团倒入模具，摆上红枣，入锅
蒸制 40 分钟即可。

红糖发糕

南瓜发糕

原料

面粉 500g、南瓜 400g、红枣 30g

调料

A 料：酵母 5g、鸡蛋 60g、白糖 20g、
猪油 10g、泡打粉 5g、清水 200g

成熟技法　蒸

成品特点　色泽金黄　口感暄软
瓜香浓郁

烹制份数　10 个

营养分析

名称	每 100 g
能量	152 kcal
蛋白质	6.2 g
脂肪	2 g
碳水化合物	28.1 g
膳食纤维	1 g
钠	9.1 mg

烹制流程

1. 南瓜上锅蒸制 20 分钟，制成南瓜泥。

2. 面粉、南瓜泥加 A 料搅拌均匀，饧发备用。

3. 面团倒入模具，摆上红枣，入蒸锅蒸制 40 分钟即可。

南瓜发糕

葡萄干发糕

原料

面粉 500g、葡萄干 60g

调料

A 料：酵母 5g、鸡蛋 60g、白糖 20g、
猪油 10g、泡打粉 5g、清水 390g

成熟技法 蒸

成品特点 色泽洁白　口感松软
口味微甜

烹制份数 10 个

营养分析

名称	每 100 g
能量	189 kcal
蛋白质	7.4 g
脂肪	2.3 g
碳水化合物	35.7 g
膳食纤维	1 g
钠	10.2 mg

烹制流程

1. 面粉、30 克葡萄干加 A 料搅拌
均匀，饧发备用。

2. 面团倒入模具，摆上剩余葡萄干，
入蒸锅蒸制 40 分钟即可。

葡萄干发糕

玉米面发糕

原料

面粉 200g、玉米面 500g、红枣 30g

调料

A 料：酵母 5g、鸡蛋 60g、白糖 30g、
　　　猪油 10g、泡打粉 5g、清水 350g

成熟技法　蒸

成品特点　色泽金黄　口感暄软

烹制份数　10 个

营养分析

名称	每 100 g
能量	233 kcal
蛋白质	6.8 g
脂肪	2.3 g
碳水化合物	48 g
膳食纤维	2.8 g
钠	9.4 mg

烹制流程

1. 面粉、玉米面加 A 料搅拌均匀，饧发备用。

2. 面团倒入模具，摆上红枣，入锅蒸制 40 分钟即可。

玉米面发糕

紫米面发糕

原料

面粉 400g、紫米面 200g、葡萄干 30g

调料

A 料：酵母 5g、鸡蛋 60g、猪油 10g、
泡打粉 5g、白糖 20g、清水 390g

成熟技法 蒸

成品特点 口味微甜　口感暄软

烹制份数 10 个

营养分析

名称	每 100 g
能量	209 kcal
蛋白质	7.2 g
脂肪	2.3 g
碳水化合物	40.6 g
膳食纤维	0.8 g
钠	10.4 mg

烹制流程

1. 面粉、紫米面加 A 料搅拌均匀，饧发备用。

2. 面团倒入模具，摆上葡萄干，入蒸锅蒸制 40 分钟左右即可。

紫米面发糕

小枣窝头

原料

玉米面 300g、面粉 100g、小枣 40g

调料

A 料：酵母 10g、白糖 2g、清水 230g、
　　　小苏打 0.5g

成熟技法　蒸

成品特点　色泽金黄　口感微甜

烹制份数　10 个

营养分析

名称	每 100 g
能量	255 kcal
蛋白质	7.2 g
脂肪	1.3 g
碳水化合物	55.8 g
膳食纤维	3.5 g
钠	2.2 mg

烹制流程

1. 玉米面、面粉加 A 料混合揉成面团。

2. 面团揪成 60 克一个的剂坯，揉成圆锥状放入小枣。

3. 底部戳一个窝窝，入锅蒸制 20 分钟左右即可。

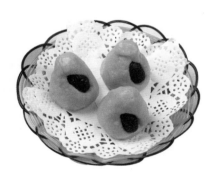

小枣窝头

杂粮窝头

原料

小米面 50g、玉米面 150g、面粉 150g、
豆面 50g

调料

A 料：酵母 10g、白糖 2g、清水 230g、
　　　小苏打 0.5g

成熟技法　蒸

成品特点　色泽金黄　口感微甜

烹制份数　10 个

营养分析

名称	每 100 g
能量	240 kcal
蛋白质	9.8 g
脂肪	2.5 g
碳水化合物	45.7 g
膳食纤维	3.2 g
钠	2.2 mg

烹制流程

1. 小米面、玉米面、面粉、豆面加 A 料混合揉成面团，入压面机反复压制。

2. 面团揪成 60 克一个的剂坯，揉成圆锥状，入锅蒸制 20 分钟左右即可。

杂粮窝头

三鲜烧麦

原料

糯米 600g、胡萝卜粒 100g、青豆 100g、猪肉末 150g、面粉 500g、水发香菇粒 50g

调料

清水 250g、植物油 150g

A 料：葱花 20g、姜末 5g

B 料：老抽 5g、盐 6g、生抽 20g、绵白糖 5g

C 料：蛋清 30g、清水 250g

成熟技法　蒸

成品特点　醇而不腻　浓香软糯

烹制份数　37 个

营养分析

名称	每 100 g
能量	354 kcal
蛋白质	9.3 g
脂肪	13.2 g
碳水化合物	50.3 g
膳食纤维	1.3 g
钠	249 mg

烹制流程

1. 糯米加水浸泡 8 个小时，胡萝卜、青豆、香菇焯水备用。

2. 糯米加清水，上锅蒸 25 分钟。

3. 锅留底油，下入猪肉末煸炒，加入 A 料炒香。

4. 加入胡萝卜、香菇、青豆、糯米翻炒均匀，放 B 料调味，制成馅料。

5. 面粉加 C 料搅拌和成面团，揪剂坯，擀面皮，包入馅料。

6. 入锅蒸 10 分钟即可。

糯米烧麦

原料

糯米 1000g、面粉 500g、发好香菇 40g、葱花 20g

调料

A 料：盐 6g、绵白糖 25g、生抽 20g、老抽 2g、猪油 40g、清水 450g

B 料：蛋清 30g、清水 250g

成熟技法 蒸

成品特点 皮薄馅大 清香可口

烹制份数 25 个

营养分析

名称	每 100 g
能量	344 kcal
蛋白质	9.1 g
脂肪	3.4 g
碳水化合物	69.8 g
膳食纤维	1.2 g
钠	215.5 mg

烹制流程

1. 糯米加水浸泡 8 个小时。

2. 糯米加 A 料搅拌均匀，上锅蒸 25 分钟。

3. 面粉加 B 料搅拌和成面团。

4. 蒸好糯米加香菇、葱花搅拌均匀，制成馅料。

5. 面团揪剂坯，擀成面皮，包入馅料。

6. 入锅蒸 10 分钟即可。

蒸饺（荤）

原料

面粉 500g、猪肉馅 500g、大白菜 700g、
泡发香菇 200g

调料

开水 350g、清水 350g、盐 3g

A 料：葱花 30g、姜末 10g、猪油 30g、
　　　香油 5g、料油 20g、盐 4g

成熟技法　蒸

成品特点　皮薄馅嫩　味道鲜美

烹制份数　70 个

营养分析

名称	每 100 g
能量	189 kcal
蛋白质	7.1 g
脂肪	9.3 g
碳水化合物	20 g
膳食纤维	1.1 g
钠	356.1 mg

烹制流程

1. 猪肉馅、大白菜、香菇加 A 料搅
拌均匀，制成馅料备用。

2. 面粉加开水搅拌均匀后加入清水、
盐揉成面团，入压面机反复压制。

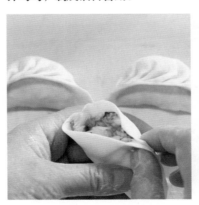

3. 面团揪成 17 克一个的剂坯，擀
成圆面皮，包入馅料。

4 入蒸锅蒸制 10 分钟即可。

蒸饺（素）

原料

面粉 500g、菠菜 900g、发好木耳 400g、虾仁 200g、炸好粉丝 50g

调料

开水 350g、清水 350g、盐 3g

A 料：葱花 20g、姜末 10g、猪油 30g、
　　盐 20g、香油 5g、料油 20g

成熟技法　蒸

成品特点　皮薄馅嫩　味道鲜美

烹制份数　70 个

营养分析

名称	每 100 g
能量	151 kcal
蛋白质	6.9 g
脂肪	3.3 g
碳水化合物	22.7 g
膳食纤维	1.3 g
钠	454.3 mg

烹制流程

1. 菠菜焯水断生备用。

2. 菠菜、虾仁、木耳、粉丝加 A 料搅拌均匀，制成馅料。

3. 面粉加开水搅拌均匀后加入清水、盐，揉成面团，入压面机反复压制。

4. 面团揪成 17 克一个的剂坯，擀成圆面皮，包入馅料，入蒸锅蒸制 10 分钟即可。

韭王鲜虾肠粉

原料

粘米粉 100g、虾仁 20g、韭菜 50g、鸡蛋 50g

调料

植物油 10g、清水 250g

A 料：生抽 10g、凉白开 25g、味精 0.2g、鸡精 0.2g、鱼露 3g、蒜油 5g

成熟技法　蒸

成品特点　软润爽滑　色白甘香

烹制份数　1 份

营养分析

名称	每 100 g
能量	248 kcal
蛋白质	7.2 g
脂肪	8.6 g
碳水化合物	35.7 g
膳食纤维	0.3 g
钠	411.1 mg

烹制流程

1. 粘米粉加清水混合，制成米浆。

2. A 料混合，制成料汁。

3. 盘内刷油，加入米浆、鸡蛋、虾仁、韭菜，入蒸炉蒸 1 分钟。

4. 卷起切段，浇上料汁即可。

鸡蛋肠粉

原料

粘米粉 100g、生菜 50g、鸡蛋 50g

调料

植物油 10g、清水 250g

A 料：生抽 10g、凉白开 25g、鸡精 0.2g、
　　　鱼露 3g、蒜油 5g

成熟技法　蒸

成品特点　软润爽滑　色白甘香

烹制份数　1 份

营养分析

名称	每 100 g
能量	248 kcal
蛋白质	7.2 g
脂肪	8.6 g
碳水化合物	35.7 g
膳食纤维	0.3 g
钠	411.1 mg

烹制流程

1. 粘米粉加清水混合，制成米浆。

2. A 料混合，制成料汁。

3. 盘内刷油，加入米浆、鸡蛋、生菜，入蒸炉蒸 1 分钟。

4. 卷起切段，浇上料汁即可。

肉卷

原料

猪肉馅 500g、面粉 500g、葱花 250g

调料

A 料：温水（40℃）250g、酵母 5g、泡打粉 5g、绵白糖 3g、猪油 10g

成熟技法　蒸

成品特点　口感松软　馅料鲜香

烹制份数　14 个

营养分析

名称	每 100 g
能量	227 kcal
蛋白质	8.8 g
脂肪	9.6 g
碳水化合物	27.4 g
膳食纤维	0.9 g
钠	269.7 mg

烹制流程

1. 猪肉馅加葱花搅拌均匀，制成馅料。

2. 面粉加 A 料搅拌揉成面团，入压面机反复压制，饧发备用。

3. 面团擀成面皮，抹上馅料，卷成大卷状。

4. 上锅蒸 25 分钟切段即可。

肉龙

原料

猪肉馅 500g、面粉 500g、葱花 250g

调料

A 料：温水（40℃）250g、酵母 5g、泡
打粉 5g、绵白糖 3g、猪油 10g

成熟技法 蒸

成品特点 口感暄软 馅料鲜香

烹制份数 7个

营养分析

名称	每 100 g
能量	227 kcal
蛋白质	8.8 g
脂肪	9.6 g
碳水化合物	27.3 g
膳食纤维	1 g
钠	269.8 mg

烹制流程

1. 猪肉馅加葱花搅拌均匀，制成
馅料。

2. 面粉加 A 料搅拌揉成面团，入压
面机反复压制，饧发备用。

3. 面团揪成 100 克大小的剂坯，擀
成面坯，抹上馅料。

4. 卷成大卷状，两端按平，上锅蒸
25 分钟即可。

小豆包

原料

面粉 500g、豆沙 300g

调料

A 料：酵母 7g、绵白糖 7g、泡打粉 5g、
　　　清水 225g

成熟技法　蒸

成品特点　色泽洁白　味道香甜

烹制份数　15 个

营养分析

名称	每 100 g
能量	236 kcal
蛋白质	8.5 g
脂肪	1.3 g
碳水化合物	41.2 g
膳食纤维	0.9 g
钠	1.5 mg

烹制流程

1. 面粉加 A 料搅拌和成面团，入压
面机反复压制。

2. 面团揪成 50 克一个的剂坯，擀
成面坯。

3. 包入豆沙，揉成椭圆形，饧发
备用。

4. 生坯入蒸锅，蒸制 15 分钟左右
即可。

小佛手

原料

面粉 500g

调料

清水 210g

A 料：芝麻酱 100g、花生碎 100g、绵白糖 50g

成熟技法　蒸

成品特点　表皮暄软　口味甜香

烹制份数　14 个

营养分析

名称	每 100 g
能量	331 kcal
蛋白质	12.7 g
脂肪	11.6 g
碳水化合物	45.6 g
膳食纤维	1.4 g
钠	47 mg

烹制流程

1. 面粉加清水搅拌和成面团，饧发备用。

2. A 料混合，制成馅料。

3. 面团揪成 50 克一个的剂坯，擀成面坯，包入馅料，用手按平。

4. 剪成佛手状，中间部分折起来，入锅蒸制 15 分钟左右即可。

小糖三角

原料

面粉 500g、红糖 100g

调料

A 料：温水（40℃）250g、酵母 5g、泡
　　　打粉 5g、绵白糖 3g、猪油 10g

成熟技法　蒸

成品特点　色泽洁白　口味香甜

烹制份数　10 个

营养分析

名称	每 100 g
能量	286 kcal
蛋白质	10 g
脂肪	2.8 g
碳水化合物	57 g
膳食纤维	1.4 g
钠	6.1 mg

烹制流程

1. 红糖加 40 克面粉搅拌备用。

2. 剩余面粉加 A 料搅拌揉成面团，
入压面机反复压制，饧发备用。

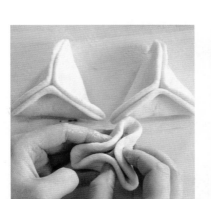

3. 面团揪成 60 克一个的剂坯，擀
成圆面坯，包入红糖。

4. 上锅蒸制 15 分钟左右即可。

果酱包

原料

面粉 500g、果酱 120g

调料

A 料：酵母 7g、绵白糖 7g、泡打粉 5g、
　　　清水 225g

成熟技法　蒸

成品特点　色泽洁白　果味浓郁

烹制份数　6 个

营养分析

名称	每 100 g
能量	347 kcal
蛋白质	12.6 g
脂肪	2 g
碳水化合物	70.9 g
膳食纤维	1.7 g
钠	4.6 mg

烹制流程

1. 面粉加 A 料搅拌和成面团，入压面机反复压制。

2. 面团揪成 120 克一个的剂坯，擀成面皮。

3. 包入果酱，顶部捏花，饧发备用。

4. 生坯入蒸锅，蒸制 20 分钟即可。

马拉糕

原料

面粉 250g、葡萄干 10g

调料

A 料：鸡蛋 100g、泡打粉 8g、吉士粉 10g、绵白糖 80g、清水 100g、炼乳 24g

成熟技法　蒸

成品特点　口感绵软　口味香甜

烹制份数　11 个

营养分析

名称	每 100 g
能量	268 kcal
蛋白质	10 g
脂肪	3.2 g
碳水化合物	51.2 g
膳食纤维	1 g
钠	35.4 mg

烹制流程

1. 面粉加 A 料搅拌和成面糊，饧发备用。

2. 面糊倒入模具，放上葡萄干，上锅蒸至成熟，去掉模具即可。

切糕

原料

糯米 1500g、干枣 500g、豆沙 700g、
葡萄干 30g、青红车厘子 10g

调料

清水 3750g

成熟技法 蒸

成品特点 口感软糯 口味香甜

烹制份数 32 块

营养分析

名称	每 100 g
能量	179 kcal
蛋白质	3.5 g
脂肪	0.5 g
碳水化合物	37 g
膳食纤维	0.9 g
钠	1.5 mg

烹制流程

1. 干枣加水浸泡 12 小时，上锅蒸熟。

2. 糯米加清水，上锅蒸制 30 分钟取出捣碎。

3. 模具内铺上三分之一糯米，铺上豆沙，再铺上三分之一糯米。

4. 摆上干枣，再铺上剩余的糯米，倒扣在案板上，撒上车厘子和葡萄干装饰即可。

中篇
基本伙主食篇

五

煎制篇

猪肉萝卜锅贴

原料

面粉 500g、猪肉馅 600g、白萝卜 900g

调料

开水 350g、清水 350g、植物油 30g、盐 3g

A 料：猪油 30g、葱末 50g、姜末 20g、香油 10g、盐 8g、五香粉 2g

B 料：淀粉 25g、植物油 50g、清水 250g

成熟技法 煎

成品特点 皮焦馅嫩　鲜美可口

烹制份数 20 份（1 份 4 个）

营养分析

名称	每 100 g
能量	253 kcal
蛋白质	7.6 g
脂肪	16.2 g
碳水化合物	19.9 g
膳食纤维	0.9 g
钠	242.9 mg

烹制流程

1. 白萝卜切丝焯水断生备用。

2. 猪肉馅、白萝卜加 A 料搅拌均匀，制成馅料备用。

3. 面粉加开水搅拌均匀后加入清水、盐揉成面团，入压面机反复压制。

4. B 料混合，制成面浆备用。

5. 面团揪成 15 克一个的剂坯，擀成圆面皮，包入馅料。

6. 电饼铛刷油，180℃煎制 10 分钟，倒入面浆再煎 3 分钟即可。

西葫芦鸡蛋锅贴

原料

面粉 500g、西葫芦 750g、鸡蛋 750g

调料

植物油 130g、开水 350g、清水 350g、盐 3g

A 料：猪油 30g、葱末 30g、姜末 10g、香油 10g、盐 15g

B 料：淀粉 25g、植物油 50g、清水 250g

成熟技法　煎

成品特点　皮焦馅嫩　鲜美可口

烹制份数　20 份（1 份 4 个）

营养分析

名称	每 100 g
能量	224 kcal
蛋白质	8.1 g
脂肪	13.1 g
碳水化合物	18.9 g
膳食纤维	0.6 g
钠	361.3 mg

烹制流程

1. 锅留底油，加入鸡蛋炒熟备用。

2. 西葫芦切丝，与鸡蛋、A 料搅拌均匀，制成馅料备用。

3. 面粉加开水搅拌均匀后加入清水、盐揉成面团，入压面机反复压制。

4. B 料混合，制成面浆。

5. 面团揪成 15 克一个的剂坯，擀成圆面坯，包入馅料。

6. 电饼铛刷油，180℃煎制 10 分钟，倒入面浆煎至成熟即可。

三鲜锅贴

原料

面粉 500g、虾仁 200g、发好香菇 300g、冬笋 300g、鸡蛋 300g、韭菜 200g

调料

植物油 80g、开水 350g、清水 350g、盐 3g

A 料：猪油 20g、姜末 10g、香油 10g、盐 20g、料油 20g

B 料：淀粉 25g、植物油 50g、清水 250g

成熟技法 煎

成品特点 色泽焦黄 口味鲜香

烹制份数 20 份（1 份 4 个）

营养分析

名称	每 100 g
能量	227 kcal
蛋白质	9 g
脂肪	10.7 g
碳水化合物	24.1 g
膳食纤维	1.2 g
钠	496 mg

烹制流程

1. 锅留底油，加入鸡蛋炒熟备用，冬笋切丁焯水备用，韭菜切末、香菇、虾仁切小丁备用。

2. 虾仁、香菇、笋丁、鸡蛋、韭菜加 A 料搅拌均匀，制成馅料备用。

3. 面粉加开水搅拌均匀后加入清水、盐揉成面团，入压面机反复压制。

4. B 料混合，制成面浆。

5. 面团揪成 15 克一个的剂坯，擀成圆面坯，包入馅料。

6. 电饼铛刷油，180℃煎制 10 分钟，倒入面浆煎至成熟即可。

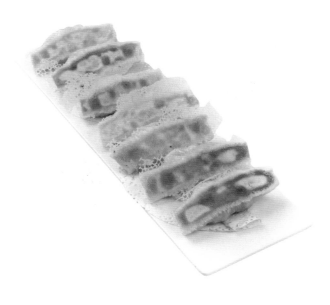

煎饺

原料

白萝卜丝 500g、猪肉馅 500g、面粉 500g

调料

植物油 50g

A 料：葱花 20g、姜末 5g、料油 40g、
　　　盐 6g、五香粉 1g、植物油 50g

B 料：蛋清 30g、清水 250g

成熟技法　煎

成品特点
底部金黄酥脆
馅料鲜香可口

烹制份数　17 个

营养分析

名称	每 100 g
能量	289 kcal
蛋白质	9.3 g
脂肪	17.6 g
碳水化合物	23.8 g
膳食纤维	0.9 g
钠	198.9 mg

烹制流程

1. 猪肉馅、白萝卜丝加 A 料搅拌均匀，制成馅料。

2. 面粉加 B 料和成面团，入压面机反复压制。

3. 面团揪成 15 克大小的剂坯。

4. 擀成面坯，包入馅料。

5. 饺子入锅蒸制 15 分钟。

6. 电饼铛刷油，170℃煎制 5 分钟即可。

水煎包

原料

面粉 500g、西葫芦 800g、猪肉馅 500g

调料

植物油 50g

A 料：葱花 20g、姜末 10g、猪油 30g、香油 10g、料油 20g、五香粉 2g、盐 4g

B 料：温水（40℃）250g、酵母 5g、泡打粉 5g、绵白糖 3g、猪油 10g

C 料：淀粉 25g、植物油 50g、清水 250g

成熟技法 煎

成品特点 底部焦脆 口味咸香

烹制份数 40 份

营养分析

名称	每 100 g
能量	274 kcal
蛋白质	7.8 g
脂肪	18 g
碳水化合物	21.4 g
膳食纤维	0.8 g
钠	99.5 mg

烹制流程

1. 西葫芦切丝，与猪肉馅、A 料搅拌均匀，制成馅料备用。

2. 面粉加 B 料搅拌揉成面团，入压面机反复压制，饧发备用。

3. C 料混合均匀，制成面浆。

4. 面团揪成 35 克一个的剂坯，擀成圆面坯，包入馅料。

5. 电饼铛刷油，160℃煎制 12 分钟，倒入面浆再煎 3 分钟即可。

水煎包

绿豆面煎饼

原料

绿豆面 150g、面粉 100g、鸡蛋 200g

调料

清水 550g、秘制酱料 100g、植物油

A 料：香葱末 12g、香菜末 12g、黑芝麻 8g

B 料：面粉 125g、盐 1.5g、植物油 5g、清水 55g

成熟技法　煎

成品特点　煎饼筋道　薄脆酥香

烹制份数　4 份

营养分析

名称	每 100 g
能量	269 kcal
蛋白质	14.4 g
脂肪	5.1 g
碳水化合物	42.6 g
膳食纤维	2.2 g
钠	437.2 mg

烹制流程

1. 绿豆面、面粉加清水搅拌均匀，制成面糊备用。

2. B 料搅拌和成面团，用压面机压成 1 毫米厚的面皮。

3. 切成 10×20 厘米大小的生坯，入六成热油中炸至金黄，制成薄脆备用。

4. 煎饼炉烧热刷油，倒上 180 克面糊摊开，打入一个鸡蛋。

5. 撒上 A 料，翻面，刷上秘制酱料。

6. 放上薄脆，折叠起来即可。

小米面煎饼

原料

小米面 150g、面粉 100g、鸡蛋 200g

调料

清水 550g、秘制酱料 100g、植物油 5g

A 料：香葱末 12g、香菜末 12g、黑芝
麻 8g

B 料：面粉 125g、盐 1.5g、植物油 5g、
清水 55g

成熟技法　煎

成品特点　煎饼筋道　薄脆酥香

烹制份数　4 份

营养分析

名称	每 100 g
能量	273 kcal
蛋白质	11.4 g
脂肪	5.4 g
碳水化合物	45.2 g
膳食纤维	1.1 g
钠	437.9 mg

烹制流程

1. 小米面、面粉加清水搅拌均匀，制成面糊。

2. B 料搅拌和成面团，用压面机压成 1 毫米厚的面皮。

3. 切成 10×20 厘米大小的生坯，入六成热油中炸至金黄，制成薄脆。

4. 煎饼炉烧热刷油，倒上 180 克面糊摊开，打入一个鸡蛋。

5. 撒上 A 料，翻面，刷上秘制酱料。

6. 放上薄脆，折叠起来即可。

紫米面煎饼

原料

紫米面 150g、面粉 100g、鸡蛋 200g

调料

清水 550g、秘制酱料 100g、植物油 5g

A 料：香葱末 12g、香菜末 12g、黑芝
麻 8g

B 料：面粉 125g、盐 1.5g、植物油 5g、
　　　清水 55g

成熟技法　煎

成品特点　煎饼筋道　薄脆酥香

烹制份数　4 份

营养分析

名称	每 100 g
能量	273 kcal
蛋白质	11.4 g
脂肪	5.4 g
碳水化合物	45.2 g
膳食纤维	1.1 g
钠	437.9 mg

烹制流程

1. 紫米面、面粉加清水搅拌均匀，
制成面糊备用。

2. B 料搅拌和成面团，用压面机压
成 1 毫米厚的面皮。

3. 切成 10×20 厘米大小的生坯，
入六成热油中炸至金黄，制成薄脆
备用。

4. 煎饼炉烧热刷油，倒上 180 克面
糊摊开，打入一个鸡蛋。

5. 撒上 A 料，翻面，刷上秘制酱料。

6. 放上薄脆，折叠起来即可。

中篇
基本伙主食篇

烙 制 篇

* 猪肉馅制作:

所用原料:猪肉末 1500g

所用调料:清汤 900g,A 料:盐 40g、生抽 30g、
老抽 60g、姜末 50g、胡椒粉 3g

制作过程:将 A 料倒入猪肉末中,搅打均匀后将
清汤分次打入肉末中,搅打上劲黏稠即可。

猪肉白菜馅饼

原料

面粉 500g、大白菜 600g、猪肉馅 400g

调料

盐 20g、植物油 50g

A 料：温水（30 ℃）350g、 盐 4g、 鸡蛋 100g、猪油 10g

B 料：料油 15g、香油 5g、猪油 15g、盐 6g、姜末 10g、葱花 20g

成熟技法 烙

成品特点 皮薄馅大　鲜香味美

烹制份数 12 个

营养分析

名称	每 100 g
能量	225 kcal
蛋白质	7.8 g
脂肪	11.8 g
碳水化合物	22.4 g
膳食纤维	1 g
钠	889.6 mg

烹制流程

1. 白菜切碎加盐搅拌，腌制出水备用。

2. 面粉加 A 料搅拌和成面团，入压面机反复压制。

3. 白菜、猪肉馅、B 料搅拌均匀，制成馅料备用。

4. 面团揪成 60 克一个的剂坯。

5. 擀成面坯，包入馅料。

6. 电饼铛刷油，180℃下入馅饼压平，烙制 2 分钟翻面再烙 2 分钟，再翻面烙至成熟即可。

猪肉茴香馅饼

原料

面粉 500g、猪肉馅 500g、茴香 500g

调料

植物油 50g

A 料：温水（30℃）650g、盐 4g、鸡蛋 100g、猪油 10g

B 料：料油 15g、香油 5g、猪油 25g、盐 5g、姜末 10g、葱花 20g

成熟技法　烙

成品特点　皮薄馅大　咸香味美

烹制份数　12 个

营养分析

名称	每 100 g
能量	246 kcal
蛋白质	8.5 g
脂肪	13.8 g
碳水化合物	22.7 g
膳食纤维	1.1 g
钠	488.1 mg

烹制流程

1. 面粉加 A 料搅拌和成面团，入压面机反复压制。

2. 茴香切碎，与猪肉馅、B 料搅拌均匀，制成馅料。

3. 面团揪成 60 克一个的剂坯，擀成面坯，包入馅料。

4. 电饼铛刷油，180℃下入馅饼压平，烙制 2 分钟翻面再烙 2 分钟，再翻面烙至成熟即可。

猪肉豇豆馅饼

原料

面粉 500g、猪肉馅 400g、豇豆 600g

调料

植物油 50g

A 料：温 水（30℃）650g、盐 4g、鸡蛋 100g、猪油 10g

B 料：料油 10g、香油 5g、猪油 15g、盐 6g、姜末 10g、葱花 20g

成熟技法 烙

成品特点 皮薄馅大 咸香味美

烹制份数 12 个

营养分析

名称	每 100 g
能量	232 kcal
蛋白质	8.1 g
脂肪	12 g
碳水化合物	24.1 g
膳食纤维	2.2 g
钠	409.4 mg

烹制流程

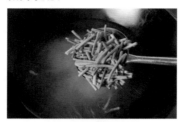

1. 豇豆焯水断生切粒备用。

2. 面粉加 A 料搅拌和成面团，入压面机反复压制。

3. 猪肉馅、豇豆加 B 料搅拌均匀，制成馅料备用。

4. 面团揪成 60 克一个的剂坯。

5. 擀成面坯，包入馅料。

6. 电饼铛刷油，180℃下入馅饼压平，烙制 2 分钟翻面再烙 2 分钟，再翻面烙至成熟即可。

猪肉韭菜馅饼

原料

面粉 500g、猪肉馅 500g、韭菜 500g

调料

植物油 50g

A 料：温水（30℃）650g、盐 4g、鸡蛋 100g、猪油 10g

B 料：料油 15g、香油 5g、猪油 25g、盐 5g、姜末 5g

成熟技法　烙

成品特点　皮薄馅大　咸香味美

烹制份数　12 个

营养分析

名称	每 100 g
能量	246 kcal
蛋白质	8.4 g
脂肪	13.8 g
碳水化合物	22.8 g
膳食纤维	1 g
钠	435.4 mg

烹制流程

1. 面粉加 A 料搅拌和成面团，入压面机反复压制。

2. 韭菜切末，与猪肉馅、B 料搅拌均匀，制成馅料备用。

3. 面团揪成 60 克一个的剂坯，擀成面坯，包入馅料。

4. 电饼铛刷油，180℃下入馅饼压平，烙制 2 分钟翻面再烙 2 分钟，再翻面烙至成熟即可。

猪肉酸菜馅饼

原料

面粉 500g、猪肉末 500g、酸菜末 500g

调料

植物油 300g

A 料：温水（30℃）350g、盐 4g、鸡蛋 100g、猪油 10g

B 料：葱花 20g、姜末 10g

C 料：料酒 30g、生抽 30g、老抽 10g、盐 6g

成熟技法 烙

成品特点 口味咸香 皮薄馅大

烹制份数 12 个

营养分析

名称	每 100 g
能量	348 kcal
蛋白质	8.3 g
脂肪	26.4 g
碳水化合物	19.9 g
膳食纤维	0.7 g
钠	316.4 mg

烹制流程

1. 面粉加 A 料搅拌和成面团，入压面机反复压制。

2. 锅留底油，加 B 料爆锅，下入猪肉末煸炒，放 C 料调味，下入酸菜煸炒，制成馅料备用。

3. 面团揪成 60 克一个的剂坯，擀成面坯，包入馅料。

4. 电饼铛刷油，180℃下入馅饼压平，烙制 2 分钟翻面再烙 2 分钟，再翻面烙至成熟即可。

茴香鸡蛋馅饼

原料

面粉 500g、茴香 500g、鸡蛋 500g

调料

植物油 150g

A 料：温水（30 ℃）250g、盐 4g、鸡蛋 100g、猪油 10g

B 料：料油 50g、香油 5g、盐 12g、姜末 5g、葱花 20g

成熟技法　烙

成品特点　外焦里嫩　咸香味美

烹制份数　12 个

营养分析

名称	每 100 g
能量	258 kcal
蛋白质	9.4 g
脂肪	15.3 g
碳水化合物	21.6 g
膳食纤维	1 g
钠	430.1 mg

烹制流程

1. 锅留底油，加入鸡蛋炒熟备用。

2. 面粉加 A 料搅拌和成面团，入压面机反复压制。

3. 茴香切碎，与鸡蛋、B 料混合，制成馅料。

4. 面团揪成 60 克一个的剂坯。

5. 擀成面坯，包入馅料。

6. 电饼铛刷油，180℃下入馅饼压平，烙制 2 分钟翻面再烙 2 分钟，再翻面烙至成熟即可。

韭菜鸡蛋馅饼

原料

面粉 500g、韭菜 500g、鸡蛋 500g

调料

植物油 150g

A 料：温水（30℃）650g、盐 4g、鸡蛋 100g、猪油 10g

B 料：料油 30g、香油 5g、盐 17g、姜末 5g

成熟技法 烙

成品特点 皮薄馅大 鲜香味美

烹制份数 12 个

营养分析

名称	每 100 g
能量	251 kcal
蛋白质	9.4 g
脂肪	14.3 g
碳水化合物	21.8 g
膳食纤维	1 g
钠	500.1 mg

烹制流程

1. 锅留底油，加入鸡蛋炒熟备用。

2. 面粉加 A 料搅拌和成面团，入压面机反复压制。

3. 韭菜切末，与鸡蛋、B 料混合，制成馅料。

4. 面团揪成 60 克一个的剂坯。

5 擀成面坯，包入馅料。

6. 电饼铛刷油，180℃下入馅饼压平，烙制 2 分钟翻面再烙 2 分钟，再翻面烙至成熟即可。

小白菜鸡蛋馅饼

原料

小白菜 400g、面粉 500g、水发木耳 200g、水发香菇 150g、鸡蛋 250g

调料

植物油 100g

A 料：温水（30℃）650g、盐 4g、鸡蛋 100g、猪油 10g

B 料：料油 40g、香油 5g、盐 17g、葱花 20g、姜末 10g

成熟技法　烙

成品特点　皮薄馅大　咸鲜可口

烹制份数　12 个

营养分析

名称	每 100 g
能量	218 kcal
蛋白质	7.8 g
脂肪	11.2 g
碳水化合物	22.4 g
膳食纤维	1.4 g
钠	523.2 mg

烹制流程

1. 锅留底油，加入鸡蛋炒熟备用。

2. 小白菜焯水，挤干水分备用。

3. 面粉加 A 料搅拌和成面团，入压面机反复压制。

4. 小白菜、木耳、香菇切碎，与鸡蛋、B 料混合，制成馅料。

5. 面团揪成 60 克一个的剂坯，擀成面坯，包入馅料。

6. 电饼铛刷油，180℃下入馅饼压平，烙制 2 分钟翻面再烙 2 分钟，再翻面烙至成熟即可。

圆白菜馅饼

原料

圆白菜 600g、鸡蛋 400g、面粉 500g

调料

植物油 150g、盐 20g

A 料：温水（30℃）650g、盐 4g、鸡蛋 100g、猪油 10g

B 料：料油 30g、香油 5g、盐 10g、葱花 20g、姜末 10g

成熟技法 烙

成品特点
皮薄馅大　咸鲜可口
外焦里嫩

烹制份数 12 个

营养分析

名称	每 100 g
能量	244 kcal
蛋白质	8.6 g
脂肪	13.9 g
碳水化合物	22.1 g
膳食纤维	0.9 g
钠	359.5 mg

烹制流程

1. 锅留底油，加入鸡蛋炒熟备用。

2. 圆白菜切碎加盐搅拌，腌渍出水，挤干水分备用。

3. 面粉加 A 料搅拌和成面团，入压面机反复压制。

4. 圆白菜、鸡蛋、B 料混合，制成馅料。

5. 面团揪成 60 克一个的剂坯，擀成面坯，包入馅料。

6. 电饼铛刷油，180℃下入馅饼压平，烙制 2 分钟翻面再烙 2 分钟，再翻面烙至成熟即可。

素什锦馅饼

原料

面粉 500g、韭菜 400g、水发粉丝 200g、胡萝卜 200g、水发木耳 200g

调料

植物油 50g

A 料：温水（30℃）650g、盐 4g、鸡蛋 100g、猪油 10g

B 料：料油 25g、猪油 20g、香油 5g、盐 17g、葱花 20g、姜末 10g

成熟技法　烙

成品特点　皮薄馅大　咸香可口　外焦里嫩

烹制份数　12 个

营养分析

名称	每 100 g
能量	198 kcal
蛋白质	6.3 g
脂肪	7.4 g
碳水化合物	27.5 g
膳食纤维	1.7 g
钠	503.7 mg

烹制流程

1. 面粉加 A 料搅拌和成面团，入压面机反复压制。

2. 韭菜、粉丝、胡萝卜、木耳切碎加 B 料混合，制成馅料。

3. 面团揪成 60 克一个的剂坯，擀成面坯，包入馅料。

4. 电饼铛刷油，180℃下入馅饼压平，烙制 2 分钟翻面再烙 2 分钟，再翻面烙至成熟即可。

烧饼夹火腿

原料

面粉 250g、火腿 200g、白芝麻 20g

调料

植物油 20g

A 料：小苏打 5g、盐 4g、清水 170g

B 料：面粉 210g、植物油 230g

成熟技法 烙

成品特点 外酥里嫩 口味咸香

烹制份数 10 个

营养分析

名称	每 100 g
能量	456 kcal
蛋白质	10.8 g
脂肪	29.9 g
碳水化合物	36.8 g
膳食纤维	1.3 g
钠	365.3 mg

烹制流程

1. 面粉加 A 料搅拌和成面团，入压面机反复压制，饧发备用。

2. B 料混合，制成油酥。

3. 面团擀成大面坯，刷油酥，卷成长条，揪成 70 克一个的剂坯。

4. 揉圆，按扁，正面粘上芝麻。

5. 电饼铛刷油温度升至 180℃，烙至两面焦黄成熟即可。

6. 火腿切片，烧饼从中间片开，夹入火腿片即可。

烧饼夹肉

原料

面粉 250g、熟猪肘子 300g、白芝麻 20g

调料

植物油 20g

A 料：小苏打 5g、盐 4g、清水 170g

B 料：面粉 210g、植物油 230g

成熟技法　烙

成品特点　外酥里嫩　咸香适口

烹制份数　10 个

营养分析

名称	每 100 g
能量	483 kcal
蛋白质	12.3 g
脂肪	34.2 g
碳水化合物	32.1 g
膳食纤维	1.2 g
钠	178.4 mg

烹制流程

1. 熟猪肘子去骨取肉备用。

2. 面粉加 A 料搅拌和成面团，入压面机反复压制，饧发备用。

3. B 料混合，制成油酥。

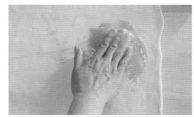

4. 面团擀成大面坯，刷油酥，卷成长条，揪成 70 克一个的剂坯，揉圆，按扁，正面粘上芝麻。

5. 电饼铛刷油温度升至 180℃，烙至两面焦黄成熟即可。

6. 猪肘肉切片，烧饼从中间片开，夹入猪肘肉即可。

烧饼夹鸡蛋

原料

面粉 250g、鸡蛋 500g、白芝麻 20g

调料

植物油 20g

A 料：小苏打 5g、盐 4g、清水 170g

B 料：面粉 210g、植物油 230g

成熟技法 烙

成品特点 外酥里嫩 口味咸香

烹制份数 10 个

营养分析

名称	每 100 g
能量	385 kcal
蛋白质	11.6 g
脂肪	25.4 g
碳水化合物	28 g
膳食纤维	1 g
钠	184.2 mg

烹制流程

1. 面粉加 A 料搅拌和成面团，入压面机反复压制，饧发备用。

2. B 料混合，制成油酥，鸡蛋入锅煎熟备用。

3. 面团擀成大面皮，刷油酥，卷成长条，揪成 70 克一个的剂坯。

4. 揉圆，按扁，正面粘上芝麻。

5. 电饼铛刷油，温度升至 180℃，烙至两面焦黄成熟即可。

6. 烧饼从中间片开，夹入鸡蛋即可。

椒盐烧饼

原料

面粉 500g、面肥 150g、白芝麻 12g

调料

清水 300g、椒盐 5g、植物油 50g

A 料：面粉 110g、植物油 95g

成熟技法　烙

成品特点　外酥里嫩　咸香可口　椒盐味浓

烹制份数　12 个

营养分析

名称	每 100 g
能量	446 kcal
蛋白质	13.2 g
脂肪	18.3 g
碳水化合物	58.9 g
膳食纤维	1.8 g
钠	209.4 mg

烹制流程

1. 面粉、面肥加清水搅拌和成面团，入压面机反复压制。

2. A 料混合，制成油酥。

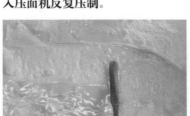

3. 面团擀成大面坯，刷上油酥。

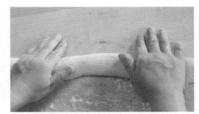

4. 撒上椒盐和一点干面，卷成大卷。

5. 揪成 100 克一个的剂坯，揉成圆形，按成 1cm 厚的圆饼，粘上白芝麻。

6. 电饼铛刷油，温度升至 180℃，烙至两面焦黄即可。

芝麻烧饼

原料

面粉 500g、白芝麻 40g

调料

植物油 50g

A 料：酵母 5g、泡打粉 3g、清水 300g

B 料：麻酱 90g、小茴香粉 2g、椒盐 2g、
　　　植物油 20g

成熟技法　烙

成品特点　外酥里嫩　咸香适口

烹制份数　10 个

营养分析

名称	每 100 g
能量	324 kcal
蛋白质	10.7 g
脂肪	14.9 g
碳水化合物	38.3 g
膳食纤维	1.5 g
钠	82.2 mg

烹制流程

1. 面粉加 A 料搅拌和成面团备用。

2. B 料混合，制成酱料。

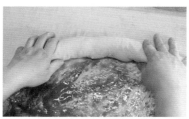

3. 面团擀成大面皮，刷上酱料，卷成条状。

4. 揪成 100 克一个的剂坯，揉圆按平。

5. 刷一层清水，粘上芝麻。

6. 电饼铛刷油，温度升至 180℃，烙制 5 分钟翻面再烙至成熟即可。

春饼

原料

面粉 500g、绿豆芽 400g、鸡蛋 200g、韭菜 50g、水发粉丝 50g、胡萝卜丝 100g、肉丝 200g

调料

植物油 250g

A 料：70℃热水 350g、盐 5g

B 料：葱花 10g、姜末 5g

C 料：盐 8g、生抽 15g、鸡精 5g

成熟技法　烙

成品特点　口感筋道　脆软咸香

烹制份数　10 个

营养分析

名称	每 100 g
能量	271 kcal
蛋白质	8.8 g
脂肪	16.5 g
碳水化合物	22.7 g
膳食纤维	1.1 g
钠	372.3 mg

烹制流程

1. 面粉加 A 料搅拌和成面团。

2. 面团揪成 70 克一个大小的剂坯，刷一层植物油，两个剂坯叠一起，擀成直径 30cm 大小的面皮。

3. 电饼铛温度升至 180℃，烙 1 分钟后翻面再烙 1 分钟。

4. 锅留底油，加入鸡蛋炒熟备用，胡萝卜丝、绿豆芽焯水，肉丝上浆滑油备用。

5. 锅留底油，加入 B 料爆锅，下入肉丝、胡萝卜丝、绿豆芽煸炒，放 C 料调味，加入韭菜、粉丝、鸡蛋翻炒均匀出锅。

6. 春饼上放 130 克炒好的菜，卷成大卷即可。

肉饼

原料

猪肉馅（馅饼用）250g、面粉250g、
葱花125g

调料

植物油50g

A料：清水175g、鸡蛋30g、盐1g

成熟技法 烙

成品特点 皮薄馅大 口味鲜香

烹制份数 8个

营养分析

名称	每100 g
能量	287 kcal
蛋白质	9.2 g
脂肪	16.2 g
碳水化合物	27 g
膳食纤维	1 g
钠	317.5 mg

烹制流程

1. 猪肉馅加葱花、A料搅拌均匀，
制成馅料备用。

2. 面粉加A料搅拌和成面团，入压
面机反复压制。

3. 面团擀成直径25cm大小的面皮，
包入馅料，按平。

4. 电饼铛刷油，温度升至180℃，
下入生坯，烙至两面成熟即可。

糊塌子

原料

面粉 100g、西葫芦丝 200g、胡萝卜丝 20g、香葱末 3g

调料

植物油 50g

A 料：鸡蛋 100g、清水 70g、植物油 5g、绵白糖 3g、味精 2g、鸡精 2g、胡椒粉 1g、盐 3g

成熟技法　烙

成品特点　色泽金黄　口感软嫩　咸鲜适口

烹制份数　5 个

营养分析

名称	每 100 g
能量	218 kcal
蛋白质	6.3 g
脂肪	13.8 g
碳水化合物	17.8 g
膳食纤维	0.7 g
钠	279.6 mg

烹制流程

1. 面粉、胡萝卜、西葫芦、香葱加 A 料混合，制成面糊。

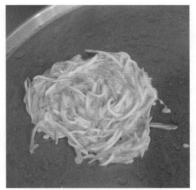

2. 电饼铛刷油，温度升至 180℃，下入 100 克面糊，烙制 3 分钟翻面再烙 2 分钟即可。

鸡蛋饼

原料

面粉 250g、鸡蛋 120g、香葱 30g

调料

植物油 50g

A 料：清水 300g、植物油 30g、盐 3g

成熟技法 烙

成品特点 色泽金黄 口感软嫩

烹制份数 5 个

营养分析

名称	每 100 g
能量	375 kcal
蛋白质	11.6 g
脂肪	20.1 g
碳水化合物	37.9 g
膳食纤维	1.2 g
钠	281 mg

烹制流程

1. 面粉、鸡蛋、葱花加 A 料混合搅拌均匀，制成面糊。

2. 电饼铛刷油，温度升至 180℃，下入 150 克面糊，烙制 2 分钟翻面再烙 1 分钟即可，重复烙制剩余面糊。

韭菜盒子

原料

韭菜 500g、鸡蛋 500g、面粉 500g

调料

开水 400g、植物油 150g

A 料：鸡精 2.5g、五香粉 3g、盐 4g、
　　　葱油 10g、麻椒油 10g、香油 8g

成熟技法　烙

成品特点　色泽金黄　韭香浓郁

烹制份数　14 个

营养分析

名称	每 100 g
能量	251 kcal
蛋白质	9.4 g
脂肪	13.9 g
碳水化合物	23.2 g
膳食纤维	1.1 g
钠	140.2 mg

烹制流程

1. 锅留底油，加入鸡蛋炒熟备用。

2. 韭菜切末，与鸡蛋、A 料搅拌制成馅料备用。

3. 面粉加开水搅拌和成面团，入压面机反复压制。

4. 面团揪成 50 克一个的剂坯。

5. 擀成面坯，包入馅料。

6. 电饼铛刷油，温度升至 180℃，烙至两面焦黄即可。

白糖饼

原料

面粉 500g

调料

植物油 50g

A 料：清水 300g、绵白糖 15g、酵母 10g、
　　　泡打粉 10g、小苏打 2g

B 料：绵白糖 120g、白芝麻 17g、黑芝
　　　麻 17g

C 料：面粉 150g、植物油 90g

成熟技法 烙

成品特点 外酥里嫩 香甜适口

烹制份数 17 个

营养分析

名称	每 100 g
能量	451 kcal
蛋白质	11.4 g
脂肪	17.7 g
碳水化合物	63 g
膳食纤维	1.8 g
钠	4.5 mg

烹制流程

1. 面粉加 A 料搅拌和成面团，入压面机反复压制。

2. B 料混合，制成馅料，C 料混合，制成油酥。

3. 面团揪成 45 克一个的剂坯，包入 15 克油酥，擀成面皮，卷起，再擀平包入馅料，按压至 1cm 厚。

4. 电饼铛刷油，温度升至 180℃，烙 3 分钟后翻面再烙 3 分钟即可。

葱花饼

原料

面粉 250g、葱花 250g

调料

植物油 100g、温水 150g

成熟技法　烙

成品特点　外酥里嫩　葱香味浓

烹制份数　8 个

营养分析

名称	每 100 g
能量	313 kcal
蛋白质	7.1 g
脂肪	17.8 g
碳水化合物	32.4 g
膳食纤维	1.3 g
钠	60.9 mg

烹制流程

1. 面粉加温水搅拌和成面团饧发备用。

2. 将饧好的面团擀平，撒上葱花，卷起来再擀成直径 25cm 大小的饼。

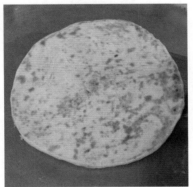

3. 电饼铛刷油，温度升至 180℃，烙至两面饼花均匀，颜色焦黄即可。

葱花饼

葱花油酥饼

原料

面粉 500g、葱花 130g

调料

植物油 50g、清水 300g、盐 10g

A 料：面粉 60g、植物油 55g

成熟技法 烙

成品特点 外酥里嫩 葱香浓郁

烹制份数 5 个

营养分析

名称	每 100 g
能量	373 kcal
蛋白质	11.2 g
脂肪	14.8 g
碳水化合物	50.4 g
膳食纤维	1.7 g
钠	493.9 mg

烹制流程

1. 面粉加清水搅拌和成面团备用。

2. A 料混合，制成油酥。

3. 面团擀平抹上油酥，撒上葱花、盐，叠起来包住葱花，擀平。

4. 电饼铛刷油，温度升至 180℃，烙至两面饼花均匀，颜色焦黄即可。

大饼

原料

面粉 500g

调料

植物油 50g、盐 3g

A 料：温水 350g（40℃）、盐 2g

成熟技法　烙

成品特点　色泽金黄　外酥里嫩

烹制份数　4 个

营养分析

名称	每 100 g
能量	408 kcal
蛋白质	14.1 g
脂肪	11.2 g
碳水化合物	63.9 g
膳食纤维	1.9 g
钠	357.8 mg

烹制流程

1. 面粉加 A 料和成面团，饧发备用。

2. 将饧好的面团擀平，刷油，撒上盐，多次折叠擀平。

3. 电饼铛刷油，180℃烙至两面饼花均匀，颜色焦黄即可。

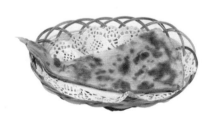

大饼

豆沙酥饼

原料

面粉 300g、豆沙 200g、芝麻 25g

调料

植物油 50g

A 料：盐 3g、猪油 20g、温水 140g

B 料：面粉 120g、猪油 140g

成熟技法 烙

成品特点 外酥里嫩 香甜可口

烹制份数 13 个

营养分析

名称	每 100 g
能量	463 kcal
蛋白质	9.6 g
脂肪	24.9 g
碳水化合物	44.9 g
膳食纤维	1.4 g
钠	148 mg

烹制流程

1. 面粉加 A 料搅拌和成面团，入压面机反复压制，饧发备用。

2. B 料混合，制成油酥。

3. 面团揪成 35 克一个的剂坯，包入 20 克油酥，擀平再包入豆沙，表面刷一层清水，粘上芝麻。

4. 电饼铛刷油，温度升至 180℃，烙至两面金黄即可。

发面饼

原料

面粉 2000g

调料

花椒盐 50g、植物油 50g

A 料：酵母 20g、泡打粉 20g、白糖 12g、
　　　猪油 40g、清水 1000g

成熟技法 烙

成品特点 外焦里嫩　口感暄软

烹制份数 26 个

营养分析

名称	每 100 g
能量	374 kcal
蛋白质	14.6 g
脂肪	6.2 g
碳水化合物	66.7 g
膳食纤维	1.9 g
钠	907.7 mg

烹制流程

1. 面粉加 A 料搅拌和成面团，入压面机反复压制，饧发备用。

2. 面团揪成 130 克大小的剂坯，搓成条，撒上花椒盐，盘成饼状，用擀面杖擀平。

3. 电饼铛刷油，升温至 180℃，下入面饼，烙至两面金黄即可。

发面饼

酱香饼

原料

面粉 500g、熟白芝麻 20g、香葱末 10g

调料

盐 3g、花椒面 1g、秘制酱料 30g

A 料：温水 350g（40℃）、盐 2g

成熟技法 烙

成品特点 口感软嫩 酱香浓郁

烹制份数 6 个

营养分析

名称	每 100 g
能量	222 kcal
蛋白质	9.3 g
脂肪	2.3 g
碳水化合物	42 g
膳食纤维	1.3 g
钠	305.9 mg

烹制流程

1. 面粉加 A 料搅拌和成面团，静置 2 小时。

2. 面团擀平，刷一层植物油，撒上盐和花椒面，卷成大卷，压平，擀成饼状。

3. 电饼铛刷油，温度升至 180℃，烙制 2 分钟翻面再烙 2 分钟出锅。

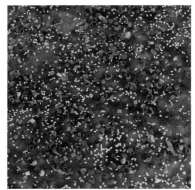

4. 表面刷上秘制酱料，撒芝麻和葱花即可。

螺丝转（烙制版）

原料

面粉 500g

调料

椒盐 12g、植物油 100g

A 料：酵母 5g、泡打粉 5g、白糖 5g、
　　　鸡蛋 120g、清水 250g

成熟技法　烙

成品特点　香气浓郁　咸淡适中

烹制份数　6 个

营养分析

名称	每 100 g
能量	394 kcal
蛋白质	12.9 g
脂肪	16.8 g
碳水化合物	49.3 g
膳食纤维	1.4 g
钠	665 mg

烹制流程

1. 面粉加 A 料搅拌和成面团，入压面机反复压制，饧发备用。

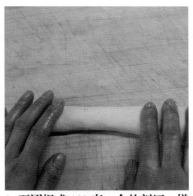

2. 面团捏成 130 克一个的剂坯，搓成长条，压平。

3. 刷一层植物油，撒上椒盐，卷成圆饼状。

4. 电饼铛刷油，温度升至 180℃，下入剂坯，烙至两面焦黄即可。

麻酱糖饼

原料

面粉 500g、芝麻酱 300g

调料

温水 400g、绵白糖 150g、植物油 50g

成熟技法 烙

成品特点 口感软嫩 口味香甜

烹制份数 18 个

营养分析

名称	每 100 g
能量	482 kcal
蛋白质	14.7 g
脂肪	23.2 g
碳水化合物	55 g
膳食纤维	1.1 g
钠	2.5 mg

烹制流程

1. 面粉加温水搅拌和成面团。

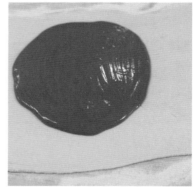

2. 擀成大面坯，刷上芝麻酱。

3. 撒上绵白糖，卷成长条，盘成圆形，擀成饼坯。

4. 电饼铛刷油，温度升至 180℃，烙 3 分钟翻面再烙 3 分钟即可。

千层饼

原料

面粉 500g、白芝麻 50g

调料

植物油 50g

A 料：酵母 5g、泡打粉 5g、猪油 10g、
　　　绵白糖 3g、清水 250g、鸡蛋 60g

B 料：面粉 60g、植物油 50g

成熟技法　烙

成品特点　外黄里暄　松软不腻

烹制份数　10 个

营养分析

名称	每 100 g
能量	338 kcal
蛋白质	10.5 g
脂肪	14.8 g
碳水化合物	41.9 g
膳食纤维	1.7 g
钠	13.6 mg

烹制流程

1. 面粉加 A 料搅拌，和成面团，入压面机反复压制，饧发备用。

2. B 料混合，制成油酥。

3. 面团擀成长方形的面饼，刷上油酥，然后用刀上下各切五刀，中间不用切。

4. 折叠起来，叠好以后捏合封口。

5. 表面刷一层水，撒上白芝麻，上锅蒸制 40 分钟。

6. 电饼铛刷油，温度升至 180℃，烙至两面金黄即可。

手抓饼

原料

面粉 500g

调料

植物油 50g

A 料：植物油 60g、清水 300g、盐 6g

B 料：植物油 200g、面粉 200g

成熟技法 烙

成品特点 金黄酥脆 口味咸鲜

烹制份数 4 个

营养分析

名称	每 100 g
能量	524 kcal
蛋白质	10.8 g
脂肪	32.2 g
碳水化合物	48.9 g
膳食纤维	1.5 g
钠	237.1 mg

烹制流程

1. 面粉加 A 料搅拌和成面团，饧发备用。

2. B 料混合，制成油酥。

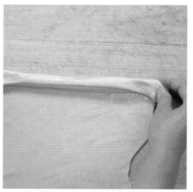

3. 面团揪成 200 克一个的剂坯，擀成面坯，抹上油酥，卷成条状，盘起来擀平。

4. 电饼铛刷油，温度升至 180℃，烙至两面金黄成熟即可。

贴饼子

原料

面粉 150g、玉米面 350g、大白菜 125g、
小白菜 125g

调料

植物油 50g

A 料：酵母 5g、泡打粉 3g、鸡蛋 200g、
　　　盐 3g、清水 500g

成熟技法　烙

成品特点　色泽金黄　口感焦香

烹制份数　15 个

营养分析

名称	每 100 g
能量	255 kcal
蛋白质	8.4 g
脂肪	7.6 g
碳水化合物	39.4 g
膳食纤维	2.5 g
钠	170.8 mg

烹制流程

1. 大白菜、小白菜切碎，与玉米面、
面粉加 A 料混合，饧发备用。

2. 电饼铛刷油，取 **80** 克面糊，
180℃烙至两面成熟即可。

玉米饼

原料

面粉 200g、玉米面 300g

调料

植物油 50g

A 料：白糖 40g、泡打粉 5g、酵母 5g、
　　　鸡蛋 150g、黄油 4g、清水 450g

成熟技法　烙

成品特点　色泽金黄　口感松软

烹制份数　13 个

营养分析

名称	每 100 g
能量	254 kcal
蛋白质	7.4 g
脂肪	7.3 g
碳水化合物	40.3 g
膳食纤维	2 g
钠	20.9 mg

烹制流程

1. 面粉、玉米面加 A 料和成面糊，静置饧发备用。

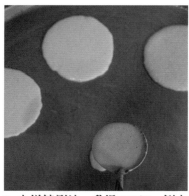

2. 电饼铛刷油，升温 180℃，倒入 80 克面糊，烙制 2 分钟后翻面再烙至成熟即可。

紫米饼

原料

面粉 200g、紫米面 300g

调料

植物油 50g

A 料：酵母 5g、泡打粉 5g、黄油 4g、
　　　鸡蛋 150g、白糖 40g、清水 450g

成熟技法　烙

成品特点　口感松软　口味微甜

烹制份数　13 个

营养分析

名称	每 100 g
能量	255 kcal
蛋白质	7 g
脂肪	7.5 g
碳水化合物	40.1 g
膳食纤维	0.6 g
钠	22 mg

烹制流程

1. 面粉、紫米面加 A 料和成面糊，
静置饧发备用。

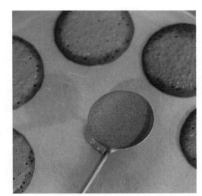

2. 电饼铛刷油，升温 180℃，倒入
80 克面糊，烙至成熟即可。

中篇
基本伙主食篇

七

煮 制 篇

红烧肉刀削面

原料

猪五花肉块 600g、面粉 1500g、大葱 40g、姜片 30g、香葱末 10g

调料

清水 4600g、植物油 30g、绵白糖 8g、料酒 30g

A 料：老抽 15g、盐 13g、鸡精 5g

成熟技法 煮

成品特点 肉质软烂 面条筋道 口味鲜香

烹制份数 5 份

营养分析

名称	每 100 g
能量	271 kcal
蛋白质	9.7 g
脂肪	9.6 g
碳水化合物	37.2 g
膳食纤维	1.2 g
钠	185.9 mg

烹制流程

1. 锅留底油，加入白糖炒制糖色，下入五花肉块、姜片煸炒，烹料酒。

2. 加入大葱煸炒，倒入 4000 克清水，放 A 料调味，烧开炖 85 分钟。

3. 面粉加 600 克清水搅拌和成面团，入压面机反复压制，饧发备用。

4. 锅内加水烧开，削入面条，煮制 5 分钟装入碗中，倒入五花肉及底汤，撒香葱末即可。

尖椒肉丝面

原料

面条 3000g、尖椒 600g、肉丝 400g

调料

植物油 150g、清水 1500g

A 料：葱花 10g、姜末 10g、八角 3g

B 料：盐 35g、老抽 15g、胡椒粉 2g、
　　　生抽 20g、绵白糖 5g

成熟技法　煮

成品特点　卤子咸鲜　面条筋道

烹制份数　10 份

营养分析

名称	每 100 g
能量	222 kcal
蛋白质	7.1 g
脂肪	3.9 g
碳水化合物	40.2 g
膳食纤维	0.7 g
钠	316.8 mg

烹制流程

1. 尖椒切丝，肉丝上浆滑油备用。

2. 锅留底油，加入 A 料炒香后捞出，放 B 料调味。

3. 倒入清水烧开，下入肉丝、尖椒，制成卤子。

4. 锅内加水烧开，放入面条，开锅煮制 8 分钟，捞出放入碗中，搭配卤子即可。

豇豆肉丝面

原料

面条 3000g、豇豆 600g、肉丝 400g

调料

植物油 150g、清水 1500g

A 料：葱花 10g、姜末 10g、八角 3g

B 料：盐 35g、老抽 15g、胡椒粉 2g、生抽 20g、绵白糖 5g

成熟技法 煮

成品特点 卤子咸鲜 面条筋道

烹制份数 10 份

营养分析

名称	每 100 g
能量	223 kcal
蛋白质	7.2 g
脂肪	3.9 g
碳水化合物	40.5 g
膳食纤维	1 g
钠	317.1 mg

烹制流程

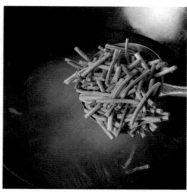

1. 肉丝上浆滑油备用，豇豆切段焯水断生。

2. 锅留底油，加入 A 料炒香后捞出，倒入清水烧开。

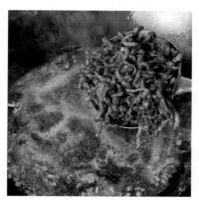

3. 放 B 料调味，下入肉丝、豇豆，制成卤子。

4. 锅内加水烧开，放入面条，开锅煮制 6~8 分钟，捞出放入碗中，搭配卤子即可。

茄子肉丁面

原料

面条 3000g、茄子丁 750g、五花肉丁 300g、西红柿丁 250g、青尖椒粒 100g

调料

植物油 150g、清水 1500g

A 料：葱花 10g、姜末 10g、八角 3g、蒜片 20g

B 料：料酒 20g、生抽 15g、老抽 20g、盐 30g、绵白糖 5g、胡椒粉 2g、味精 5g

成熟技法　煮

成品特点　卤子咸鲜　面条筋道

烹制份数　10 份

营养分析

名称	每 100 g
能量	234 kcal
蛋白质	6 g
脂肪	5.5 g
碳水化合物	40.5 g
膳食纤维	0.7 g
钠	269.9 mg

烹制流程

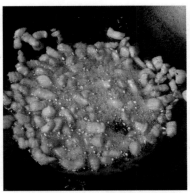

1. 锅留底油，加入 A 料炒香后捞出，下入五花肉煸炒。

2. 放 B 料调味，加入茄子、西红柿翻炒。

3. 倒入清水烧开，下入青尖椒，制成卤子。

4. 锅内加水烧开，放入面条，开锅煮至成熟，捞出放入碗中，搭配卤子即可。

榨菜肉丝面

原料

面条 3000g、榨菜丝 600g、肉丝 400g、香菜 10g

调料

植物油 150g、清水 1500g

A 料：葱花 10g、姜末 10g、八角 3g

B 料：盐 25g、老抽 15g、胡椒粉 2g、生抽 20g、味精 5g、绵白糖 5g

成熟技法 煮

成品特点 卤子咸香 面条筋道

烹制份数 10 份

营养分析

名称	每 100 g
能量	244 kcal
蛋白质	6.6 g
脂肪	6.6 g
碳水化合物	40.3 g
膳食纤维	0.8 g
钠	438.9 mg

烹制流程

1. 肉丝上浆滑油备用。

2. 锅留底油，加入 A 料炒香后捞出，下入榨菜煸炒。

3. 放 B 料调味，倒入清水烧开，下入肉丝，撒香菜，制成卤子备用。

4. 锅内加水烧开，放入面条，开锅煮至成熟，捞出放入碗中，搭配卤子即可。

红烧牛肉面

原料

牛肉 1500g、手擀面 4000g、油菜 150g、香葱末 30g、香菜 30g

调料

植物油 100g、清水 6000g

A 料：砂仁 10g、丁香 1g、干花椒 4g、草寇 6g、白蔻 3g、八角 8g、白芷 4g、香叶 2g、草果 6g、干辣椒 5g

B 料：大葱 100g、姜片 100g、蒜子 100g

C 料：料酒 30g、生抽 150g、老抽 15g

成熟技法　煮

成品特点　面条筋道　牛肉软烂　口味鲜香

烹制份数　10 份

营养分析

名称	每 100 g
能量	176 kcal
蛋白质	7.8 g
脂肪	2.2 g
碳水化合物	31.5 g
膳食纤维	0.4 g
钠	128.3 mg

烹制流程

1. 牛肉切块，与油菜分别焯水备用。

2. 锅留底油，加入 A 料煸炒至香叶变色后捞出。

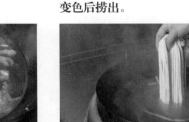

3. 锅留底油，加入 B 料煸炒，下入牛肉，放 C 料调味，倒入清水，小火炖 90 分钟。

4. 锅内加水烧开，下入手擀面煮制 5 分钟捞出。

5. 碗中放入香葱末，加入手擀面，倒入 350 克原汤，放入牛肉、油菜，撒香菜即可。

红烧牛肉面

牛肉刀削面

原料

牛腩块 1000g、面粉 1500g、西红柿块 500g、香葱末 10g

调料

花椒油 100g、清水 4200g、料酒 15g

A 料：大葱 30g、姜片 20g

B 料：桂皮 2g、香叶 0.5g、八角 2g

C 料：盐 10g、老抽 15g、鸡精 5g

成熟技法 煮

成品特点 面条筋道 牛肉软烂

烹制份数 5 份

营养分析

名称	每 100 g
能量	242 kcal
蛋白质	10.3 g
脂肪	10.6 g
碳水化合物	27.2 g
膳食纤维	0.9 g
钠	101.1 mg

烹制流程

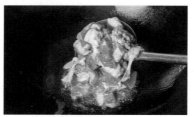

1. 锅内加入花椒油，下入 A 料炒香，加入牛肉煸炒，烹料酒，倒入 1000 克清水烧开，捞出牛肉。

2. 面粉加 600 克清水和成面团，入压面机反复压制，饧发备用。

3. 锅内加入剩余的清水，加入牛肉、B 料，放 C 料调味，入高压锅压制 20 分钟。

4. 牛肉汤中加入西红柿，小火炖 30 分钟，制成卤子。

5. 锅内加水烧开，削入面条，煮制 8 分钟装入碗中，倒入卤子，撒香葱末即可。

牛肉刀削面

牛肉拉面

原料

牛肉块 200g、牛骨 3500g、鸡架 4500g、白萝卜片 90g、香菜 15g、青蒜 15g

调料

辣椒油 75g、清水 25000g、秘制粉料 150g

A 料：盐 65g、鸡精 55g

B 料：面粉 1000g、盐 10g、清水 480g

成熟技法　煮

成品特点　牛肉软烂鲜香　面条劲道爽口

烹制份数　5 份

营养分析

名称	每 100 g
能量	128 kcal
蛋白质	5.7 g
脂肪	2.7 g
碳水化合物	20.8 g
膳食纤维	0.9 g
钠	850.4 mg

烹制流程

1. 白萝卜切片，与牛肉、牛骨、鸡架分别焯水备用。

2. 桶内加入清水，加入牛骨、鸡架炖 4 个小时，加入牛肉再炖 2 个小时。

3. 捞出牛肉，取汤（约 7500 克），放 A 料调味，加入白萝卜、秘制粉料。

4. B 料混合，和成面团，饧发后面团刷油，反复拉扯，直至面条达到 0.2cm 粗细。

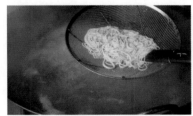

5. 锅内加水烧开，下入面条，煮制 15 秒即可。

6. 碗中加入面条，倒入牛肉汤，放上牛肉，撒香菜、青蒜，浇辣椒油即可。

砂锅牛肉面

原料

牛肉 1500g、手擀面 2500g、油菜 120g、香葱末 30g、香菜 30g、西红柿 700g

调料

植物油 100g、清水 6000g

A 料：砂仁 10g、丁香 1g、干花椒 4g、草蔻 6g、白蔻 3g、八角 8g、白芷 4g、香叶 2g、草果 6g、干辣椒 5g

B 料：大葱 100g、姜片 100g、蒜子 100g

C 料：料酒 30g、生抽 150g、老抽 15g

成熟技法 煮

成品特点 面条筋道 牛肉软烂

烹制份数 10 份

营养分析

名称	每 100 g
能量	141 kcal
蛋白质	7.2 g
脂肪	2.4 g
碳水化合物	22.9 g
膳食纤维	0.3 g
钠	141.7 mg

烹制流程

1. 西红柿、牛肉切块备用，牛肉、油菜分别焯水备用。

2. 锅留底油，加入 A 料煸炒至香叶变色后捞出。

3. 锅留底油，加入 B 料煸炒，下入牛肉，放 C 料调味，倒入清水，小火炖 60 分钟。

4. 锅内加水烧开，下入手擀面煮至断生后捞出。

5. 锅内倒入 400 克原汤，加入西红柿小火炖制 5 分钟，制成底汤。

6. 砂锅内加入手擀面，倒入底汤，放入牛肉、油菜，撒香葱、香菜即可。

油泼刀削面

原料

面粉 300g、绿豆芽 15g、油菜 50g、蒜末 15g

调料

清水 120g、二荆条 1g、辣椒面 3g、陈醋 1g、植物油 25g

A 料：盐 1.5g、味精 1g、生抽 12g、陈醋 15g

成熟技法　煮

成品特点　咸鲜微辣　口感筋道

烹制份数　1 份

营养分析

名称	每 100 g
能量	322 kcal
蛋白质	11.8 g
脂肪	7.8 g
碳水化合物	52.4 g
膳食纤维	1.7 g
钠	319.2 mg

烹制流程

1. 面粉加清水搅拌和成面团，入压面机反复压制，饧发备用。

2. 二荆条入烤箱，100℃烤 10 分钟，取出切碎。

3. 油菜、绿豆芽焯水备用，辣椒面与陈醋兑在一起。

4. 锅内加水烧开，削入面条，煮制 8 分钟。

5. 碗中加入 A 料，放入面条，放上绿豆芽、油菜、蒜末、辣椒面、二荆条，浇热油即可。

油泼刀削面

油泼面

原料

面粉 500g、油菜 100g、蒜末 30g、绿
豆芽 30g

调料

植物油 60g、辣椒面 3g、陈醋 1g、二荆
条 1g

A 料：盐 5g、清水 210g

B 料：生抽 24g、陈醋 30g、盐 3g

成熟技法　煮

成品特点　鲜香酸辣　口感筋道

烹制份数　2 份

营养分析

名称	每 100 g
能量	252 kcal
蛋白质	8.7 g
脂肪	7.6 g
碳水化合物	38.3 g
膳食纤维	1.3 g
钠	481.9 mg

烹制流程

1. 面粉加 A 料搅拌和成面团，入压
面机反复压制，饧发备用。

2. 油菜、绿豆芽焯水备用，辣椒面
与陈醋兑在一起备用，二荆条入烤
箱，100℃烤制 10 分钟，切碎备用。

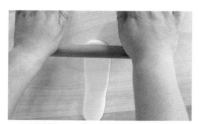

3. 面团揪 70 克一个的剂坯，搓成
长条，擀成面皮，刷一层植物油，
饧发备用。

4. 抓住面皮两头，上下甩动，扯成
长条，锅内加水烧开，下入面条煮
制 3 分钟。

5. 碗中加入 B 料，放入面条，放上
油菜、绿豆芽、蒜末、辣椒面、二
荆条，浇上热油即可。

油泼面

炸酱面

原料

面条 3000g、肉丁 400g、绿豆芽 500g、心里美丝 500g、黄瓜丝 500g、白菜条 200g、芹菜末 200g、青豆 200g

调料

植物油 300g、清水 2000g

A 料：黄酱 700g、甜面酱 300g

B 料：圆葱 200g、大葱 100g、姜 100g、八角 5g

C 料：胡椒粉 3g、绵白糖 10g、味精 5g

成熟技法　煮

成品特点　酱香浓郁　面条爽滑

烹制份数　10 份

营养分析

名称	每 100 g
能量	227 kcal
蛋白质	7 g
脂肪	7.2 g
碳水化合物	34.2 g
膳食纤维	1.1 g
钠	520.5 mg

烹制流程

1. 绿豆芽、白菜、芹菜、青豆焯水备用，A 料加清水解开，制成酱料备用。

2. 锅留底油，加入 B 料炸香后捞出，下入肉丁煸炒。

3. 加入酱，小火炒制 60 分钟，放 C 料调味备用。

4. 锅内加水烧开，放入面条，开锅煮制 8 分钟，捞出放入碗中，搭配绿豆芽、白菜、芹菜、青豆、黄瓜、心里美、炸酱即可。

西红柿鸡蛋面

原料

面条 3000g、鸡蛋 200g、西红柿 1000g

调料

植物油 150g、清水 1500g、水淀粉（淀粉 55g、水 50g）、香油 5g

A 料：葱花 10g、姜末 10g、八角 3g

B 料：生抽 30g、老抽 15g、味精 5g、盐 30g

成熟技法 煮

成品特点 卤子咸香 面条筋道

烹制份数 10 份

营养分析

名称	每 100 g
能量	218 kcal
蛋白质	6.1 g
脂肪	3.9 g
碳水化合物	40.2 g
膳食纤维	0.6 g
钠	290.8 mg

烹制流程

1. 西红柿切块，锅留底油，加入 A 料炒香捞出，下入西红柿煸炒。

2. 加入清水烧开，放 B 料调味，水淀粉勾芡。

3. 洒入蛋液，淋香油制成卤子出锅。

4. 锅内加水烧开，放入面条，开锅煮至成熟，捞出放入碗中，搭配卤子即可。

黄花木耳打卤面

原料

面条 3000g、水发木耳 300g、水发黄花菜 300g、五花肉片 200g、鸡蛋 200g

调料

植物油 150g、水淀粉（淀粉 50g、水 50g）、清水 1750g

A 料：葱花 10g、姜末 10g、八角 3g

B 料：生抽 20g、老抽 25g、盐 30g、胡椒粉 2g、绵白糖 5g、料酒 30g

C 料：植物油 150g、干花椒 3g

成熟技法　煮

成品特点　咸鲜适口　面条筋道

烹制份数　10 份

营养分析

名称	每 100 g
能量	263 kcal
蛋白质	6.9 g
脂肪	8.2 g
碳水化合物	41 g
膳食纤维	0.9 g
钠	281.4 mg

烹制流程

1. 锅留底油，加入 A 料炒香后捞出，加入五花肉煸炒，放 B 料调味。

2. 倒入清水烧开，小火煮制 5 分钟，下入木耳、黄花菜，水淀粉勾芡，泼入蛋液制成卤子。

3. 锅内加入 C 料炸香，浇在卤子上。

4. 锅内加水烧开，放入面条，开锅煮制 6~8 分钟，捞出放入碗中，搭配卤子即可。

西安羊肉泡馍

原料

羊肉 1000g、羊骨 750g、牛骨 750、羊油 250g、鸡油 250g、面粉 500g、葱段 150g、姜片 150g、黄花菜 300g、水发木耳 300g、水发粉丝 1000g、葱花 100g、甜蒜 400g、蒜蓉辣酱 200g

调料

清水 20000g

A 料：小茴香 37g、干花椒 37g、干辣椒 15g、八角 10g、香叶 4g、白芷 10g、砂仁 7g、肉桂 7g、草果 7g、草寇 4g、筚拨 4g、白胡椒粒 7g、桂皮 4g、良姜 10g、山奈 10g、干姜 16g、陈皮 7g（料包）

B 料：盐 50g、胡椒粉 10g

C 料：酵母 5g、泡打粉 3g、绵白糖 10g、清水 250g

成熟技法 煮

成品特点 肉烂汤浓 香醇味美

烹制份数 20 份

营养分析

名称	每 100 g
能量	75 kcal
蛋白质	2.3 g
脂肪	4.4 g
碳水化合物	6.8 g
膳食纤维	0.4 g
钠	209.9 mg

烹制流程

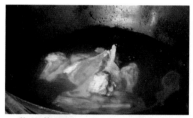

1. 黄花菜切段、木耳切丝，与羊肉、羊骨、牛骨、羊油、粉丝分别焯水备用。

2. 桶内加入清水，加入羊骨、牛骨、鸡油、羊油、葱姜小火炖 5 小时，撇出油脂备用。

3. 加入 A 料、羊肉煮 20 分钟后捞出料包，再煮 55 分钟关火，放 B 料调味，20 分钟后捞出羊肉切片。

4. 面粉加 C 料搅拌和成面团，揪成 50 克一个的剂坯，搓成长条，盘起来按扁。

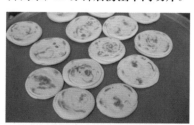

5. 电饼铛刷油，温度升至 180℃，每 1 分钟翻一次面，烙至成熟，切丁备用。

6. 碗中放入木耳、黄花菜、葱花，倒入原汤，淋油脂，放入馍及羊肉，搭配甜蒜、蒜蓉辣酱即可。

鲜肉香菇油菜水饺

原料

面粉 250g、猪肉馅 200g、小油菜 150g、
水发香菇 100g

调料

A 料：蛋清 15g、清水 125g

B 料：猪油 10g、料油 10g、香油 3g、
　　　 盐 2g、姜末 4g、葱花 50g

成熟技法　煮

成品特点　皮薄馅大　鲜嫩多汁

烹制份数　3 份

营养分析

名称	每 100 g
能量	182 kcal
蛋白质	6.8 g
脂肪	8.2 g
碳水化合物	21 g
膳食纤维	1.1 g
钠	269.8 mg

烹制流程

1. 小油菜、香菇切碎后，小油菜焯水备用。

3. 猪肉馅、小油菜、香菇加 B 料搅拌均匀，制成馅料。

5. 擀成饺子皮，包入馅料。

2. 面粉加 A 料和成面团，入压面机反复压制。

4. 面团揪成 12 克一个的剂坯。

6. 锅内加水烧开，下入饺子，煮 5 分钟左右即可。

猪肉大葱水饺

原料

面粉 250g、猪肉馅 250g、大葱 250g

调料

A 料：蛋清 15g、清水 125g

B 料：猪油 10g、香油 3g、盐 2g、姜末 5g

成熟技法 煮

成品特点 皮薄馅大 鲜嫩多汁

烹制份数 3 份

营养分析

名称	每 100 g
能量	188 kcal
蛋白质	7.2 g
脂肪	8.3 g
碳水化合物	21.9 g
膳食纤维	1.2 g
钠	304.3 mg

烹制流程

1. 面粉加 A 料和成面团，入压面机反复压制。

2. 大葱切碎，与猪肉馅、B 料搅拌均匀，制成馅料备用。

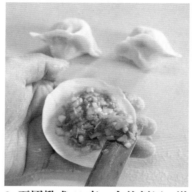

3. 面团揪成 12 克一个的剂坯，擀成饺子皮，包入馅料。

4. 锅内加水烧开，下入饺子，煮 5 分钟左右即可。

三鲜虾仁水饺

原料

面粉 250g、猪肉馅 200g、韭菜 100g、
虾仁 100g、鸡蛋 50g、水发木耳 50g

调料

植物油 10g

A 料：蛋清 15g、清水 125g

B 料：猪油 10g、香油 2g、盐 2g

成熟技法　煮

成品特点　皮薄馅大　鲜嫩多汁

烹制份数　3 份

营养分析

名称	每 100 g
能量	207 kcal
蛋白质	9.8 g
脂肪	8.2 g
碳水化合物	24.2 g
膳食纤维	0.9 g
钠	298.9 mg

烹制流程

1. 锅留底油，加入鸡蛋炒熟备用，
虾仁切丁，韭菜、木耳切碎备用。

2. 面粉加 A 料和成面团，入压面机
反复压制。

3. 猪肉馅、韭菜、虾仁、鸡蛋、木
耳加 B 料搅拌均匀，制成馅料。

4. 面团揪成 12 克一个的剂坯。

5. 擀成饺子皮，包入馅料。

6. 锅内加水烧开，下入饺子，煮至
成熟即可。

虾皮小白菜水饺

原料

面粉 250g、虾皮 20g、小白菜 400g

调料

A 料：蛋清 15g、清水 125g

B 料：猪油 20g、香油 3g、盐 3g、葱
花 10g、姜末 5g、料油 20g

成熟技法　煮

成品特点　皮薄馅大　鲜嫩可口

烹制份数　3 份

营养分析

名称	每 100 g
能量	153 kcal
蛋白质	5.9 g
脂肪	5.4 g
碳水化合物	21.1 g
膳食纤维	1.1 g
钠	308.3 mg

烹制流程

1. 小白菜切碎焯水备用。

2. 面粉加 A 料和成面团，入压面机
反复压制。

3. 虾皮、小白菜加 B 料搅拌均匀，
制成馅料。

4. 面团揪成 12 克一个的剂坯。

5. 擀成饺子皮，包入馅料。

6. 锅内加水烧开，下入饺子，煮 5
分钟左右即可。

韭菜鸡蛋水饺

原料

面粉 250g、韭菜 300g、鸡蛋 200g

调料

植物油 20g

A 料：蛋清 15g、清水 125g

B 料：猪油 20g、香油 3g、盐 7g

成熟技法　煮

成品特点　皮薄馅大　鲜嫩多汁

烹制份数　3 份

营养分析

名称	每 100 g
能量	183 kcal
蛋白质	8.3 g
脂肪	7.3 g
碳水化合物	22.1 g
膳食纤维	1 g
钠	338.1 mg

烹制流程

1. 锅留底油，加入鸡蛋炒熟。

2. 面粉加 A 料和成面团，入压面机反复压制。

3. 韭菜切碎，与鸡蛋、B 料搅拌均匀，制成馅料。

4. 面团揪成 12 克一个的剂坯。

5. 擀成饺子皮，包入馅料。

6. 锅内加水烧开，下入饺子，煮 5 分钟即可。

金牌排骨米线

原料

排骨 800g、发好米线 3300g、豆腐皮 200g、冬笋 150g、油菜 150g、绿豆芽 150g、香葱末 20g、香菜末 20g

调料

料酒 170g、植物油 100g、清水 3000g、米线底汤 1000g

A 料：大葱 30g、姜片 40g、干花椒 3g、香叶 2g、八角 7g、草果 3g、桂皮 1g

B 料：老抽 23g、生抽 100g、盐 15g、鸡精 10g

成熟技法 煮

成品特点 排骨鲜香 米线爽滑

烹制份数 10 份

营养分析

名称	每 100 g
能量	88 kcal
蛋白质	4.6 g
脂肪	5.4 g
碳水化合物	6 g
膳食纤维	0.7 g
钠	299.4 mg

烹制流程

1. 排骨剁块加 100 克料酒焯水，油菜、豆腐皮切丝，冬笋切片，与绿豆芽、米线分别焯水备用。

2. 锅留底油，加入 A 料煸炒，烹料酒，加入排骨，放 B 料调味。

3. 倒入清水，小火炖 80 分钟，加入米线底汤，制成卤子。

4. 米线装入碗中，加入油菜、豆腐皮、冬笋、绿豆芽，倒上卤子，撒香葱、香菜即可。

金牌牛肉米线

原料

牛肉 1050g、发好米线 3300g、油菜 200g、豆腐皮 150g、冬笋 150g、鹌鹑蛋 200g、香葱末 20g、香菜末 20g

调料

料酒 130g、植物油 200g、清水 4000g、香辣酱 100g、米线底汤 2000g

A 料：干花椒 5g、八角 6g、香叶 2g、桂皮 5g、草果 10g、陈皮 10g、白蔻 4g、干辣椒面 4g、干辣椒 5g、姜片 60g、大葱 30g

B 料：盐 30g、鸡精 30g

成熟技法　煮

成品特点　牛肉软烂　米线爽滑

烹制份数　10 份

营养分析

名称	每 100 g
能量	95 kcal
蛋白质	5.9 g
脂肪	5.6 g
碳水化合物	6.1 g
膳食纤维	0.7 g
钠	345 mg

烹制流程

1. 牛肉切块加料酒焯水，油菜、豆腐皮切丝，冬笋切片，与鹌鹑蛋、米线分别焯水备用。

2. 锅留底油，加入香辣酱炒香，加入 B 料煸炒，下入牛肉煸炒。

3. 倒入清水，大火烧开，放 B 料调味，入高压锅压制 35 分钟，加入米线底汤，制成卤子。

4. 米线装入碗中，加入油菜、豆腐皮、冬笋、鹌鹑蛋，倒上卤子，撒香葱、香菜即可。

海鲜米线

原料

大虾 400g、发好米线 3300g、油菜 200g、鹌鹑蛋 200g、冬笋 150g、豆腐皮 150g、绿豆芽 150g、香葱末 20g、香菜末 20g

调料

米线底汤 3000g、料酒 30g

A 料：盐 30g、鸡精 30g

成熟技法　煮

成品特点　口味鲜香　口感爽滑

烹制份数　10 份

营养分析

名称	每 100 g
能量	57 kcal
蛋白质	3.7 g
脂肪	2.4 g
碳水化合物	5.7 g
膳食纤维	0.7 g
钠	303.8 mg

烹制流程

1. 大虾加料酒焯水，油菜、豆腐皮切丝，冬笋切片，与绿豆芽、鹌鹑蛋、米线分别焯水备用。

2. 米线装入碗中，加入大虾、油菜、豆腐皮、绿豆芽、冬笋、鹌鹑蛋，倒入米线汤底，撒香葱、香菜即可。

海鲜米线

酸辣土豆粉

原料

土豆粉 300g、油菜 20g、香葱末 2g、香菜末 2g、花生碎 10g

调料

高汤 280g

A 料：盐 2g、绵白糖 2g、辣椒油 5g、醋 8g

成熟技法 煮

成品特点 酸辣咸鲜 口感筋道

烹制份数 1份

营养分析

名称	每 100 g
能量	71 kcal
蛋白质	0.5 g
脂肪	1.4 g
碳水化合物	14 g
膳食纤维	0.2 g
钠	145.9 mg

烹制流程

1. 米粉、油菜分别焯水备用。

2. 碗中加入 A 料。

3. 放入米粉、油菜。

4. 倒入高汤，撒香菜、香葱、花生碎即可。

酱香排骨米粉

原料

米粉 1200g、排骨 200g、油菜 80g、香葱末 10g

调料

植物油 100g、清水 4000g、黄豆酱 100g、料酒 30g

A 料：葱 30g、姜片 20g

B 料：桂皮 2g、八角 2g、香叶 1g

C 料：生抽 20g、老抽 50g、盐 30g、胡椒粉 3g、绵白糖 8g、鸡精 5g

成熟技法 煮

成品特点 排骨软烂 米粉爽滑 酱香浓郁

烹制份数 4 份

营养分析

名称	每 100 g
能量	220 kcal
蛋白质	1.5 g
脂肪	5.7 g
碳水化合物	40.8 g
膳食纤维	0.8 g
钠	700.1 mg

烹制流程

1. 排骨剁段，与米粉、油菜分别焯水备用。

2. 锅留底油，加入 A 料炒香，下入黄豆酱炒香，烹料酒，下入排骨、B 料。

3. 倒入清水，放 C 料调味，大火烧开，小火炖 80 分钟。

4. 碗中加入米粉，倒入原汤，放上排骨、油菜，撒香葱末即可。

麻辣猪排粉

原料

米粉 1200g、排骨 200g、鸡蛋 200g、油菜 80g、香葱末 10g

调料

植物油 100g、料酒 30g、清水 4000g

A 料：葱 30g、姜片 20g、干花椒 10g、泡椒酱 70g

B 料：生抽 30g、老抽 40g、盐 45g、干辣椒 15g、鸡精 5g、绵白糖 8g、桂皮 2g、八角 2g、香叶 1g

成熟技法　煮

成品特点　色泽红亮　麻辣鲜香

烹制份数　4 份

营养分析

名称	每 100 g
能量	209 kcal
蛋白质	2.1 g
脂肪	5.7 g
碳水化合物	37.7 g
膳食纤维	0.7 g
钠	773.1 mg

烹制流程

1. 排骨剁段，与米线、油菜分别焯水备用。

2. 锅留底油，加入 A 料炒香，烹料酒，加入排骨。

3. 倒入清水，放 B 料调味，大火烧开，小火炖 80 分钟。

4. 鸡蛋煮熟，去皮加入卤汤中卤制 20 分钟。

5. 碗中加入米线，倒入原汤，加入油菜、卤蛋、排骨，撒香葱末即可。

麻辣猪排粉

卤牛肉米粉

原料

米粉 1200g、牛肉 200g、花生碎 12g、香葱末 20g、油菜 20g

调料

植物油 50g、清水 2000g

A 料：大葱 30g、姜片 20g

B 料：八角 5g、桂皮 5g、香叶 0.2g、干辣椒 2g

C 料：料酒 30g、生抽 15g、老抽 40g、盐 10g、胡椒粉 2g

成熟技法 煮

成品特点 牛肉软烂 米粉爽滑

烹制份数 4份

营养分析

名称	每 100 g
能量	192 kcal
蛋白质	1.9 g
脂肪	2.8 g
碳水化合物	40 g
膳食纤维	0.8 g
钠	218.1 mg

烹制流程

1. 牛肉切块，与米粉、油菜分别焯水备用。

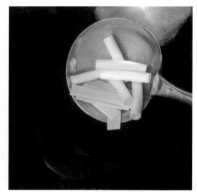

2. 锅留底油，加入 A 料炒香。

3. 加入牛肉、B 料，倒入清水，放 C 料调味，炖至成熟。

4. 碗中加入米粉，倒入 300 克牛肉汤，放入熟牛肉，加入油菜，撒花生碎、香葱末即可。

酸辣肥牛粉

原料

米粉 300g、肥牛片 50g、金针菇 50g、花生碎 10g、香葱末 2g、香菜末 2g

调料

高汤 280g

A 料：盐 2g、绵白糖 2g、辣椒油 5g、醋 8g

成熟技法　煮

成品特点　酸辣咸鲜　口感爽滑

烹制份数　1 份

营养分析

名称	每 100 g
能量	177 kcal
蛋白质	2.1 g
脂肪	2 g
碳水化合物	38 g
膳食纤维	0.9 g
钠	147.7 mg

烹制流程

1. 金针菇、肥牛片、米粉分别焯水。

2. 碗中加入 A 料，放入米粉、金针菇、肥牛片。

3. 倒入高汤，撒香菜、香葱、花生碎即可。

酸辣肥牛粉

番茄酸汤米粉

原料

米粉 900g、番茄 100g、油菜 80g、香菜末 10g、葱花 10g

调料

植物油 100g、清汤 1000g、番茄酱 20g

A 料：醋 55g、鸡精 3g、绵白糖 5g、盐 15g

成熟技法 煮

成品特点 色泽红润 酸爽开胃

烹制份数 3 份

营养分析

名称	每 100 g
能量	228 kcal
蛋白质	0.4 g
脂肪	6 g
碳水化合物	43.7 g
膳食纤维	0.9 g
钠	358.9 mg

烹制流程

1. 米粉、油菜分别焯水备用，番茄切滚刀块备用。

2. 锅留底油，加入葱花炒香，加入番茄、番茄酱焖炒。

3. 倒入清汤，放 A 料调味，制成卤子。

4. 碗中加入米粉，倒入卤子，放上油菜，撒香菜末即可。

鸡汤抄手

原料

馄饨皮 280g、猪肉馅 400g、球生菜 150g、香葱末 10g

调料

鸡汤 2000g、香油 5g

A 料：盐 12g、鸡精 5g、胡椒粉 1g

成熟技法　煮

成品特点　皮薄馅嫩　爽滑鲜香

烹制份数　5 份

营养分析

名称	每 100 g
能量	74 kcal
蛋白质	2.4 g
脂肪	3.9 g
碳水化合物	7.1 g
膳食纤维	0.1 g
钠	121.9 mg

烹制流程

1. 馄饨皮包入肉馅，制成抄手，球生菜焯水，垫入碗底。

2. 锅内倒入鸡汤，加 A 料调味，制成底汤。

3. 锅内烧水，加入抄手煮熟，倒入碗中，加入 400 克底汤，撒葱花，淋香油即可。

鸡汤抄手

老麻抄手

原料

馄饨皮 280g、肉馅 400g、球生菜 150g、
香葱末 10g

调料

清汤 2000g、香油 5g、红油 40g

A 料：盐 12g、鸡精 5g、胡椒粉 1g

成熟技法 煮

成品特点 皮薄馅嫩 咸鲜微辣

烹制份数 5 份

营养分析

名称	每 100 g
能量	88 kcal
蛋白质	2.4 g
脂肪	5.5 g
碳水化合物	7.1 g
膳食纤维	0.1 g
钠	310.6 mg

烹制流程

1. 馄饨皮包入肉馅，制成抄手，球
生菜焯水，垫入碗底。

2. 锅内倒入清汤，加 A 料调味，制
成底汤。

3. 锅内烧水，加入抄手煮熟，倒入
碗中，加入 400 克底汤，撒葱花，
淋香油、红油即可。

老麻抄手

手工大馅馄饨

原料

猪肉馅 500g、馄饨皮 650g、葱花 70g

调料

A 料：香油 5g、料油 10g

B 料：盐 9g、紫菜 9g、虾皮 27g、香
　　　油 4.5g、香菜 18g、鸡精 4.5g

成熟技法　煮

成品特点　皮薄馅嫩　汤鲜味美

烹制份数　9 份

营养分析

名称	每 100 g
能量	84 kcal
蛋白质	2.8 g
脂肪	3.5 g
碳水化合物	10.3 g
膳食纤维	0.1 g
钠	221.1 mg

烹制流程

1. 猪肉馅、葱花加 A 料混合制成馅料。

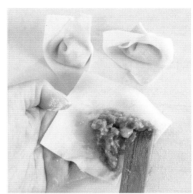

2. 馄饨皮包入馅料。

3. B 料混合分别装入碗中。

4. 锅内加水烧开，下入馄饨，烧开煮至成熟，捞出倒入碗中，每碗加入 300 克原汤即可。

皮蛋瘦肉粥

原料

大米 300g、糯米 300g、猪瘦肉馅 250g、皮蛋 400g、香葱 25g

调料

清水 10000g、盐 30g

成熟技法 熬

成品特点 口感润滑 咸鲜味美

烹制份数 20 份

营养分析

名称	每 100 g
能量	39 kcal
蛋白质	1.9 g
脂肪	0.8 g
碳水化合物	6.1 g
膳食纤维	0.1 g
钠	176.9 mg

烹制流程

1. 皮蛋切块上锅蒸熟。

2. 肉馅焯水备用，大米、糯米加水浸泡 1 小时。

3. 桶内加入清水，加入大米、糯米、肉馅、盐，小火熬制 45 分钟。

4. 加入皮蛋熬制 5 分钟，撒入香葱即可。

砂锅生滚鸡肉粥

原料

大米 500g、鸡茸 400g、油菜 100g

调料

盐 20g、清水 7500g

成熟技法　煮

成品特点　色泽嫩绿　口感柔和

烹制份数　15 份

营养分析

名称	每 100 g
能量	37 kcal
蛋白质	2.3 g
脂肪	0.2 g
碳水化合物	6.5 g
膳食纤维	0.1 g
钠	132.5 mg

烹制流程

1. 油菜切碎，鸡茸焯水备用，大米加水浸泡 1 小时备用。

2. 砂锅内加入清水，大火烧开，加入大米、鸡茸、盐。

3. 小火熬制 50 分钟，加入油菜搅拌均匀即可。

砂锅生滚鸡肉粥

鸡茸粥

原料

大米 600g、鸡茸 500g、小白菜 100g

调料

清水 10000g、盐 30g

成熟技法 熬

成品特点 色泽翠绿 口感柔和

烹制份数 20份

营养分析

名称	每 100 g
能量	34 kcal
蛋白质	2.2 g
脂肪	0.2 g
碳水化合物	5.9 g
膳食纤维	0.1 g
钠	152.4 mg

烹制流程

1. 鸡茸焯水断生备用。

2. 大米加水浸泡 1 小时。

3. 桶内加入清水，大火烧开，加入大米、鸡茸、盐，小火熬制 50 分钟，加入小白菜搅拌均匀即可。

鸡茸粥

大米粥

原料

大米 600g

调料

清水 10000g

成熟技法　熬

成品特点　色泽洁白　香气浓郁

烹制份数　20份

营养分析

名称	每 100 g
能量	26 kcal
蛋白质	0.6 g
脂肪	0.1 g
碳水化合物	5.8 g
膳食纤维	0.1 g
钠	0.5 mg

烹制流程

1. 大米加水浸泡 1 个小时。

2. 桶内加入清水，大火烧开，加入大米，小火熬制 50 分钟即可。

大米粥

荷叶粥

原料

干荷叶 20g、大米 600g

调料

清水 10000g

成熟技法　熬

成品特点　色泽淡黄　荷香浓郁

烹制份数　20 份

营养分析

名称	每 100 g
能量	26 kcal
蛋白质	0.7 g
脂肪	0.1 g
碳水化合物	5.9 g
膳食纤维	0.2 g
钠	0.6 mg

烹制流程

1. 干荷叶加水浸泡 30 分钟，大米加水浸泡 1 小时。

2. 桶内加入清水，大火烧开，加入大米、荷叶，小火熬制 50 分钟即可。

荷叶粥

小米粥

原料

小米 600g

调料

清水 10000g

成熟技法 熬

成品特点　色泽金黄　香气浓郁

烹制份数　20 份

营养分析

名称	每 100 g
能量	27 kcal
蛋白质	0.7 g
脂肪	0.2 g
碳水化合物	5.6 g
膳食纤维	0.1 g
钠	0.7 mg

烹制流程

1. 小米加水浸泡 10 分钟。

2. 桶内加入清水，大火烧开，加入小米，改小火熬制 20 分钟左右即可。

小米粥

小米南瓜粥

原料

小米 600g、南瓜块 600g

调料

清水 10000g

成熟技法　熬

成品特点　色泽金黄　口感微甜

烹制份数　20 份

营养分析

名称	每 100 g
能量	29 kcal
蛋白质	0.7 g
脂肪	0.2 g
碳水化合物	6 g
膳食纤维	0.2 g
钠	0.7 mg

烹制流程

1. 小米加水浸泡 10 分钟备用。

2. 桶内加入清水，大火烧开，加入小米、南瓜，改小火熬制 30 分钟左右即可。

小米南瓜粥

玉米碴粥

原料

玉米碴 500g

调料

清水 10000g

成熟技法 熬

成品特点 色泽金黄　香气浓郁

烹制份数 20 份

营养分析

名称	每 100 g
能量	20 kcal
蛋白质	0.5 g
脂肪	0.1 g
碳水化合物	4.9 g
膳食纤维	0.2 g
钠	0.5 mg

烹制流程

桶内加入清水，大火烧开，加入玉米碴，改小火熬制40分钟左右即可。

玉米碴粥

玉米面粥

原料

玉米面 400g

调料

清水 5000g

成熟技法 熬

成品特点 色泽金黄 香气浓郁

烹制份数 10 份

营养分析

名称	每 100 g
能量	35 kcal
蛋白质	0.9 g
脂肪	0.2 g
碳水化合物	7.9 g
膳食纤维	0.6 g
钠	0.6 mg

烹制流程

1. 玉米面加水稀释。

2. 桶内加入清水，大火烧开，加入玉米面，改小火熬制 15 分钟左右即可。

玉米面粥

紫米粥

原料

大米 300g、紫米 200g、糯米 200g

调料

清水 10500g

成熟技法 熬

成品特点 口感软糯　香气浓郁

烹制份数 20 份

营养分析

名称	每 100 g
能量	30 kcal
蛋白质	0.7 g
脂肪	0.1 g
碳水化合物	6.7 g
膳食纤维	0.1 g
钠	0.6 mg

烹制流程

1. 紫米加水浸泡 3 个小时。

2. 桶内加入清水，大火烧开，加入大米、糯米、紫米，改小火熬制 60 分钟左右即可。

紫米粥

红豆粥

原料

大米 750g、红豆 200g

调料

清水 10000g

成熟技法 熬

成品特点 口味甘甜 香气浓郁

烹制份数 20 份

营养分析

名称	每 100 g
能量	40 kcal
蛋白质	1.3 g
脂肪	0.1 g
碳水化合物	8.8 g
膳食纤维	0.3 g
钠	0.6 mg

烹制流程

1. 大米、红豆加水浸泡 1 小时。

2. 桶内加入清水，大火烧开，加入红豆熬制 30 分钟。

3. 再倒入大米继续熬制 30 分钟即可。

红豆粥

绿豆粥

原料

大米 750g、绿豆 200g

调料

清水 10000g

成熟技法　熬

成品特点　口味甘甜　香气浓郁

烹制份数　20 份

营养分析

名称	每 100 g
能量	41 kcal
蛋白质	1.3 g
脂肪	0.1 g
碳水化合物	8.8 g
膳食纤维	0.2 g
钠	0.6 mg

烹制流程

1. 大米、绿豆加水浸泡 1 小时。

2. 桶内加入清水，大火烧开，加入大米、绿豆，小火熬制 50 分钟即可。

绿豆粥

八宝粥

原料

大米 300g、糯米 300g、紫米 200g、绿豆 100g、赤豆 100g、芸豆 100g、莲子 100g、薏米 100g、花生米 100g、红枣 100g、枸杞子 20g

调料

清水 10000g、红糖 350g

成熟技法 熬

成品特点 色泽红亮 口感软糯

烹制份数 26 份

营养分析

名称	每 100 g
能量	65 kcal
蛋白质	1.8 g
脂肪	0.6 g
碳水化合物	13.2 g
膳食纤维	0.5 g
钠	1.8 mg

烹制流程

1. 大米、糯米、紫米、绿豆、赤豆、芸豆、莲子、薏米、花生米加水浸泡 12 小时,枸杞子加水浸泡 5 分钟。

2. 桶内加入清水烧开,加入大米、糯米、紫米、绿豆、赤豆、芸豆、莲子、薏米、花生米、红枣,小火熬制 1 小时。

3. 加入枸杞、红糖,烧开即可。

八宝粥

腊八粥

原料

大米 300g、糯米 300g、花生米 100g、小米 100g、高粱米 100g、紫米 200g、薏米 100g、红豆 100g、绿豆 100g、芸豆 100g、莲子 100g、红枣 100g、枸杞子 20g、核桃仁 100g、桂圆 100g、葡萄干 100g、青红丝各 20g

调料

清水 9000g、红糖 350g

成熟技法　熬

成品特点　色泽红亮　口感软糯

烹制份数　26 份

营养分析

名称	每 100 g
能量	79 kcal
蛋白质	2.1 g
脂肪	0.9 g
碳水化合物	15.7 g
膳食纤维	0.6 g
钠	2.1 mg

烹制流程

1. 大米、糯米、花生米、小米、高粱米、紫米、薏米、红豆、绿豆、芸豆、莲子加水浸泡 12 小时，枸杞子加水浸泡 5 分钟。

2. 桶内加水烧开，加入大米、糯米、花生米、小米、高粱米、紫米、薏米、红豆、绿豆、芸豆、莲子、红枣小火熬制 1 小时。

3. 加入核桃仁、桂圆、葡萄干熬制 5 分钟，加入枸杞子、青红丝烧开即可。

腊八粥

蔬菜粥

原料

大米 600g、小白菜 100g、胡萝卜 100g、芹菜 100g

调料

清水 10000g、盐 30g

成熟技法 熬

成品特点 口味咸鲜 色彩斑斓

烹制份数 20 份

营养分析

名称	每 100 g
能量	27 kcal
蛋白质	0.7 g
脂肪	0.1 g
碳水化合物	6 g
膳食纤维	0.2 g
钠	153.1 mg

烹制流程

1. 胡萝卜、芹菜切碎，小白菜切丝备用，大米加水浸泡 1 小时备用。

2. 桶内倒入清水，大火烧开，加入大米、盐，小火熬制 50 分钟。

3. 加入小白菜、胡萝卜、芹菜，烧开即可。

蔬菜粥

水果粥

原料

大米 750g、菠萝 200g、苹果 100g、桃子 100g、梨 100g

调料

清水 9500g、冰糖 200g

成熟技法　熬

成品特点　色泽美观　果香浓郁

烹制份数　20 份

营养分析

名称	每 100 g
能量	46 kcal
蛋白质	0.8 g
脂肪	0.1 g
碳水化合物	10.5 g
膳食纤维	0.2 g
钠	0.7 mg

烹制流程

1. 水果切块，大米加水浸泡 1 小时备用。

2. 桶内加入清水，大火烧开，加入大米、水果，小火熬制 50 分钟。

3. 加入冰糖，熬制融化即可。

水果粥

燕麦粥

原料

大米 500g、燕麦 150g

调料

清水 10000g

成熟技法 熬

成品特点 色泽洁白 清香味浓

烹制份数 20 份

营养分析

名称	每 100 g
能量	28 kcal
蛋白质	0.7 g
脂肪	0.1 g
碳水化合物	6.3 g
膳食纤维	0.2 g
钠	0.6 mg

烹制流程

1. 大米加水浸泡 1 小时。

2. 桶内加入清水，大火烧开，加入大米、燕麦，小火熬制 50 分钟左右即可。

燕麦粥

中篇
基本伙主食篇

八

炸 制 篇

脆麻花

原料

面粉 500g

调料

植物油

A 料：泡打粉 7g、猪油 100g、绵白糖 100g、清水 150g

成熟技法　炸

成品特点　色泽金黄　口感酥脆

烹制份数　14 个

营养分析

名称	每 100 g
能量	511 kcal
蛋白质	9.4 g
脂肪	28.6 g
碳水化合物	54.8 g
膳食纤维	1.2 g
钠	19.8 mg

烹制流程

1. 面粉加 A 料搅拌，和成面团，饧发备用。

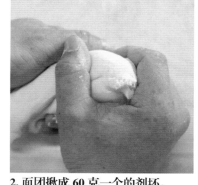

2. 面团揪成 60 克一个的剂坯。

3. 搓成长条，对折搓成麻花状。

4. 锅内倒入植物油，油温升至四成热，下入生坯，油温逐渐升高，炸至金黄色捞出。

软麻花

原料

面粉 1000g、南瓜泥 200g

调料

植物油

A 料：酵母 15g、泡打粉 15g、绵白
　　　糖 100g、盐 6g、清水 200g、奶
　　　粉 60g

成熟技法　炸

成品特点　色泽金黄　暄软香甜

烹制份数　20 个

营养分析

名称	每 100 g
能量	405 kcal
蛋白质	10.2 g
脂肪	17.2 g
碳水化合物	53.5 g
膳食纤维	1.5 g
钠	172.9 mg

烹制流程

1. 面粉、南瓜泥加 A 料搅拌和成面团，入压面机反复压制。

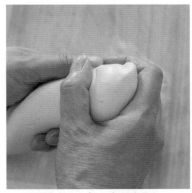

2. 面团揪成 80 克一个的剂坯。

3. 搓成长条，对折拧成麻花状。

4. 锅内加入植物油，烧至四成油温，下入生坯，逐渐升温，炸至金黄色。

红薯炸糕

原料

红薯 500g、面包糠 50g

调料

植物油

A 料：豆沙 250g、花生碎 190g

B 料：糯米粉 150g、黄油 15g

成熟技法　炸

成品特点　色泽金黄　口感软糯
口味香甜

烹制份数　22 个

营养分析

名称	每 100 g
能量	362 kcal
蛋白质	7 g
脂肪	23.8 g
碳水化合物	25.8 g
膳食纤维	1.4 g
钠	106.7 mg

烹制流程

1. 红薯去皮切小块，上锅蒸制 30 分钟。

2. A 料混合制成馅料。

3. 红薯加 B 料搅拌和成面团。

4. 面团揪成 30 克一个的剂坯。

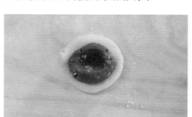

5. 包入馅料，揉成圆形，按扁，粘上面包糠。

6. 四成油温入锅，逐步升温炸熟即可。

奶油炸糕

原料

面粉 250g

调料

植物油

A 料：开水 500g、绵白糖 40g、奶粉 50g

B 料：植物油 25g、面粉 15g

C 料：奶粉 45g、炼乳 75g、绵白糖 45g、面粉 30g

成熟技法　炸

成品特点　色泽金黄　奶香味浓

烹制份数　13 个

营养分析

名称	每 100 g
能量	372 kcal
蛋白质	6.4 g
脂肪	19.7 g
碳水化合物	42.8 g
膳食纤维	0.7 g
钠	80.7 mg

烹制流程

1. 面粉加 A 料搅拌，再加入 B 料，和成面团。

2. C 料混合，制成馅料。

3. 面团捏成 65 克一个的剂坯，包入馅料，用手按平。

4. 入油锅，四成油温逐渐升温炸透即可。

油炸糕

原料

面粉 500g、面肥 30g

调料

植物油、小苏打 3g

A 料：开水 600g、绵白糖 40g

B 料：植物油 25g、面粉 15g

C 料：绵白糖 130g、面粉 65g

成熟技法 炸

成品特点 色泽金黄 软糯香甜

烹制份数 13 个

营养分析

名称	每 100 g
能量	458 kcal
蛋白质	10.3 g
脂肪	18.3 g
碳水化合物	64.2 g
膳食纤维	1.4 g
钠	4 mg

烹制流程

1. 面粉加 A 料搅拌，再加入 B 料，和成面团，晾凉后掺入面肥和小苏打搅拌均匀备用。

2. C 料混合，制成馅料。

3. 面团揪成 65 克一个的剂坯，包入馅料，用手按平。

4. 入油锅，四成至五成油温炸透即可。

开口笑

原料

面粉 500g、白芝麻 30g

调料

植物油

A料：泡打粉 3g、小苏打 5g、绵白糖 200g、猪油 30g、鸡蛋 60g、清水 150g

成熟技法 炸

成品特点 口感酥脆 香甜可口

烹制份数 27 个

营养分析

名称	每 100 g
能量	506 kcal
蛋白质	8.4 g
脂肪	30 g
碳水化合物	51.9 g
膳食纤维	1.2 g
钠	14.9 mg

烹制流程

1. 面粉加 A 料搅拌和成面团。

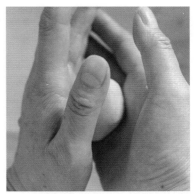

2. 面团揪成 35 克一个的剂坯，揉成圆形。

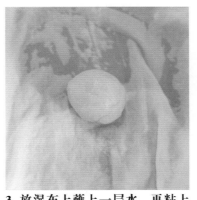

3. 放湿布上蘸上一层水，再粘上芝麻。

4. 锅内加入植物油，烧制四成油温，下入生坯，逐步升温，炸至浮起开口即可。

水木食集

麻团

原料
糯米粉 500g、豆沙 420g、白芝麻 40g

调料
植物油

A 料：绵白糖 150g、清水 350g

成熟技法 炸

成品特点 外酥内软　香甜可口

烹制份数 14 个

营养分析

名称	每 100 g
能量	401 kcal
蛋白质	8.7 g
脂肪	13.7 g
碳水化合物	52.6 g
膳食纤维	1.1 g
钠	3.5 mg

烹制流程

1. 糯米粉加 A 料搅拌和成面团。

2. 面团揪成 70 克一个的剂坯，擀平，包入豆沙。

3. 揉成圆形，表面刷一层清水，粘上芝麻。

4. 锅内倒入植物油，四成油温下入生坯，逐渐升温炸至金黄色即可。

550

南瓜饼

原料

糯米粉 350g、面粉 150g、南瓜泥 200g、豆沙 460g

调料

植物油

A 料：绵白糖 150g、鸡蛋 60g、泡打粉 10g、酵母 6g、清水 185g

成熟技法　炸

成品特点　色泽金黄　软糯香甜

烹制份数　31 个

营养分析

名称	每 100 g
能量	390 kcal
蛋白质	6.8 g
脂肪	19.8 g
碳水化合物	39.7 g
膳食纤维	0.7 g
钠	7.6 mg

烹制流程

1. 面粉、糯米粉、南瓜泥加 A 料搅拌和成面团。

2. 面团揪成 35 克一个的剂坯。

3. 包入豆沙，按平。

4. 锅内加入植物油，烧至四成油温，下入生坯，逐渐升温炸至金黄色即可。

糖油饼

原料

面粉 500g

调料

植物油

A 料：泡打粉 5g、小苏打 3g、清水 375g、盐 9g

B 料：绵白糖 90g、面粉 45g

成熟技法　炸

成品特点　口味香甜　色泽均匀

烹制份数　15 个

营养分析

名称	每 100 g
能量	465 kcal
蛋白质	10.8 g
脂肪	20.6 g
碳水化合物	59.7 g
膳食纤维	1.5 g
钠	449.9 mg

烹制流程

1. 面粉加 A 料搅拌和成面团，饧发备用。

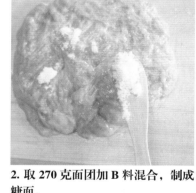

2. 取 270 克面团加 B 料混合，制成糖面。

3. 面团揪成 60 克一个的剂坯，糖面揪成 30 克一个的剂坯。

4. 两种面团叠在一起擀平，中间划开，入热油中炸至成熟即可。

552

油饼

原料

面粉 500g

调料

植物油

A 料：盐 4g、小苏打 4g、清水 300g

成熟技法　炸

成品特点　色泽金黄　香而不腻

烹制份数　9 个

营养分析

名称	每 100 g
能量	441 kcal
蛋白质	13.2 g
脂肪	17.3 g
碳水化合物	59.7 g
膳食纤维	1.8 g
钠	242.1 mg

烹制流程

1. 面粉加 A 料搅拌和成面团，饧发备用。

2. 面团揪成 90 克一个的剂坯。

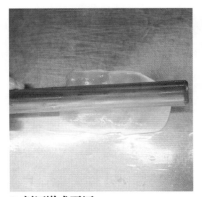

3. 剂坯擀成面坯。

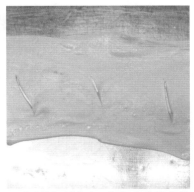

4. 中间用刀划开，入七成热油中炸熟即可。

油条

原料

面粉 500g

调料

植物油

A料：鸡蛋 60g、植物油 25g、清水 300g、
　　　盐 10g、小苏打 5g、泡打粉 12g

成熟技法　炸

成品特点　外酥里嫩　色泽金黄

烹制份数　10 个

营养分析

名称	每 100 g
能量	436 kcal
蛋白质	12.5 g
脂肪	20.6 g
碳水化合物	51.4 g
膳食纤维	1.6 g
钠	580.9 mg

烹制流程

1. 面粉加 A 料搅拌均匀，和成面团，饧发备用。

2. 面团抹油，切成 50 克一个的剂坯。

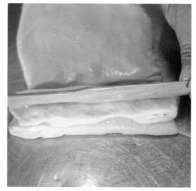

3. 两个剂坯叠在一起，用筷子在中间压实。

4. 锅内加入植物油，六成至七成油温下入生坯，炸至金黄即可。

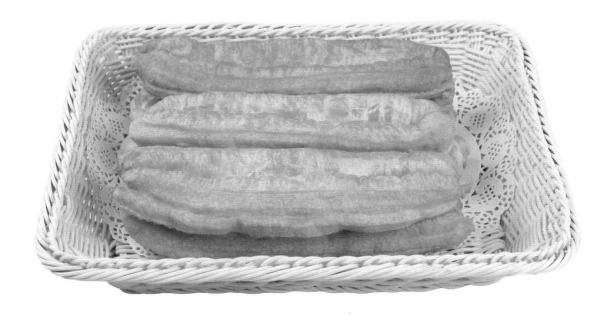

炸春卷

原料

面粉 250g、绿豆芽 300g、胡萝卜 50g、韭菜 50g、肉丝 100g

调料

清水 275g、植物油 100g、蛋清 20g、葱花 10g

A 料：盐 5g、鸡精 4g

成熟技法　炸

成品特点　色泽金黄　外酥里嫩

烹制份数　20 个

营养分析

名称	每 100 g
能量	233 kcal
蛋白质	8 g
脂肪	12.8 g
碳水化合物	22.2 g
膳食纤维	1.4 g
钠	251.2 mg

烹制流程

1. 面粉加 150 克清水和成面团，饧发备用。

2. 剩余的清水分多次揣进面团中，反复按压，用平底锅摊成面皮备用。

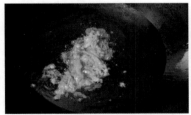

3. 胡萝卜切丝，韭菜切段，肉丝上浆滑油，胡萝卜、绿豆芽焯水备用。

4. 锅留底油，加入葱花炒香，下入豆芽、胡萝卜煸炒，放 A 料调味，下入韭菜翻炒均匀出锅。

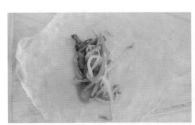

5. 面皮摊平，放入 30 克炒好的蔬菜，包成长条形，封口处刷蛋清黏住。

6. 锅内加入植物油，六成热油下入春卷，炸至金黄即可。

炸面包圈

原料

面粉 500g

调料

植物油

A 料：鸡蛋 150g、酵母 3g、小苏打 2g、
　　　绵白糖 80g、清水 120g

成熟技法 炸

成品特点 色泽金黄　香甜绵软

烹制份数 10 个

营养分析

名称	每 100 g
能量	392 kcal
蛋白质	11.9 g
脂肪	15.2 g
碳水化合物	52.8 g
膳食纤维	1.3 g
钠	27 mg

烹制流程

1. 面粉加 A 料搅拌和成面团，饧发备用。

2. 面团揪成 80 克一个的剂坯。

3. 揉圆按扁，中间戳洞，揉成圆圈状，饧发备用。

4. 锅内倒入植物油，四成油温入锅并逐渐升温炸至金黄即可。

炸排叉

原料

面粉 500g

调料

植物油

A 料：清水 200g、盐 5g、白芝麻 10g

成熟技法　炸

成品特点　色泽金黄　香酥可口

烹制份数　10 个

营养分析

名称	每 100 g
能量	449 kcal
蛋白质	13.2 g
脂肪	19 g
碳水化合物	58.2 g
膳食纤维	2 g
钠	324.2 mg

烹制流程

1. 面粉加 A 料搅拌和成面团，入压面机压成 **1** 毫米厚的面皮。

2. 面皮切成 **8 × 18** 厘米大小，两片叠在一起，中间用刀划开，从中间对穿，入六成热油中炸熟。

中篇
基本伙主食篇

九

烤 制 篇

咖啡卷

原料

面粉 185g、泡打粉 7g、淀粉 10g、蛋清 450g、蛋黄 200g、蛋黄酱 260g

调料

A 料：清水 100g、植物油 100g、绵白糖 65g

B 料：咖啡粉 20g、开水 50g

C 料：白砂糖 212g、塔塔粉 8g

成熟技法 烤

成品特点 口感松软   口味香甜
咖啡味浓

烹制份数 14 个

营养分析

名称	每 100 g
能量	373 kcal
蛋白质	7.8 g
脂肪	24.6 g
碳水化合物	30.2 g
膳食纤维	0.3 g
钠	169.5 mg

烹制流程

1. 面粉、泡打粉、淀粉加 A 料、蛋黄搅拌均匀备用。

2. 蛋清加 C 料混合打发备用。

3. B 料混合搅拌均匀，加入 A 料、蛋清混合备用。

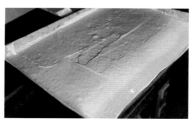

4. 烤盘内铺入吸油纸，倒入面糊，烤箱上火 180℃，下火 160℃，烤制 20 分钟。

5. 蛋糕坯抹上蛋黄酱，卷成条。

6. 冷藏 15 分钟后切 1.5 厘米宽的卷即可。

肉松卷

原料

面粉 500g、肉松 120g、鸡蛋 50g、葱花 30g、芝麻 50g

调料

沙拉酱 150g

A 料：绵白糖 100g、酵母 5g、鸡蛋 50g、奶粉 20g、牛奶 100g、清水 150g、盐 5g、黄油 50g

成熟技法　烤

成品特点　外皮金黄　咸中带甜

烹制份数　7 个

营养分析

名称	每 100 g
能量	353 kcal
蛋白质	10.3 g
脂肪	14.5 g
碳水化合物	46.3 g
膳食纤维	1.3 g
钠	546.4 mg

烹制流程

1. 面粉加 A 料搅拌，和成面团，铺入烤盘，扎上小孔，刷蛋液，撒上葱花、芝麻，饧发备用。

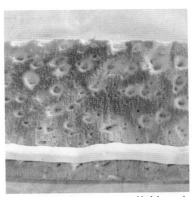

2. 烤箱温度升至 180℃，烤制 15 分钟后取出，切成 8 厘米宽的长方形，背面抹上沙拉酱。

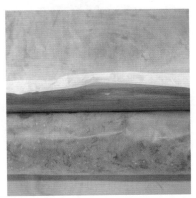

3. 卷成条状，切成 7×10 厘米大小的块，两端抹上沙拉酱，粘上肉松即可。

肉松卷

豆沙面包

原料

面粉 750g、豆沙 2100g、蛋液 100g、
芝麻 30g

调料

植物油 50g

A 料：面粉 1750g、砂糖 175g、酵母 37g、
　　　鸡蛋 200g、清水 825g

B 料：砂糖 450g、奶粉 60g、黄油 250g、
　　　盐 25g、鸡蛋 200g、清水 250g

成熟技法　烤

成品特点　色泽金黄　口感松软
　　　　　　口味香甜

烹制份数　70 个

营养分析

名称	每 100 g
能量	301 kcal
蛋白质	8.6 g
脂肪	6.2 g
碳水化合物	45.5 g
膳食纤维	0.8 g
钠	174.8 mg

烹制流程

1. A 料入搅面机搅拌均匀，制成面肥，饧发备用。

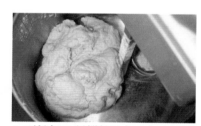

2. 面粉加 B 料搅拌均匀，加入面肥搅拌，饧发备用。

3. 面团揪成 75 克一个的剂坯。

4. 包入豆沙，擀成面坯。

5. 斜刀划上花纹，卷成条，盘成圆圈状，刷蛋液，撒上芝麻。

6. 烤箱上火 200℃，下火 180℃，烤制 15 分钟刷油再烤 5 分钟即可。

鸡蛋面包

原料

面粉 750g、蛋液 100g、肉松 350g、蛋黄 1050g、芝士 140g

调料

沙拉酱 140g

A 料：面粉 1750g、砂糖 175g、酵母 37g、鸡蛋 200g、清水 825g

B 料：砂糖 450g、奶粉 60g、黄油 250g、盐 25g、鸡蛋 200g、清水 250g

成熟技法 烤

成品特点 色泽金黄 口感松软

烹制份数 70 个

营养分析

名称	每 100 g
能量	298 kcal
蛋白质	10.3 g
脂肪	11.8 g
碳水化合物	38.2 g
膳食纤维	0.8 g
钠	353.9 mg

烹制流程

1. A 料入搅面机搅拌均匀，制成面肥，饧发备用。

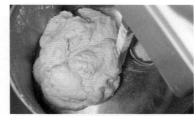

2. 面粉加 B 料搅拌均匀，加入面肥搅拌，饧发备用。

3. 面团揪成 75 克一个的剂坯，擀成 4×4 厘米大小的饼坯。

4. 撒上肉松，放上蛋黄。

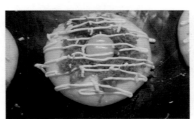

5. 挤上沙拉，撒上芝士。

6. 烤箱温度上火 200 ℃，下火 180℃，烤制 20 分钟即可。

肉松面包

原料

面粉 750g、海苔肉松 200g、蛋液 100g、香葱 150g、火腿丁 200g

调料

沙拉酱 350g

A 料：面粉 1750g、砂糖 175g、酵母 37g、鸡蛋 200g、清水 825g

B 料：砂糖 450g、奶粉 60g、黄油 250g、盐 25g、鸡蛋 200g、清水 250g

成熟技法 烤

成品特点 色泽金黄 口感松软

烹制份数 70 个

营养分析

名称	每 100 g
能量	250 kcal
蛋白质	7.9 g
脂肪	7.5 g
碳水化合物	38.1 g
膳食纤维	0.8 g
钠	242.2 mg

烹制流程

1. A 料入搅面机搅拌均匀，制成面肥，饧发备用。

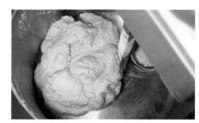

2. 面粉加 B 料搅拌均匀，加入面肥搅拌，饧发备用。

3. 面团揪成 75 克一个的剂坯。

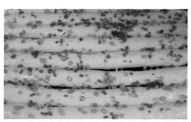

4. 剂坯搓成长条，铺入烤盘，刷蛋液，撒上香葱、火腿丁。

5. 烤箱温度上火 200 ℃，下火 180 ℃，烤制 20 分钟；

6. 切 6 × 10 厘米大小的长方块，四周抹上沙拉酱，粘上海苔肉松即可。

双色面包

原料

蓝莓酱 100g、蛋液 100g

调料

A 料：面粉 875g、砂糖 87g、酵母 18g、
　　　鸡蛋 100g、清水 410g

B 料：面粉 375g、砂糖 225g、奶粉 30g、
　　　黄油 125g、盐 12g、鸡蛋 100g、
　　　清水 125g

C 料：黄油 15g、面粉 30g、绵白糖 15g

D 料：面粉 875g、砂糖 87g、酵母 18g、
　　　鸡蛋 100g、清水 410g、抹茶粉 50g

E 料：面粉 375g、砂糖 225g、奶粉 30g、
　　　黄油 125g、盐 12g、鸡蛋 100g、
　　　清水 125g

成熟技法　烤

成品特点　口感松软　口味香甜

烹制份数　45 个

营养分析

名称	每 100 g
能量	336 kcal
蛋白质	10.5 g
脂肪	8.4 g
碳水化合物	55.5 g
膳食纤维	1.2 g
钠	224.6 mg

烹制流程

1. A 料入搅面机搅拌均匀，制成面肥，饧发备用。

2. B 料搅拌均匀，加入面肥搅拌，饧发后，C 料混合，制成酥粒。

3. 面团揪成 60 克一个的剂坯，搓成长条，铺入烤盘，刷上蛋液，撒上酥粒，烤箱温度上火 200℃，下火 180℃，烤制 20 分钟。

4. D 料入搅面机搅拌均匀，制成面肥，饧发备用。

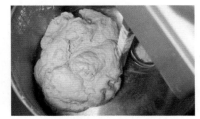

5. E 料搅拌均匀，加入面肥搅拌，饧发备用。

6. 面团揪成 60 克一个的剂坯，搓成长条，铺入烤盘，刷上蛋液，烤箱温度上火 200℃，下火 180℃，烤制 20 分钟。

7. 两种面包分别抹上蓝莓酱，粘和在一起，切成 6×10cm 大小的长方形即可。

吐司面包

原料

面粉 750g、黄油 30g、肉松 300g、芝麻 140g、蛋液 100g

调料

植物油 100g

A 料：面粉 1750g、砂糖 175g、酵母 37g、鸡蛋 200g、清水 825g

B 料：砂糖 450g、奶粉 60g、黄油 250g、盐 25g、鸡蛋 200g、清水 250g

成熟技法 烤

成品特点 色泽金黄 口感松软

烹制份数 47 个

营养分析

名称	每 100 g
能量	382 kcal
蛋白质	11.5 g
脂肪	13.1 g
碳水化合物	55.6 g
膳食纤维	1.4 g
钠	409.4 mg

烹制流程

1. A 料入搅面机搅拌均匀，制成面肥，饧发备用。

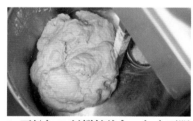

2. 面粉加 B 料搅拌均匀，加入面肥搅拌，饧发备用。

3. 黄油加肉松搅拌均匀，制成馅料备用。

4. 面团揪成 110 克一个的剂坯，包入馅料，擀成面皮，切成三条。

5. 编成麻花状，叠起来放入刷好油的模具，刷蛋液，撒上芝麻。

6. 烤箱温度上火 200 ℃，下火 180℃，烤至成熟即可。

香肠面包

原料

面粉 750g、香肠 2800g、蛋液 100g

调料

植物油 50g

A 料：面粉 1750g、砂糖 175g、酵母 37g、
鸡蛋 200g、清水 825g

B 料：砂糖 450g、奶粉 60g、黄油 250g、
盐 25g、鸡蛋 200g、清水 250g

成熟技法 烤

成品特点 香气浓郁 色泽金黄

烹制份数 70 个

营养分析

名称	每 100 g
能量	303 kcal
蛋白质	12.4 g
脂肪	10 g
碳水化合物	41.4 g
膳食纤维	0.8 g
钠	483.2 mg

烹制流程

1. A 料入搅面机搅拌均匀，制成面肥，饧发备用。

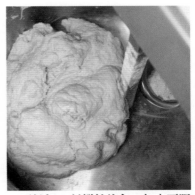

2. 面粉加 B 料搅拌均匀，加入面肥搅拌，饧发备用。

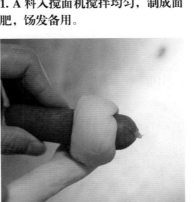

3. 面团捏成 75 克一个的剂坯，搓成长条，卷在香肠上，饧发后，刷蛋液，撒上芝士。

4. 烤箱温度上火 200 ℃，下火 180 ℃，烤制 15 分钟刷油再烤 5 分钟即可。

方块酥

原料

面粉 250g、豆沙 530g、蛋黄 20g

调料

A 料：清水 150g、猪油 25g

B 料：面粉 200g、猪油 100g

成熟技法 烤

成品特点 外酥里嫩 口味香甜

烹制份数 35 个

营养分析

名称	每 100 g
能量	374 kcal
蛋白质	9.3 g
脂肪	11.8 g
碳水化合物	45.2 g
膳食纤维	0.9 g
钠	17.8 mg

烹制流程

1. 面粉加 A 料搅拌和成面团，饧发备用。

2. B 料混合，制成油酥。

3. 面团擀平，包入油酥，擀平。

4. 卷成条状，切成 20 克一个的剂坯。

5. 包入豆沙，揉成正方形，用刀划上花纹，刷上蛋黄。

6. 烤箱温度升至 180℃，烤制 15 分钟左右即可。

凤尾酥

原料

面粉 250g、豆沙 670g

调料

A 料：清水 150g、猪油 25g

B 料：面粉 200g、猪油 100g

成熟技法　烤

成品特点　外酥里嫩　口味香甜

烹制份数　56 个

营养分析

名称	每 100 g
能量	356 kcal
蛋白质	9 g
脂肪	10.4 g
碳水化合物	45 g
膳食纤维	0.9 g
钠	14.4 mg

烹制流程

1. 面粉加 A 料搅拌和成面团，饧发备用。

2. B 料混合，制成油酥。

3. 面团擀平，包入油酥，擀平。

4. 卷成条状，切成 20 克一个的剂坯。

5. 包入豆沙，擀平，卷成圆柱状，用刀切开三分之二，制成凤尾状。

6. 烤箱温度升至 180 ℃，烤制 12~15 分钟即可。

佛手酥

原料

面粉 250g、豆沙 360g、蛋黄 20g

调料

A 料：清水 150g、猪油 25g

B 料：面粉 200g、猪油 100g

成熟技法 烤

成品特点 外酥里嫩 形似佛手
口味香甜

烹制份数 24 个

营养分析

名称	每 100 g
能量	390 kcal
蛋白质	10 g
脂肪	13.5 g
碳水化合物	47.5 g
膳食纤维	1 g
钠	20.5 mg

烹制流程

1. 面粉加 A 料搅拌和成面团，饧发备用。

2. B 料混合，制成油酥。

3. 面团擀平，包入油酥，擀平。

4. 卷成条状，切成 30 克一个的剂坯。

5. 包入豆沙，揉成椭圆形，将一端按扁，切成佛手状，在另一端刷上蛋黄。

6. 烤箱温度升至 180℃，烤制 15 分钟左右即可。

核桃酥

原料

面粉 250g、豆沙 450g

调料

清水 150g

A 料：可可粉 8g、猪油 25g

B 料：面粉 270g、猪油 135g

成熟技法　烤

成品特点　形似核桃　酥香适口

烹制份数　30 个

营养分析

名称	每 100 g
能量	393 kcal
蛋白质	9.8 g
脂肪	13.7 g
碳水化合物	47.2 g
膳食纤维	1.1 g
钠	20.8 mg

烹制流程

1. 面粉、清水加 A 料搅拌和成面团，饧发备用。

2. B 料混合，制成油酥。

3. 面团擀成大面皮，包入油酥，擀平。

4. 卷成条状，揪成 25 克一个的剂坯。

5. 包入豆沙，揉成圆形，用工具印上核桃花纹。

6. 烤箱温度升至 200℃，烤制 20 分钟左右即可。

桃酥

原料

面粉 500g、核桃仁碎 50g、黑芝麻 3g、白芝麻 3g

调料

A 料：植物油 300g、小苏打 3g、泡打粉 4g、绵白糖 200g、清水 50g

成熟技法 烤

成品特点 干 酥 脆 甜

烹制份数 25 个

营养分析

名称	每 100 g
能量	538 kcal
蛋白质	8.1 g
脂肪	32.5 g
碳水化合物	53.3 g
膳食纤维	1.4 g
钠	4.7 mg

烹制流程

1. 面粉、核桃仁加 A 料搅拌和成面团。

2. 面团揪成 40 克一个的剂坯，揉成圆形，放入烤盘。

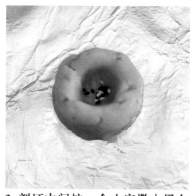

3. 剂坯中间按一个小窝撒入黑白芝麻。

4. 烤箱温度升至 180℃，烤至成熟即可。

香甜甘露酥

原料

面粉 500g、豆沙 570g、白芝麻 10g、黑芝麻 10g、蛋黄 20g

调料

A 料：绵白糖 270g、猪油 250g、鸡蛋 100g、泡打粉 10g

成熟技法 烤

成品特点 口感绵软　口味香甜

烹制份数 38 个

营养分析

名称	每 100 g
能量	400 kcal
蛋白质	7.7 g
脂肪	15 g
碳水化合物	48.6 g
膳食纤维	0.7 g
钠	29.6 mg

烹制流程

1. 面粉加 A 料搅拌和成面团。

2. 面团揪成 30 克一个的剂坯，包入豆沙。

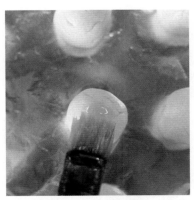

3. 揉成圆形，顶部刷蛋黄液，撒上黑白芝麻。

4. 烤箱温度升至 200℃，烤至成熟即可。

枣花酥

原料

面粉 250g、豆沙 650g、蛋黄 30g

调料

植物油 40g、清水 140g

A 料：面粉 260g、猪油 120g

成熟技法 烤

成品特点 外皮酥香 馅心甜糯

烹制份数 32 个

营养分析

名称	每 100 g
能量	375 kcal
蛋白质	9.1 g
脂肪	12.9 g
碳水化合物	43.9 g
膳食纤维	0.7 g
钠	15 mg

烹制流程

1. 面粉加入植物油和清水搅拌和成面团，饧发备用。

2. A 料混合制成油酥。

3. 面团擀成大面坯，包入油酥，卷成条状，揪成 25 克一个的剂坯。

4. 包入豆沙，擀成圆饼，中间留一定的空间，切成 18 瓣。

5. 将花瓣由一个方向翻起，露出豆沙，中间刷上蛋黄。

6. 烤箱温度升至 180℃，烤制 15 分钟左右即可。

火腿烧饼

原料

面粉 500g、火腿丁 300g、香葱 10g、白芝麻 30g、鸡蛋 50g

调料

A 料：植物油 150g、温水（50℃）240g、泡打粉 1g、酵母 3g

B 料：面粉 310g、植物油 340g

成熟技法　烤

成品特点　外酥里嫩　咸鲜可口

烹制份数　13 个

营养分析

名称	每 100 g
能量	485 kcal
蛋白质	10.6 g
脂肪	33.1 g
碳水化合物	37.4 g
膳食纤维	1.2 g
钠	145.4 mg

烹制流程

1. 面粉加 A 料搅拌和成面团，饧发备用。

2. B 料混合，制成油酥，火腿丁加香葱混合，制成馅料备用。

3. 面团擀成大面坯，刷上油酥。

4. 卷成长条，揪成 65 克一个的剂坯。

5. 包入馅料，揉成圆形，顶部刷上蛋液，粘上芝麻。

6. 烤箱温度升至 200℃，烤制 20 分钟左右即可。

烤冬菜烧饼

原料

冬菜 500g、肉末 250g、面粉 500g、胡萝卜 50g、鸡蛋 60g、白芝麻 30g

调料

植物油 150g

A 料：植物油 150g、温水（50℃）240g、泡打粉 1g、酵母 3g

B 料：葱花 15g、姜末 8g

C 料：料酒 15g、生抽 17g、老抽 15g、盐 2.5g、香油 2.5g

成熟技法 烤

成品特点 色泽金黄　皮酥馅嫩 咸鲜可口

烹制份数 20 个

营养分析

名称	每 100 g
能量	354 kcal
蛋白质	8.4 g
脂肪	24.9 g
碳水化合物	25 g
膳食纤维	1.6 g
钠	2235.4 mg

烹制流程

1. 胡萝卜切碎，冬菜切碎焯水断生备用。

2. 面粉加 A 料搅拌和成面团，饧发备用。

3. 锅留底油，加入 B 料爆锅，下入肉末煸炒。

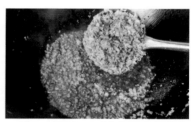

4. 放 C 料调味，下入冬菜、胡萝卜翻炒，制成馅料。

5. 面团揪成 50 克一个的剂坯，按成面坯，包入馅料，按平，侧面刷一层清水，粘上芝麻，中间刷蛋液。

6. 烤箱温度升至 220℃，烤制 20 分钟左右即可。

肉松烧饼

原料

面粉 500g、肉松 250g、白芝麻 30g、鸡蛋 50g

调料

A 料：植物油 150g、温水（50℃）240g、
　　　泡打粉 1g、酵母 3g

B 料：面粉 310、植物油 340g

C 料：香油 5g、植物油 70g、糖桂花 10g

成熟技法　烤

成品特点　外酥里嫩　咸香适口

烹制份数　13 个

营养分析

名称	每 100 g
能量	546 kcal
蛋白质	10.3 g
脂肪	38.6 g
碳水化合物	40.4 g
膳食纤维	1.2 g
钠	428.4 mg

烹制流程

1. 面粉加 A 料搅拌和成面团，饧发备用。

2. B 料混合，制成油酥。

3. 肉松加 C 料混合，制成馅料备用。

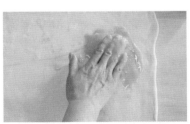

4. 面团擀成大面坯，刷上油酥，卷成长条，揪成 65 克一个的剂坯。

5. 包入馅料，揉成圆形，顶部刷上蛋液，粘上芝麻。

6. 烤箱温度升至 200 ℃，烤制 15~20 分钟即可。

黄桥烧饼（豆沙）

原料

面粉 125g、豆沙 240g、面肥 45g、白芝麻 50g

调料

A 料：开水 43g、植物油 25g

B 料：面粉 90g、植物油 110g

成熟技法 烤

成品特点 色泽金黄 香酥可口

烹制份数 24 个

营养分析

名称	每 100 g
能量	441 kcal
蛋白质	9.9 g
脂肪	22.7 g
碳水化合物	43.1 g
膳食纤维	1.3 g
钠	4.9 mg

烹制流程

1. 面粉、面肥加 A 料搅拌和成面团。

2. B 料混合制成油酥。

3. 面团揪成 10 克一个的剂坯，包入 8 克油酥。

4. 卷成卷，擀成面皮。

5. 包入豆沙，粘上芝麻。

6. 烤箱温度升至 175℃，烤制 12~15 分钟即可。

黄桥烧饼（什锦）

原料

面粉 125g、面肥 45g、白芝麻 50g

调料

A 料：开水 43g、植物油 25g

B 料：面粉 90g、植物油 110g

C 料：花生米碎 90g、青红丝 20g、糖
桂花 20g、熟面粉 60g、猪油 50g

成熟技法　烤

成品特点　色泽金黄　香酥可口

烹制份数　24 个

营养分析

名称	每 100 g
能量	543 kcal
蛋白质	12.4 g
脂肪	37.2 g
碳水化合物	41.2 g
膳食纤维	2.9 g
钠	76.5 mg

烹制流程

1. 面粉、面肥加 A 料搅拌和成面团
备用。

2. B 料混合制成油酥。

3. C 料混合，制成馅料。

4. 面团揪成 10 克一个的剂坯，包
入 8 克油酥。

5. 卷成卷，擀成面皮，包入馅料，
粘上芝麻。

6. 烤箱温度升至 175 ℃，烤制
12~15 分钟即可。

麻酱椒盐烧饼

原料

面粉 500g、面肥 150g、白芝麻 30g

调料

清水 300g

A 料：芝麻酱 100g、椒盐 2g、植物油 20g、熟小茴香粉 2g

成熟技法 烤

成品特点 外焦里嫩 椒盐味浓

烹制份数 10 个

营养分析

名称	每 100 g
能量	335 kcal
蛋白质	13.1 g
脂肪	10.4 g
碳水化合物	48.6 g
膳食纤维	1.7 g
钠	81.9 mg

烹制流程

1. A 料混合，制成酱料。

2. 面粉、面肥加清水和成面团，入压面机反复压制，擀成大面坯，刷酱。

3. 卷成大卷，揪成 100 克一个的剂坯，揉成圆形，按平，表面刷一层清水，粘上白芝麻，装入烤盘。

4. 烤箱升温至 200℃，烤制 15 分钟左右即可。

麻酱糖烧饼

原料

面粉 500g、面肥 150g、鸡蛋 20g

调料

清水 300g

A 料：红糖 200g、麻酱 400g、植物油 30g

成熟技法　烤

成品特点　外酥里嫩　香甜味厚
绵软不粘

烹制份数　19 个

营养分析

名称	每 100 g
能量	465 kcal
蛋白质	15.1 g
脂肪	21.1 g
碳水化合物	55.2 g
膳食纤维	1 g
钠	6.5 mg

烹制流程

1. 面粉、面肥加清水搅拌，和成面团，入压面机反复压制。

2. A 料混合，制成馅料备用。

3. 面团擀成大面坯，抹上馅料。

4. 卷成大卷，捏成 100 克一个的剂坯。

5. 揉成圆形，按平，表面刷上蛋液，装入烤盘。

6. 烤箱升温至 200℃，烤制 20 分钟左右即可。

螺丝转（烤制版）

原料

面粉 500g

调料

麻酱 100g、植物油 40g、盐 10g

A 料：酵母 5g、泡打粉 5g、白糖 5g、
　　　鸡蛋 120g、清水 250g

成熟技法　烤

成品特点　外皮焦脆　麻酱味浓

烹制份数　10 个

营养分析

名称	每 100 g
能量	390 kcal
蛋白质	15.2 g
脂肪	15.5 g
碳水化合物	48.9 g
膳食纤维	1.4 g
钠	530.2 mg

烹制流程

1. 面粉加 A 料搅拌和成面团，入压面机反复压制，饧发备用。

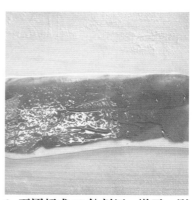

2. 面团切成 10 份剂坯，擀平，刷麻酱，撒盐。

3. 卷起来后再次擀平，从中间切开，刀口向上卷成螺丝状，表面刷油。

4. 烤盘刷油，放上剂坯，烤箱温度升至 200℃，烤制 30 分钟即可。

枣糕

原料

去核干枣 1000g、鸡蛋 1600g、面粉 960g、白芝麻 50g

调料

A 料：红糖 800g、牛奶 600g

B 料：植物油 400g、泡打粉 40g

成熟技法　烤

成品特点　入口丝甜　枣香浓郁

烹制份数　48 个

营养分析

名称	每 100 g
能量	292 kcal
蛋白质	7.9 g
脂肪	11.2 g
碳水化合物	40.9 g
膳食纤维	1.6 g
钠	48.5 mg

烹制流程

1. 干枣上锅蒸制 2 小时，加红糖、牛奶打碎备用。

2. 鸡蛋入搅拌机打发，加入枣馅、面粉、B 料搅拌均匀。

3 倒入烤盘，撒上芝麻。

4. 烤箱温度升至 180℃，烤制 8 分钟，温度降至 160℃烤制 45 分钟即可。

烤白薯

原料

白薯 1000g

成熟技法 烤

成品特点 口感软糯 香甜可口

烹制份数 /

营养分析

名称	每 100 g
能量	55 kcal
蛋白质	0.6 g
脂肪	0.2 g
碳水化合物	13.8 g
膳食纤维	1.4 g
钠	63.8 mg

烹制流程

白薯入烤箱，250℃烤制 120 分钟左右即可。

烤白薯

中篇
基本伙主食篇

✛

炒 制 篇

鸡蛋炒饭

原料

大米 1500g、鸡蛋 500g、香葱末 20g

调料

清水 1500g、植物油 200g、盐 10g、葱花 50g

成熟技法　炒

成品特点　色泽分明　口味鲜香

烹制份数　10 份

营养分析

名称	每 100 g
能量	346 kcal
蛋白质	8.3 g
脂肪	11.6 g
碳水化合物	52.6 g
膳食纤维	0.4 g
钠	207.9 mg

烹制流程

1. 大米加水上锅蒸熟。

2. 鸡蛋加入 2 克盐打散，锅留底油，加入鸡蛋炒熟，下入葱花炒香。

3. 加入米饭，放盐调味，翻炒均匀，撒香葱即可。

鸡蛋炒饭

火腿炒饭

原料

大米 1500g、火腿 500g、黄瓜 500g、
鸡蛋 500g、胡萝卜 200g

调料

清水 1500g、植物油 150g、葱花 30g、
香葱末 30g、盐 9g

成熟技法 炒

成品特点 口味咸鲜 色泽分明

烹制份数 10 份

营养分析

名称	每 100 g
能量	252 kcal
蛋白质	7.8 g
脂肪	7.8 g
碳水化合物	38.1 g
膳食纤维	0.5 g
钠	248.9 mg

烹制流程

1. 黄瓜、胡萝卜、火腿切丁备用，
大米加入清水入锅蒸熟备用。

2. 鸡蛋加入 1 克盐打散，锅留底油，
加入鸡蛋炒熟，下入葱花。

3. 锅留底油，放入火腿、胡萝卜、
黄瓜煸炒。

4. 倒入米饭，放盐调味，翻炒均匀，
撒香葱末出锅。

腊肉炒饭

原料

大米 1500g、腊肉 500g、青豆 300g、圆葱 300g、鸡蛋 500g、香葱末 10g

调料

清水 1500g、植物油 150g、盐 7g

成熟技法　炒

成品特点　口味咸鲜　风味独特

烹制份数　10 份

营养分析

名称	每 100 g
能量	344 kcal
蛋白质	9.8 g
脂肪	17.3 g
碳水化合物	38 g
膳食纤维	0.7 g
钠	223.4 mg

烹制流程

1. 圆葱切小丁备用，腊肉切小丁上锅蒸 30 分钟备用。

2. 青豆焯水备用，大米加入清水，上锅蒸熟备用。

3. 鸡蛋加 1 克盐打散，锅留底油，加入鸡蛋炒熟，下入腊肉、圆葱煸炒。

4. 加入米饭、青豆，放盐调味，撒香葱末出锅。

五花肉炒饭

原料

大米 1500g、五花肉 1000g、鸡蛋 500g、
圆白菜 500g、葱花 10g、香葱末 30g

调料

清水 1500g、植物油 200g、老抽 20g、
盐 10g

成熟技法　炒

成品特点　口味咸香　葱香味浓

烹制份数　10 份

营养分析

名称	每 100 g
能量	302 kcal
蛋白质	7.3 g
脂肪	16.3 g
碳水化合物	31.9 g
膳食纤维	0.4 g
钠	137.1 mg

烹制流程

1. 五花肉切片，圆白菜切丝备用，大米加入清水上锅蒸熟备用。

2. 锅留底油，加入五花肉煸炒，加老抽调色备用。

3. 鸡蛋加 1 克盐打散，锅留底油，加入葱花煸出香味，加入鸡蛋炒熟，下入圆白菜煸炒。

4. 倒入米饭，放盐调味，加入五花肉翻炒均匀，撒香葱末出锅。

香肠炒饭

原料

大米 1500g、广味香肠 500g、圆葱 300g、鸡蛋 500g、香葱末 30g

调料

植物油 150g、盐 8g

成熟技法　炒

成品特点　口味咸鲜　色泽分明

烹制份数　10 份

营养分析

名称	每 100 g
能量	320 kcal
蛋白质	9.3 g
脂肪	13.3 g
碳水化合物	41.3 g
膳食纤维	0.4 g
钠	376.5 mg

烹制流程

1. 香肠、圆葱切小粒备用，大米加入清水上锅蒸熟备用。

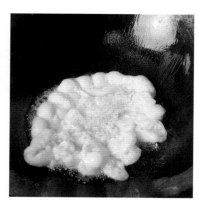

2. 鸡蛋加入 1 克盐打散，锅留底油，加入鸡蛋炒熟备用。

3. 锅留底油，加入圆葱、香肠煸炒。

4. 加入米饭，放盐调味，倒入鸡蛋，翻炒均匀，撒香葱末出锅。

咖喱牛肉炒饭

原料

大米 1500g、熟牛肉 500g、鸡蛋 500g、青椒 30g、圆葱 200g

调料

清水 1500g、植物油 200g、咖喱粉 30g、盐 10g

成熟技法　炒

成品特点　色泽黄亮　咖喱味浓

烹制份数　10 份

营养分析

名称	每 100 g
能量	288 kcal
蛋白质	9.8 g
脂肪	9.6 g
碳水化合物	40.8 g
膳食纤维	0.4 g
钠	217 mg

烹制流程

1. 熟牛肉、青椒、圆葱切小粒备用，大米加入清水，上锅蒸熟备用。

2. 鸡蛋加入 1 克盐打散，锅留底油，加入鸡蛋炒熟备用。

3. 锅留底油，加入咖喱粉炒香，加入圆葱、牛肉煸炒。

4. 倒入米饭，放盐调味，加入鸡蛋，翻炒均匀，撒青椒粒即可。

什锦炒饭

原料

大米 1500g、豌豆 500g、鸡蛋 500g、胡萝卜丁 500g

调料

清水 1500g、植物油 200g、香葱末 50g、盐 10g

成熟技法　炒

成品特点　色彩分明　口味咸香

烹制份数　10 份

营养分析

名称	每 100 g
能量	262 kcal
蛋白质	7.4 g
脂肪	8.1 g
碳水化合物	40.8 g
膳食纤维	1.2 g
钠	163.3 mg

烹制流程

1. 大米加清水上锅蒸熟备用。

2. 豌豆、胡萝卜丁焯水断生备用。

3. 鸡蛋加入 2 克盐打散，锅留底油，加入鸡蛋炒熟，加入葱花炒香。

4. 加入米饭，放剩余的盐调味，加入豌豆、胡萝卜炒匀，香葱末点缀即可。

老干妈炒饭

原料

大米 1500g、老干妈 200g、圆葱 250g、香葱末 10g、鸡蛋 500g

调料

清水 1500g、植物油 200g、盐 8g

成熟技法　炒

成品特点　咸鲜微辣　香味浓郁

烹制份数　10 份

营养分析

名称	每 100 g
能量	344 kcal
蛋白质	7.8 g
脂肪	15 g
碳水化合物	45.2 g
膳食纤维	0.4 g
钠	344.5 mg

烹制流程

1. 圆葱切小粒备用，大米加入清水，上锅蒸熟备用。

2. 鸡蛋加入 2 克盐打散，锅留底油，加入鸡蛋炒熟，加入圆葱粒炒香。

3. 加入老干妈，下入米饭，放盐调味，翻炒均匀，撒香葱即可。

老干妈炒饭

肉丝炒面

原料

面条 2000g、猪肉丝 500g、胡萝卜丝 250g、圆白菜丝 500g

调料

植物油 150g、葱花 50g、蒜末 20g

A 料：生抽 50g、老抽 20g、味精 5g、盐 5g

成熟技法 炒

成品特点 口味咸鲜 口感润滑

烹制份数 10 份

营养分析

名称	每 100 g
能量	241 kcal
蛋白质	8.5 g
脂肪	5.6 g
碳水化合物	39.6 g
膳食纤维	0.8 g
钠	174 mg

烹制流程

1. 肉丝上浆滑油备用，面条煮至八成熟备用。

2. 锅留底油，加入葱花炒香，加入胡萝卜、圆白菜煸炒。

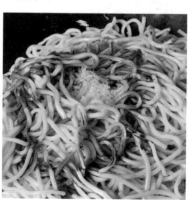

3. 下入面条，放 A 料调味，加入肉丝翻炒均匀，撒蒜末出锅。

肉丝炒面

素炒面

原料

面条 2500g、西红柿 500g、油菜 500g

调料

植物油 150g、葱花 50g、蒜末 20g

A 料：生抽 50g、老抽 20g、盐 5g

成熟技法　炒

成品特点　口味咸香　口感顺滑

烹制份数　10 份

营养分析

名称	每 100 g
能量	245 kcal
蛋白质	6.4 g
脂肪	4.6 g
碳水化合物	45.1 g
膳食纤维	0.8 g
钠	156.9 mg

烹制流程

1. 西红柿切丁、油菜切条备用，面条煮熟过凉备用。

2. 锅留底油，加入葱花炒香，下入西红柿、油菜翻炒。

3. 加入面条，放 A 料调味，翻炒均匀，撒蒜末出锅。

素炒面

炒刀削面

原料

面粉 300g、西红柿 50g、油菜 25g、绿豆芽 15g、鸡蛋 50g

调料

花椒油 30g、植物油 30g、清水 120g

A 料：葱花 15g、姜末 5g、蒜片 10g

B 料：生抽 12g、陈醋 8g、盐 1g、鸡精 1g

成熟技法 炒

成品特点 口味咸鲜 口感筋道

烹制份数 1 份

营养分析

名称	每 100 g
能量	335 kcal
蛋白质	10.8 g
脂肪	14 g
碳水化合物	42.5 g
膳食纤维	1.4 g
钠	232.3 mg

烹制流程

1. 面粉加清水搅拌和成面团，入压面机反复压制，饧发备用。

2. 锅留底油，下入鸡蛋炒熟备用，油菜、绿豆芽焯水备用。

3. 锅内加水烧开，削入面条，煮制 4~5 分钟捞出。

4. 锅内放入花椒油，加入 A 料炒香，下入西红柿焗炒，加入面条。

5. 放 B 料调味，加入油菜、绿豆芽、鸡蛋翻炒均匀。

炒刀削面

肉丝炒饼

原料

饼丝 1000g、肉丝 250g、圆白菜丝 300g、绿豆芽 300g、胡萝卜丝 150g

调料

植物油 150g、蒜末 30g

A 料：葱花 20g、姜末 10g

B 料：生抽 30g、老抽 15g、盐 10g、胡椒粉 2g、香油 5g

成熟技法 炒

成品特点 口味鲜香 色泽明亮

烹制份数 5 份

营养分析

名称	每 100 g
能量	210 kcal
蛋白质	6.1 g
脂肪	9.2 g
碳水化合物	25.6 g
膳食纤维	0.5 g
钠	443.5 mg

烹制流程

1. 肉丝上浆滑油备用。

2. 锅留底油，加入 A 料炒香，下入绿豆芽、圆白菜、胡萝卜、饼丝炒制。

3. 加 B 料调味翻炒，下入肉丝、蒜末，翻炒均匀出锅。

肉丝炒饼

鸡蛋炒饼

原料

饼丝 1000g、鸡蛋 500g、圆白菜丝 500g

调料

植物油 300g、盐 2g、蒜末 5g

A 料：葱花 20g、姜末 10g

B 料：生抽 30g、老抽 15g、盐 8g、胡
椒粉 2g、香油 5g

成熟技法 炒

成品特点 口味鲜香 色泽明亮

烹制份数 5 份

营养分析

名称	每 100 g
能量	267 kcal
蛋白质	6.2 g
脂肪	16.2 g
碳水化合物	23.9 g
膳食纤维	0.2 g
钠	429 mg

烹制流程

1. 鸡蛋加盐打散，锅留底油，加入鸡蛋炒熟备用。

2. 锅留底油，加入 A 料炒香，下入圆白菜丝、饼丝炒制。

3. 加 B 料调味翻炒，下入鸡蛋、蒜末，翻炒均匀出锅。

鸡蛋炒饼

素炒饼

原料

饼丝 1000g、圆白菜 500g、绿豆芽 500g、蒜末 5g

调料

植物油 150g

A 料：葱花 20g、姜末 10g

B 料：生抽 30g、老抽 15g、盐 10g、胡椒粉 2g、香油 5g

成熟技法　炒

成品特点　口味咸香　饼丝筋道

烹制份数　5 份

营养分析

名称	每 100 g
能量	195 kcal
蛋白质	4 g
脂肪	8.5 g
碳水化合物	25.5 g
膳食纤维	0.5 g
钠	432.6 mg

烹制流程

1. 圆白菜切丝备用。

2. 锅留底油，加入 A 料炒香。

3. 下入绿豆芽、圆白菜、饼丝炒制。

4. 加 B 料调味翻炒，下蒜末翻炒均匀出锅。

肉丝炒河粉

原料

河粉 3000g、猪肉丝 500g、绿豆芽 300g、青蒜 250g

调料

植物油 150g、葱花 30g

A 料：生抽 50g、老抽 45g、盐 6g、味精 5g

成熟技法 炒

成品特点 口味咸鲜 口感爽滑

烹制份数 10 份

营养分析

名称	每 100 g
能量	180 kcal
蛋白质	9.8 g
脂肪	5.3 g
碳水化合物	23.2 g
膳食纤维	0.2 g
钠	143.1 mg

烹制流程

1. 青蒜切菱形块备用，肉丝上浆滑油备用。

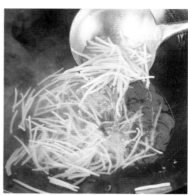

2. 绿豆芽焯水断生备用。

3. 锅留底油，加入葱花炒香，加入河粉翻炒。

4. 放 A 料调味，加入绿豆芽、青蒜，翻炒均匀出锅。

素炒河粉

原料

河粉 2500g、绿豆芽 300g、圆白菜 500g、青蒜 250g

调料

植物油 150g

A 料：生抽 50g、老抽 45g、盐 6g、味精 5g

成熟技法　炒

成品特点　口味咸香　口感爽滑

烹制份数　10 份

营养分析

名称	每 100 g
能量	163 kcal
蛋白质	7.2 g
脂肪	5.1 g
碳水化合物	22.5 g
膳食纤维	0.3 g
钠	156.1 mg

烹制流程

1. 圆白菜切丝，青蒜切菱形块备用。

2. 绿豆芽、圆白菜焯水断生备用。

3. 锅留底油，下入河粉翻炒，加 A 料调味。

4. 加入圆白菜、绿豆芽、青蒜翻炒均匀出锅。

下篇
风味特色篇

风 味 副 食 篇

干锅香辣鸡块

原料

鸡腿 150g、土豆 100g、圆葱 25g

调料

清汤 75g、植物油 5g

A 料：葱花 2.5g、姜片 1.5g、蒜片 1.5g、
　　　干花椒 0.75g、干辣椒 5g

B 料：鸡精 1g、盐 1.5g、绵白糖 0.5g、
　　　胡椒粉 0.4g、料酒 2g、老抽 0.75g、
　　　孜然面 0.25g、干锅酱 25g

C 料：花椒油 1.5g、香油 0.5g

D 料：料酒 1.65g、绵白糖 0.15g、老
　　　抽 0.45g、盐 0.2g、胡椒粉 0.1g

成熟技法　炒

成品特点　麻辣鲜香　口感醇厚

烹制份数　1 份

营养分析

名称	每 100 g
能量	156 kcal
蛋白质	8.3 g
脂肪	10.7 g
碳水化合物	7 g
膳食纤维	0.5 g
钠	293.2 mg

烹制流程

1. 鸡腿切块加入 D 料搅拌均匀腌制备用。

2. 土豆切菱形块入六成热油中炸至金黄备用。

3. 鸡块入六成热油中炸透备用，圆葱切三角块入锅煸炒后垫入盘底。

4. 锅留底油，下入 A 料炒香，加入清汤，大火烧开。

5. 放 B 料调味，下入鸡块、土豆烧熟，淋 C 料出锅。

干锅香辣鸡块

干锅平菇

原料

平菇 300g、猪五花肉片 50g、青蒜 50g、
圆葱丝 150g、小米辣 10g

调料

香油 3g、植物油 20g

A 料：葱花 4g、姜片 4g、蒜片 4g、干
　　　辣椒 5g、干花椒 1.5g、豆豉 5g

B 料：鸡精 3g、料酒 15g、酱油 8g、绵
　　　白糖 2g、干锅酱 50g

成熟技法　炒

成品特点　麻辣鲜香　干香味美

烹制份数　1 份

营养分析

名称	每 100 g
能量	137 kcal
蛋白质	2.2 g
脂肪	12.1 g
碳水化合物	5.8 g
膳食纤维	1.7 g
钠	166.8 mg

烹制流程

1. 青蒜切菱形块，平菇撕块焯水后
过油备用。

2. 圆葱丝煸炒，垫入盘底。

3. 锅留底油，下入五花肉煸炒，加
A 料炒香。

4. 倒入平菇、小米辣、青蒜，放 B
料调味，大火翻炒均匀，淋香油出
锅装盘。

干锅千页豆腐

原料

千页豆腐 170g、蒜薹 75g、猪五花肉片 25g、圆葱丝 150g、红小米辣 10g

调料

香油 3g、植物油 20g

A 料：葱花 4g、姜片 4g、蒜片 4g、干辣椒 5g、干花椒 1.5g、豆豉 5g

B 料：鸡精 3g、料酒 15g、酱油 8g、绵白糖 2g、干锅酱 50g

成熟技法　炒

成品特点　麻辣鲜香　干香味美

烹制份数　1 份

营养分析

名称	每 100 g
能量	203 kcal
蛋白质	5.4 g
脂肪	16.3 g
碳水化合物	9.2 g
膳食纤维	1 g
钠	306.1 mg

烹制流程

1. 千叶豆腐切三角片，蒜薹切段后分别过油备用。

2. 圆葱丝煸炒，垫入盘底。

3. 锅留底油，下入五花肉煸炒，加 A 料炒香。

4. 倒入千叶豆腐、小米辣、蒜薹，放 B 料调味，大火翻炒均匀，淋香油出锅。

干锅双菇

原料

杏鲍菇 150g、鲜香菇 100g、猪五花肉片 50g、圆葱丝 150g、青蒜 30g

调料

香油 3g、植物油 20g

A 料：葱花 4g、姜片 4g、蒜片 4g、干辣椒 5g、干花椒 1.5g、豆豉 5g

B 料：鸡精 3g、料酒 15g、酱油 8g、绵白糖 2g、干锅酱 50g

成熟技法 炒

成品特点

麻辣鲜香 干香味美
口感软嫩

烹制份数 1 份

营养分析

名称	每 100 g
能量	155 kcal
蛋白质	2.1 g
脂肪	13.7 g
碳水化合物	6.8 g
膳食纤维	1.6 g
钠	188.9 mg

烹制流程

1. 杏鲍菇切条，鲜香菇切块，青蒜斜刀切菱形块备用。

2. 杏鲍菇入六成热油中炸至金黄，鲜香菇过油备用。

3. 圆葱丝煸炒，垫入盘底。

4. 锅留底油，下入五花肉煸炒，加 A 料炒香。

5. 倒入杏鲍菇、小米辣、鲜香菇、青蒜，放 B 料调味，大火翻炒均匀，淋香油出锅。

干锅双菇

干锅土豆片

原料

土豆 300g、五花肉片 50g、圆葱丝 150g、青蒜 30g、红小米辣 10g

调料

香油 3g、植物油 20g

A 料：葱花 4g、姜片 4g、蒜片 4g、干辣椒 5g、干花椒 1.5g、豆豉 5g

B 料：鸡精 3g、料酒 15g、酱油 8g、绵白糖 2g、干锅酱 50g

成熟技法 炒

成品特点 麻辣鲜香 干香味美

烹制份数 1 份

营养分析

名称	每 100 g
能量	168 kcal
蛋白质	2.6 g
脂肪	12.4 g
碳水化合物	12.1 g
膳食纤维	1.1 g
钠	172.8 mg

烹制流程

1. 土豆切片，青蒜斜刀切菱形块备用。

2. 土豆片入五成热油中炸熟备用。

3. 圆葱丝煸炒，垫入盘底。

4. 锅留底油，下入五花肉煸炒，加 A 料炒香。

5. 倒入土豆片、红小米辣、青蒜，放 B 料调味，大火翻炒均匀，淋香油出锅。

干锅土豆片

干锅娃娃菜

原料

娃娃菜 250g、猪五花肉片 50g、红小米辣 10g、圆葱丝 150g、青蒜 30g

调料

香油 3g、植物油 20g

A 料：葱花 4g、姜片 4g、蒜片 4g、干辣椒 5g、干花椒 1.5g、豆豉 5g

B 料：鸡精 3g、料酒 15g、酱油 8g、绵白糖 2g、干锅酱 50g

成熟技法　炒

成品特点　麻辣鲜香　干香味美

烹制份数　1 份

营养分析

名称	每 100 g
能量	146 kcal
蛋白质	2.3 g
脂肪	13.4 g
碳水化合物	5 g
膳食纤维	1.7 g
钠	193.1 mg

烹制流程

1. 青蒜斜刀切菱形块备用，娃娃菜切段过油备用。

2. 圆葱丝煸炒，垫入盘底。

3. 锅留底油，下入五花肉煸炒，加 A 料炒香。

4. 倒入娃娃菜、红小米辣、青蒜，放 B 料调味，大火翻炒均匀，淋香油出锅。

干锅有机菜花

原料

有机菜花 200g、猪五花肉片 50g、红小米辣 10g、圆葱丝 150g、青蒜 30g

调料

香油 3g、植物油 20g

A 料：葱花 4g、姜片 4g、蒜片 4g、干辣椒 5g、干花椒 1.5g、豆豉 5g

B 料：鸡精 3g、料酒 15g、酱油 8g、绵白糖 2g、干锅酱 50g

成熟技法 炒

成品特点 麻辣鲜香 干香味美

烹制份数 1 份

营养分析

名称	每 100 g
能量	161 kcal
蛋白质	2.2 g
脂肪	14.7 g
碳水化合物	5.9 g
膳食纤维	1.5 g
钠	217.1 mg

烹制流程

1. 有机菜花切块过油，青蒜斜刀切菱形块备用。

2. 圆葱丝煸炒，垫入盘底。

3. 锅留底油，下入五花肉煸炒，加 A 料炒香。

4. 倒入有机菜花、红小米辣、青蒜，放 B 料调味，大火翻炒均匀，淋香油出锅。

干锅鱼豆腐

原料

鱼豆腐 175g、青杭椒 65g、美人椒 10g、圆葱丝 150g

调料

香油 3g、植物油 20g

A 料：葱花 4g、姜片 4g、蒜片 4g、干辣椒 5g、干花椒 1.5g、豆豉 5g

B 料：鸡精 3g、料酒 15g、酱油 8g、绵白糖 2g、干锅酱 50g

成熟技法　炒

成品特点　麻辣鲜香　干香味美　口感软嫩

烹制份数　1 份

营养分析

名称	每 100 g
能量	199 kcal
蛋白质	3.5 g
脂肪	16.1 g
碳水化合物	10.5 g
膳食纤维	1 g
钠	506.9 mg

烹制流程

1. 青杭椒、美人椒顶刀切丁备用。

2. 鱼豆腐焯水断生，过油备用。

3. 圆葱丝煸炒，垫入盘底。

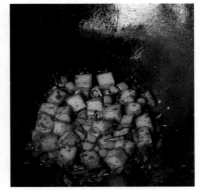

4. 锅留底油，下入 A 料炒香，加入青杭椒、美人椒煸炒，倒入鱼豆腐，放 B 料调味，翻炒均匀，淋香油出锅。

干锅芹菜

原料

芹菜 150g、木耳 50g、豆皮 50g、圆葱丝 150g、红小米辣 10g

调料

香油 3g、植物油 20g

A 料：葱花 4g、姜片 4g、蒜片 4g、干辣椒 5g、干花椒 1.5g、豆豉 5g

B 料：鸡精 3g、料酒 15g、酱油 8g、绵白糖 2g、干锅酱 50g

成熟技法 炒

成品特点 麻辣鲜香 干香味美

烹制份数 1 份

营养分析

名称	每 100 g
能量	180 kcal
蛋白质	6.4 g
脂肪	14.3 g
碳水化合物	7.4 g
膳食纤维	1.3 g
钠	259.6 mg

烹制流程

1. 芹菜切抹刀片，豆皮切段备用。

2. 芹菜、木耳、豆皮焯水断生备用。

3. 圆葱丝煸炒垫入盘底。

4. 锅留底油，下入 A 料炒香，倒入芹菜、小米辣、木耳、豆皮，放 B 料调味，大火翻炒均匀，淋香油出锅。

锅仔翅根

原料

鸡翅根 1000g、大白菜 1000g、粉丝 500g、香菜 30g

调料

清水 1500g、植物油 100g

A 料：葱段 60g、姜片 60g、八角 3g

B 料：盐 20g、绵白糖 5g、鸡精 6g、料酒 35g、酱油 35g、老抽 14g、胡椒粉 3g

成熟技法　炖

成品特点　口味咸鲜　醇香味美

烹制份数　10 份

营养分析

名称	每 100 g
能量	120 kcal
蛋白质	5.7 g
脂肪	6.8 g
碳水化合物	9.3 g
膳食纤维	0.4 g
钠	407.4 mg

烹制流程

1. 翅根剁块，焯水断生备用。

2. 白菜切块，与粉丝焯水垫入盘底。

3. 锅留底油，加入 A 料炒香，加入翅根煸炒，倒入清汤。

4. 放 B 料调味，大火烧开，小火炖 10 分钟，出锅香菜点缀。

锅仔酸菜白肉

原料

酸菜 1500g、五花肉 500g、粉丝 500g、香菜 5g

调料

植物油 120g、清汤 3500g

A 料：八角 4g、干辣椒 3g、葱段 60g、姜片 60g

B 料：盐 20g、鸡精 10g、胡椒粉 3g、料酒 60g

成熟技法 炖

成品特点 口味咸鲜 风味独特 微酸适口

烹制份数 10 份

营养分析

名称	每 100 g
能量	138 kcal
蛋白质	2 g
脂肪	11.4 g
碳水化合物	7.8 g
膳食纤维	0.4 g
钠	329.9 mg

烹制流程

1. 酸菜顶刀切丝后焯水断生备用。

2. 五花肉煮至八成熟切片备用。

3. 锅留底油，加入 A 料炒香，加入酸菜煸炒，倒入清汤，加入粉丝，放 B 料调味，加入肉片炖熟出锅，香菜点缀即可。

锅仔酸菜白肉

锅仔羊肉片

原料

羊肉片 1000g、白萝卜 1000g、粉丝 500g、香菜 5g

调料

清汤 1500g、植物油 50g、香油 5g

A 料：葱花 20g、姜片 20g

B 料：盐 30g、鸡精 7g、胡椒粉 4g

成熟技法　炖

成品特点　汤鲜味美　香气浓郁

烹制份数　10 份

营养分析

名称	每 100 g
能量	130 kcal
蛋白质	7.7 g
脂肪	7.6 g
碳水化合物	8 g
膳食纤维	0.5 g
钠	508.4 mg

烹制流程

1. 白萝卜切菱形片备用。

2. 羊肉片焯水断生备用。

3. 粉丝、白萝卜分别焯水，垫入盘底。

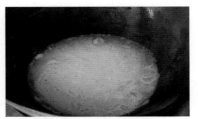

4. 锅留底油，加入 A 料炒香，倒入清汤，放 B 料调味。

5. 大火烧开，滤出小料，加入羊肉，烧开出锅，淋香油，香菜点缀即可。

锅仔羊肉片

砂锅汆丸子

原料

猪肉馅 1000g、大白菜 1000g、水发粉丝 500g、香菜 5g

调料

清汤 5000g、香油 10g、植物油 150g

A 料：葱花 50g、姜片 50g

B 料：盐 12g、胡椒粉 7g

C 料：葱姜水 250g、胡椒粉 4g、盐 15g、淀粉 120g、鸡蛋 120g

成熟技法　汆

成品特点　口味咸鲜　汤鲜味美

烹制份数　10 份

营养分析

名称	每 100 g
能量	234 kcal
蛋白质	5.7 g
脂肪	18.6 g
碳水化合物	11.3 g
膳食纤维	0.4 g
钠	412.6 mg

烹制流程

1. 猪肉馅加 C 料搅拌均匀，捏成 2cm 大小的丸子，入锅汆熟备用。

2. 大白菜切块焯水断生备用。

3. 锅留底油，加入 A 料炒香，倒入清汤，放 B 料调味，大火烧开。

4. 滤出小料，加入丸子小火汆制，加入白菜、粉丝，烧开出锅，淋香油，香菜点缀即可。

砂锅丸子

原料

猪肉馅 1000g、大白菜 1000g、水发粉丝 500g、香菜 5g

调料

清汤 4000g、香油 10g、植物油 150g

A 料：葱花 50g、姜片 50g

B 料：鸡精 12g、盐 50g、酱油 50g、老抽 12g、胡椒粉 8g

C 料：盐 2g、料酒 40g、酱油 20g、绵白糖 4g、胡椒粉 2g、淀粉 160g、葱姜水 50g、花椒水 50g、鸡蛋 100g

成熟技法　炖

成品特点　滋味醇厚　丸子鲜香

烹制份数　10 份

营养分析

名称	每 100 g
能量	230 kcal
蛋白质	5.5 g
脂肪	17.8 g
碳水化合物	12.3 g
膳食纤维	0.4 g
钠	849.9 mg

烹制流程

1. 猪肉馅加 C 料搅拌均匀，制成 2cm 大小的丸子，入四成热油中炸熟备用。

2. 大白菜切块焯水断生备用。

3. 锅留底油，加入 A 料炒香，倒入清汤，放 B 料调味，大火烧开。

4. 滤出小料，加入丸子小火炖制，加入白菜、粉丝，烧开出锅，淋香油，香菜点缀即可。

酥肉粉

原料

猪五花肉 1000g、粉条 500g、大白菜 1000g、香菜 5g

调料

清汤 5000g、植物油 250g、香油 10g

A 料：葱花 50g、姜片 50g

B 料：盐 38g、鸡精 12g、胡椒粉 7g、料酒 50g、酱油 50g、老抽 25g

C 料：面粉 80g、淀粉 300g、清水 350g、植物油 50g

D 料：葱姜水 50g、盐 6g、胡椒粉 3g、料酒 30g、十三香 1g、花椒面 1g

成熟技法 炖

成品特点 口味咸鲜 滋味醇厚

烹制份数 10 份

营养分析

名称	每 100 g
能量	263 kcal
蛋白质	3.3 g
脂肪	20.3 g
碳水化合物	16.8 g
膳食纤维	0.4 g
钠	652.7 mg

烹制流程

1. 白菜切块备用，猪五花肉切条加 D 料搅拌均匀，腌制备用。

2. C 料搅拌均匀，和成面糊。

3. 猪肉裹上面糊，入六成热油中炸熟，白菜焯水断生备用。

4. 锅留底油，加入 A 料炒香，倒入清汤，放 B 料调味，大火烧开。

5. 滤出小料，加入酥肉小火炖制，加入白菜、粉条，炖至成熟淋香油出锅，香菜点缀即可。

酥肉粉

砂锅肥牛

原料

肥牛片 1000g、白萝卜 1000g、水发粉丝 500g、香菜 5g

调料

清汤 5000g、植物油 250g、香油 10g

A 料：葱花 50g、姜片 50g

B 料：盐 50g、鸡精 12g、酱油 40g、老抽 20g、胡椒粉 10g

成熟技法 炖

成品特点 口味咸鲜　香气浓郁

烹制份数 10 份

营养分析

名称	每 100 g
能量	156 kcal
蛋白质	7.4 g
脂肪	10.7 g
碳水化合物	8.1 g
膳食纤维	0.4 g
钠	820.6 mg

烹制流程

1. 白萝卜切菱形片，与肥牛片分别焯水断生备用。

2. 锅留底油，加入 A 料炒香，倒入清汤，放 B 料调味，大火烧开。

3. 滤出小料，加入白萝卜、肥牛、粉丝，烧开出锅，淋香油，香菜点缀即可。

砂锅肥牛

什锦砂锅

原料

平菇 250g、滑子菇 250g、北豆腐 250g、小油菜 250g、水发粉丝 250g、大白菜 250g、熟鹌鹑蛋 250g

调料

植物油 250g、清汤 5000g、香油 10g

A 料：葱花 50g、姜片 50g

B 料：盐 50g、绵白糖 12g、鸡精 12g、胡椒粉 7g

成熟技法 炖

成品特点 口味咸鲜 营养丰富

烹制份数 10 份

营养分析

名称	每 100 g
能量	173 kcal
蛋白质	3.4 g
脂肪	15 g
碳水化合物	6.7 g
膳食纤维	0.6 g
钠	989 mg

烹制流程

1. 平菇撕成块状，北豆腐、大白菜切块备用。

2. 平菇、滑子菇、豆腐、白菜焯水断生备用。

3. 锅留底油，加入 A 料炒香，倒入清汤，放 B 料调味，大火烧开。

4. 滤出小料，加入平菇、滑子菇、豆腐、白菜、小油菜、鹌鹑蛋、粉丝，炖至成熟，淋香油出锅。

锡纸全家福

原料

猪肉丸 8 个、豆泡 40g、大白菜 50g、鲜海带 50g、香菇 20g、胡萝卜 30g、泡发粉条 25g、香菜 2g

调料

植物油 30g、香油 5g、清汤 400g

A 料：葱花 5g、姜片 5g、八角 2g

B 料：盐 5g、绵白糖 2g、鸡精 3g、胡椒粉 3g、料酒 10g

成熟技法　煮

成品特点　汤汁鲜美　营养丰富

烹制份数　1 份

营养分析

名称	每 100 g
能量	240 kcal
蛋白质	5.8 g
脂肪	21.2 g
碳水化合物	6.7 g
膳食纤维	0.8 g
钠	621.4 mg

烹制流程

1. 胡萝卜、海带切菱形片，大白菜、香菇切块备用.

2. 香菇、海带、豆泡焯水断生备用。

3. 锅留底油，下入 A 料炒香，倒入清汤，下入丸子、大白菜、豆泡、海带、香菇、胡萝卜、粉条。

4. 放 B 料调味，大火烧开，淋香油，香菜点缀出锅装锡纸盒。

锡纸酸汤肥羊

原料

肥羊片 2000g、白萝卜 3000g、粉丝 500g、香葱末 5g

调料

植物油 400g、清汤 3000g

A 料：葱花 50g、蒜片 50g、姜片 50g、野山椒丁 100g、小米辣丁 100g、南瓜泥 300g、酸萝卜末 250g

B 料：料酒 50g、盐 65g、绵白糖 25g、鸡精 20g、胡椒粉 8g、白醋 150g

成熟技法　余

成品特点　羊肉鲜嫩　酸辣开胃

烹制份数　20 份

营养分析

名称	每 100 g
能量	135 kcal
蛋白质	6.1 g
脂肪	10.2 g
碳水化合物	5.3 g
膳食纤维	0.7 g
钠	476.3 mg

烹制流程

1. 白萝卜切菱形片，与肥羊片分别焯水断生备用。

2. 萝卜垫入盘底，粉丝焯水后铺在萝卜上。

3. 锅留底油，下入 A 料炒香，倒入清汤，放 B 料调味。

4. 大火烧开，下入肥羊，开锅后倒入锡纸盒中，香葱末点缀即可。

锡纸蜀香龙利鱼

原料

龙利鱼 2000g、黄豆芽 700g、豆腐皮 700g、木耳 700g、香葱末 5g

调料

植物油 200g、清汤 3000g、盐 70g（焯水）、干辣椒 20g

A 料：豆瓣酱 150g、泡椒酱 100g、麻椒 10g、葱花 50g、姜片 30g、蒜片 40g

B 料：自制香辣酱 500g、料酒 60g、酱油 80g、胡椒粉 10g、盐 30g、绵白糖 15g、味精 30g

成熟技法   煮

成品特点   色泽红亮   麻辣鲜香

烹制份数   20 份

营养分析

名称	每 100 g
能量	198 kcal
蛋白质	16 g
脂肪	13.3 g
碳水化合物	4.7 g
膳食纤维	0.7 g
钠	737 mg

烹制流程

1. 豆皮切条，与黄豆芽、木耳加盐焯水断生，捞出垫入盘底。

2. 龙利鱼切片上浆滑水备用。

3. 锅留底油，下入 A 料炒香，倒入清汤，放 B 料调味，大火烧开。

4. 滤出小料，下入鱼片，烧开出锅，撒上干辣椒、香葱末，浇热油即可。

锡纸三鲜鸡蛋羹

原料

鸡蛋 100g、圆葱末 40g、火腿末 25g、香葱末 5g

调料

清水 150g、姜片 5g、植物油 20g

A 料：盐 1g、味精 1g、胡椒粉 1g、香油 1g

B 料：清汤 200g、酱油 8g、老抽 2g

成熟技法　蒸、烧

成品特点　口味咸鲜　口感滑嫩

烹制份数　1 份

营养分析

名称	每 100 g
能量	204 kcal
蛋白质	8.9 g
脂肪	16.3 g
碳水化合物	5.7 g
膳食纤维	0.3 g
钠	591.2 mg

烹制流程

1. 鸡蛋加 A 料、清水搅拌均匀。

2. 鸡蛋入盒中上锅蒸至八成熟后关火，焖至成熟。

3. 锅留底油，下入圆葱末炒香，加入 B 料烧开，加入姜片，盛入盒中，加入蛋羹，撒香葱末、火腿即可。

锡纸三鲜鸡蛋羹

麻辣烫（荤）

原料

肥牛片 50g、牛百叶 50g、鱼豆腐 50g、鹌鹑蛋 50g、大虾 50g、熟鸡翅 50g、墨鱼仔 50g、蟹棒 100g、小香肠 50g、水发木耳 50g、香菜 5g

调料

麻辣烫酱 300g、植物油 100g

A 料：干辣椒段 20g、干花椒 10g、朝天椒 20g

成熟技法   煮

成品特点   麻辣鲜香   味道浓厚

烹制份数   /

营养分析

名称	每 100 g
能量	346 kcal
蛋白质	8.1 g
脂肪	32.8 g
碳水化合物	4.9 g
膳食纤维	0.9 g
钠	669.2 mg

烹制流程

1. 所有原料焯水断生备用。
2. 锅留底油，加入 A 料、麻辣烫酱炒香。
3. 倒入清水烧开，加入原料烧开，香菜点缀即可。

麻辣烫（素）

原料

金针菇 50g、水发木耳 50g、平菇 100g、油菜 100g、油麦菜 50g、莲藕 50g、青笋 100g、球生菜 50g

调料

麻辣烫酱 300g、植物油 100g

A 料：干辣椒段 20g、干花椒 10g、朝天椒 20g

成熟技法   煮

成品特点   麻辣鲜香   味道浓厚

烹制份数   /

营养分析

名称	每 100 g
能量	282 kcal
蛋白质	1.5 g
脂肪	28.9 g
碳水化合物	4.8 g
膳食纤维	1.7 g
钠	465.3 mg

烹制流程

1. 金针菇、木耳、平菇、莲藕、青笋、球生菜焯水断生备用。
2. 锅留底油，加入 A 料、麻辣烫酱炒香。
3. 倒入清水烧开，加入原料烧开即可。

麻辣香锅（荤）

原料

鸡翅 50g、大虾 50g、鱿鱼花 50g、小香肠 50g、肥牛片 50g、牛肉丸 100g、青笋 50g、水发木耳 50g、香菜 5g、白芝麻 5g

调料

麻辣香锅酱 200g、植物油 100g、朝天椒 10g

成熟技法 炒

成品特点 麻 辣 鲜 香 油

烹制份数 /

营养分析

名称	每 100 g
能量	347 kcal
蛋白质	9.2 g
脂肪	32.7 g
碳水化合物	4.3 g
膳食纤维	0.9 g
钠	566.1 mg

烹制流程

1. 鸡翅、大虾、鱿鱼花、小香肠、肥牛片、牛肉丸、青笋、木耳焯水断生备用。
2. 锅留底油，加入朝天椒、麻辣香锅酱炒香，加入所有原料，翻炒均匀，香菜、芝麻点缀即可。

麻辣香锅（素）

原料

水发腐竹 50g、香菇 50g、油菜 100g、西蓝花 50g、海鲜菇 50g、青笋 50g、娃娃菜 100g、香菜 5g、芝麻 5g

调料

朝天椒 10g、麻辣香锅酱 200g、植物油 100g

成熟技法 炒

成品特点 麻 辣 鲜 香 油

烹制份数 /

营养分析

名称	每 100 g
能量	293 kcal
蛋白质	3.2 g
脂肪	29.5 g
碳水化合物	4.7 g
膳食纤维	1.8 g
钠	393.3 mg

烹制流程

1. 所有主料焯水断生备用。
2. 锅留底油，加入朝天椒、麻辣香锅酱炒香。
3. 加入所有主料，翻炒均匀，香菜、芝麻点缀即可。

毛血旺

原料

牛百叶 600g、牛毛肚 500g、午餐肉 1000g、鸭血 1000g、黄豆芽 1000g、香葱末 10g

调料

植物油 200g、清汤 5500g、盐 10g

A 料：葱花 50g、姜片 30g、蒜片 40g、干辣椒 10g、干花椒 5g、豆瓣酱 65g、泡椒酱 50g

B 料：料酒 60g、酱油 60g、老抽 20g、胡椒粉 8g、盐 10g、绵白糖 10g、鸡精 25g、麻辣香锅酱 572g

C 料：干辣椒 10g、干花椒 5g

成熟技法　煮

成品特点　麻辣鲜香　色泽红亮

烹制份数　20 份

营养分析

名称	每 100 g
能量	182 kcal
蛋白质	8.7 g
脂肪	14.4 g
碳水化合物	4.7 g
膳食纤维	0.6 g
钠	737.2 mg

烹制流程

1. 午餐肉切三角片，牛百叶切条状，牛毛肚、鸭血切片备用。

3. 焯水后的豆芽加盐，入锅煸炒，垫入盘底。

5. 锅烧热油，下入 C 料，浇在菜品表面，香葱末点缀即可。

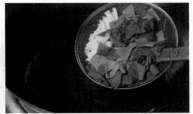

2. 午餐肉、牛百叶、牛毛肚、鸭血、豆芽分别焯水断生备用。

4. 锅留底油，下入 A 料炒香，加入清汤，下 B 料调味，下入午餐肉、牛百叶、牛毛肚、鸭血，大火烧开，倒入盘中。

毛血旺

酸辣粉

原料

水发红薯粉 3000g、绿豆芽 450g、芹菜丁 300g、肉末 250g、黄金豆 150g、香菜段 50g、香葱末 50g

调料

大骨汤 5000g、猪油 150g、姜末 10g、干花椒 2.5g、蒜末 3g、植物油 50g

A 料：酱油 170g、清水 170g、香叶 0.3g、八角 0.6g、桂皮 0.6g、小茴香 0.6g、葱 35g、姜 35g

B 料：盐 40g、鸡精 25g、胡椒粉 10g

C 料：料酒 25g、酱油 20g、甜面酱 20g

D 料：鸡精 20g、花椒面 10g、醋 300g、红油 500g、香油 10g、花椒油 10g

成熟技法 煮

成品特点 麻辣鲜香 油而不腻

烹制份数 10 份

营养分析

名称	每 100 g
能量	154 kcal
蛋白质	1.6 g
脂肪	8.7 g
碳水化合物	17.5 g
膳食纤维	0.7 g
钠	379.3 mg

烹制流程

1. A 料入锅，大火烧开，小火熬制，制成复式酱油备用。

2. 锅留底油，加入姜末、肉末、干花椒炒香，加入 C 料炒香备用。

3. 锅内倒入大骨汤，加入猪油、B 料烧开，加入红薯粉、绿豆芽余烫至熟备用。

4. D 料、复式酱油与 3000 克大骨汤混合均匀，加入红薯粉、绿豆芽、芹菜丁，搅拌均匀，撒上肉末、黄金豆、香葱、香菜即可。

茶树菇乌鸡汤

原料

乌鸡 800g、泡发茶树菇 200g

调料

清水 5600g、姜片 20g

A 料：盐 20g、鸡精 12g、胡椒粉 4g

成熟技法　煨

成品特点　汤鲜味美　清香适口

烹制份数　10 份

营养分析

名称	每 100 g
能量	9 kcal
蛋白质	1.5 g
脂肪	0.2 g
碳水化合物	0.5 g
膳食纤维	0.2 g
钠	122.9 mg

烹制流程

1. 乌鸡剁小块、茶树菇切长段备用。

2. 鸡块、茶树菇分别焯水断生，加入瓦罐中，加入姜片。

3. 清水加 A 料混合均匀，倒入瓦罐中。

4. 瓦罐放入烤缸中，煨至成熟即可。

竹荪老鸡汤

原料

老母鸡 800g、泡发竹荪 200g

调料

姜片 10g、清汤 5600g、泡好枸杞 10g

A 料：盐 20g、胡椒粉 4g

成熟技法 煨

成品特点 汤鲜味美 清香适口

烹制份数 20 份

营养分析

名称	每 100 g
能量	15 kcal
蛋白质	1.7 g
脂肪	0.8 g
碳水化合物	0.5 g
膳食纤维	0.2 g
钠	124.6 mg

烹制流程

1. 竹荪切段，老母鸡切块备用。

2. 竹荪、老母鸡分别焯水断生，加入瓦罐中，加入姜片。

3. 锅内倒入清汤，放 A 料调味，大火烧开，倒入瓦罐。

4. 瓦罐入烤缸煨至成熟后取出，加入枸杞即可。

虫草花瘦肉汤

原料

猪瘦肉 600g、虫草花 200g

调料

姜片 20g、清水 5600g

A 料：盐 20g、鸡精 12g、胡椒粉 4g

成熟技法　煨

成品特点　汤鲜味美　清香适口

烹制份数　20 份

营养分析

名称	每 100 g
能量	24 kcal
蛋白质	2.6 g
脂肪	0.7 g
碳水化合物	2.1 g
膳食纤维	0.6 g
钠	136.4 mg

烹制流程

1. 猪瘦肉切丁备用。

2. 瘦肉焯水，和虫草花一起加入瓦罐中，加入姜片。

3. 清水加 A 料混合均匀，倒入瓦罐中。

4. 瓦罐放入烤缸中，煨至成熟即可。

山药排骨汤

原料

猪排骨 600g、山药 600g

调料

姜片 20g、清水 5600g

A 料：盐 20g、鸡精 12g、胡椒粉 4g

成熟技法 煨

成品特点 汤鲜味美 清香适口

烹制份数 20 份

营养分析

名称	每 100 g
能量	23 kcal
蛋白质	1.2 g
脂肪	1.5 g
碳水化合物	1.1 g
膳食纤维	0.1 g
钠	121.2 mg

烹制流程

1. 排骨剁块、山药去皮切滚刀块后分别焯水，加入瓦罐中，加入姜片。

2. 清水加 A 料混合均匀，倒入瓦罐中。

3. 瓦罐放入烤缸中，煨至成熟即可。

山药排骨汤

下篇
风味特色篇

十二
风味小吃篇

艾窝窝

原料

糯米 500g、豆沙 600g、椰蓉 100g、山楂糕 10g、面粉 100g

调料

清水 300g

成熟技法 蒸

成品特点 色泽洁白　质地软糯
口味香甜

烹制份数 30 个

营养分析

名称	每 100 g
能量	296 kcal
蛋白质	6.2 g
脂肪	5.4 g
碳水化合物	46.4 g
膳食纤维	0.4 g
钠	3.2 mg

烹制流程

1. 糯米加水，上锅蒸 30 分钟，面粉上锅蒸 15 分钟。

2. 糯米顺一个方向搅打至起黏性。

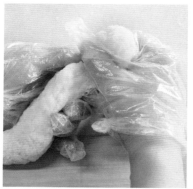

3. 面板上撒熟面粉，放上糯米切 25 克大小的剂子，擀平。

4. 包入 20 克豆沙馅，表面粘上椰蓉，顶部装饰山楂糕即可。

驴打滚

原料

糯米粉 400g、豆沙馅 200g、熟豆面 50g

调料

A 料：白糖 40g、温水（40℃）400g

成熟技法　蒸

成品特点　口感软糯　口味香甜

烹制份数　20 个

营养分析

名称	每 100 g
能量	230 kcal
蛋白质	6 g
脂肪	1 g
碳水化合物	44.4 g
膳食纤维	1 g
钠	7 mg

烹制流程

1. 糯米粉加 A 料搅匀，上锅蒸 20 分钟制成面团。

2. 面团撒上熟豆面，擀成大面坯，抹上豆沙馅。

3. 卷成大卷，切成 50 克一个的段，撒上熟豆面即可。

驴打滚

精品羊肉手抓饭

原料

大米 1000g、羊肉 250g、胡萝卜 750g、圆葱 100g

调料

植物油 150g、清水 600g

A 料：绵白糖 30g、盐 27g

成熟技法　蒸

成品特点　色泽油亮　咸鲜适口

烹制份数　6 份

营养分析

名称	每 100 g
能量	248 kcal
蛋白质	5.9 g
脂肪	8.5 g
碳水化合物	37.8 g
膳食纤维	1.4 g
钠	509.1 mg

烹制流程

1. 羊肉入六成热油中滑熟。

2. 锅留底油，下入圆葱、胡萝卜煸炒，放 A 料调味，下入羊肉。

3. 倒入清水，小火煨制 1 分钟，加入大米，上锅蒸 35 分钟即可。

精品羊肉手抓饭

636

开封水煎包

原料

面粉 500g、猪肉馅 500g、发好粉条 300g

调料

高汤 1250g、植物油 50g

A 料：清水 420g、面粉 6g

B 料：酵母 9g、泡打粉 7g、小苏打 0.5g、
　　　清水 325g

C 料：酱油 100g、干黄酱 20g、黄豆
　　　酱 20g

D 料：葱花 150g、姜末 30g、盐 6g、味
　　　精 5g、鸡精 10g、花椒面 5g、
　　　十三香 10g、酱油 10g、干黄
　　　酱 20g、黄豆酱 20g、料酒 50g

成熟技法　煎

成品特点

色泽金黄　脆而不硬
香而不腻

烹制份数　30 个

营养分析

名称	每 100 g
能量	341 kcal
蛋白质	9.9 g
脂肪	18.8 g
碳水化合物	32.8 g
膳食纤维	0.7 g
钠	790.3 mg

烹制流程

1. A 料混合，制成面糊备用。

2. 面粉加 B 料混合，和成面团，饧
发备用。

3. 锅内加入高汤、粉条、C 料，烧
至无汤汁，倒出剁碎。

4. 猪肉馅加粉条、D 料搅拌，制成
馅料，倒入盘中。

5. 面团揪成 27 克一个的剂坯，擀
成面皮，包入馅料。

6. 电饼铛刷油，下入生坯，煎至底
部金黄，倒入面糊，煎制 10 分钟
左右即可。

老家肉饼

原料

面粉 500g、猪肉末 500g、葱花 320g

调料

植物油 50g、开水 80g、清水 250g

A 料：姜水（姜末 25g、清水 25g）、生抽 95g、黄豆酱 30g、鸡精 10g、胡椒粉 1g、老抽 10g、鸡蛋 50g、葱油 30g、香油 15g

成熟技法　烙

成品特点　皮薄馅大　咸鲜适口

烹制份数　13 个

营养分析

名称	每 100 g
能量	309 kcal
蛋白质	10.3 g
脂肪	18.9 g
碳水化合物	25.3 g
膳食纤维	0.9 g
钠	443.3 mg

烹制流程

1. 面粉加开水搅拌，再加入清水和成面团，饧发备用。

2. 猪肉末加 A 料搅拌均匀，加入葱花制成馅料。

3. 面团擀成大面坯，抹上馅料，叠成正方块，封边。

4. 电饼铛刷油，温度升至 210℃，下入生坯，烙 3 分钟翻面烙 3 分钟，再翻面烙至两面金黄即可。

肉夹馍

原料

面粉 1000g、五花肉 1500g、青尖椒 250g、香菜 50g

调料

清水 4000g、植物油 50g

A 料：花椒 3g、桂皮 4g、八角 4g、香叶 1g、大葱 100g、姜片 80g

B 料：料酒 70g、酱油 100g、老抽 40g、盐 35g、绵白糖 120g、胡椒粉 4g

C 料：酵母 5g、泡打粉 5g、绵白糖 10g、清水 500g

成熟技法　卤、烙

成品特点　馍香肉酥　咸鲜适口

烹制份数　15 个

营养分析

名称	每 100 g
能量	319 kcal
蛋白质	9.1 g
脂肪	19.5 g
碳水化合物	27.8 g
膳食纤维	0.9 g
钠	641.3 mg

烹制流程

1. 五花肉焯水断生备用。

2. 锅内加入清水，加入 A 料、五花肉，放 B 料调味，大火烧开，小火炖 45 分钟。

3. 面粉加 C 料和成面团，饧发 20 分钟，切成 100 克一个的剂坯。

4. 搓成长条，擀平，卷成卷，竖起来按扁，饧发备用。

5. 电饼铛刷油，温度升至 180℃，下入生坯，烙 2 分钟翻面，烙至成熟即可。

6. 五花肉加尖椒一起剁碎，加入香菜，馍从一侧开口，夹入肉馅即可。

牛肉酥盒

原料

面粉 500g、牛肉末 500g

调料

植物油 50g

A 料：清水 300g、盐 4g、植物油 30g

B 料：花椒水 100g（比例为干花椒 3g、
开水 120g、葱花 15g、姜丝 15g）、
孜然粉 5g、盐 7g、小茴香粉 5g、
姜末 10g、葱花 30g

C 料：植物油 80g、面粉 80g

成熟技法 烙

成品特点 外皮酥脆 馅心鲜嫩

烹制份数 16 个

营养分析

名称	每 100 g
能量	260 kcal
蛋白质	11.9 g
脂肪	12.2 g
碳水化合物	26.3 g
膳食纤维	0.8 g
钠	303.6 mg

烹制流程

1. 面粉加 A 料搅拌和成面团，饧发备用。

2. 牛肉末加 B 料搅拌均匀，制成馅料备用。

3. C 料混合，制成油酥。

4. 面团揪成 50 克一个的剂坯。

5. 擀成面皮，抹上油酥，包入馅料。

6. 电饼铛刷油，温度升至 180℃，烙至成熟即可。

大盘鸡拌面

原料

鸡腿肉 800g、一根面 1200g、土豆 500g、圆葱 100g、尖椒 100g

调料

植物油 20g、冰糖 35g、辣妹子 80g、番茄酱 15g、清水 2000g

A 料：大葱 20g、姜片 20g、香叶 1g、花椒 2g、八角 3g、桂皮 2g、草寇 1g、干辣椒 5g

B 料：料酒 30g、生抽 25g、老抽 15g、盐 20g、鸡精 5g、绵白糖 10g

成熟技法 煮

成品特点 咸鲜微辣 面条爽滑

烹制份数 4 份

营养分析

名称	每 100 g
能量	200 kcal
蛋白质	9.9 g
脂肪	3.5 g
碳水化合物	32.6 g
膳食纤维	0.6 g
钠	457.6 mg

烹制流程

1. 鸡腿肉切块焯水，土豆切块入六成热油中炸至金黄，尖椒切菱形片备用。

2. 锅留底油，加入冰糖炒至糖色，加入 A 料、辣妹子、番茄酱，倒入清水，放 B 料调味。

3. 加入鸡块，烧制 20 分钟，加入土豆炖 5 分钟，加入圆葱、尖椒收汁备用。

4. 面条下锅煮熟，垫入盘底，浇上大盘鸡即可。

红油豌杂面

原料

面条 300g、熟肉末 10g、豌豆 30g、香葱末 5g

调料

红油 10g、高汤 280g

A 料：盐 1g、鸡精 2g、酱油 7g

成熟技法 煮

成品特点 汤汁鲜美 面条爽滑

烹制份数 1 份

营养分析

名称	每 100 g
能量	176 kcal
蛋白质	5.3 g
脂肪	2.3 g
碳水化合物	34.1 g
膳食纤维	0.7 g
钠	145.1 mg

烹制流程

1. 豌豆加水浸泡 12 小时，上锅蒸 1 小时。

2. 面条下锅煮熟。

3. 碗中加入 A 料，倒入高汤，放入面条。

4. 放上豌豆、肉末，撒香葱，浇红油即可。

岐山臊子面

原料

五花肉丁 400g、面粉 1250g、土豆丁 100g、胡萝卜 40g、韭菜 20g、鸡蛋 50g

调料

清水 2000g、油辣子 40g、料酒 15g

A 料：八角 5g、葱花 15g、蒜片 6g、姜末 6g

B 料：蚝油 4g、盐 5g、味精 4g、老抽 4g

C 料：盐 3g、鸡精 1g、胡椒粉 1g、米醋 20g、白醋 3g

成熟技法　煮

成品特点　酸辣鲜香　口感筋道

烹制份数　4 份

营养分析

名称	每 100 g
能量	206 kcal
蛋白质	8 g
脂肪	6.1 g
碳水化合物	30.5 g
膳食纤维	1 g
钠	172.7 mg

烹制流程

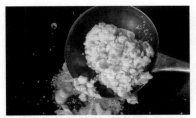

1. 锅留底油，加入 A 料炒香，加入五花肉丁煸炒，烹料酒，倒入 700 克清水，放 B 料调味，小火炖 40 分钟，制成臊子。

2. 鸡蛋入锅摊成饼，切成碎粒，土豆切丁、胡萝卜切碎后焯水备用。

3. 面粉加 500 克清水和成面团，入压面机反复压制，饧发备用。

4. 锅内倒入 800 克清水，加入土豆、胡萝卜，放 C 料调味，烧开，制成酸汤。

5. 锅内加水烧开，削入面条，煮制 8 分钟装入碗中，倒入酸汤、臊子，撒蛋皮碎、韭菜，浇油辣子即可。

岐山臊子面

山城担担面

原料

面条 3000g、芽菜 400g、猪肉末 200g、
花生碎 80g、香葱 30g

调料

植物油 400g

A 料：芝麻酱 200g、香油 40g、葱油 60g、
　　　麻辣鲜 10g、白糖 10g、凉白开 20g

B 料：酱油 50g、清水 50g、香叶 0.1g、
　　　八角 0.2g、桂皮 0.2g、小茴香 0.2g、
　　　葱 10g、姜 10g

C 料：料酒 25g、酱油 20g、甜面酱 20g

D 料：盐 2g、鸡精 2g、蒜泥 2g、花椒面 0.5g、
　　　花椒油 0.5g、陈醋 7g、红油 25g

成熟技法　煮

成品特点　卤汁醇香　咸鲜微辣

烹制份数　10 份

营养分析

名称	每 100 g
能量	364 kcal
蛋白质	8.2 g
脂肪	16.7 g
碳水化合物	45.8 g
膳食纤维	0.9 g
钠	440.8 mg

烹制流程

1. 锅留底油，加入芽菜煸香。

2. A 料混合，制成麻酱，锅内加入
清水，下入面条煮熟备用。

3. B 料入锅烧开，小火烧制 5 分钟，
制成复式酱油。

4. 锅留底油，加入肉末煸炒，放 C
料调味，捞出备用。

5. 碗中加入 D 料、麻酱、复式酱油，
加入面条，倒入 150 克原汤，撒花
生碎、香葱、肉末、芽菜即可。

山城担担面

拉条子

原料

面粉 500g、西红柿 150g、羊肉 150g、圆葱 50g、青尖椒 20g、红尖椒 20g、香菜 5g

调料

清水 300g、植物油 30g、老抽 6g

A 料：清水 270g、盐 5g

B 料：葱花 5g、姜末 5g

C 料：料酒 5g、生抽 10g、盐 4g

成熟技法　煮

成品特点　面条筋道　口感爽滑

烹制份数　2 份

营养分析

名称	每 100 g
能量	197 kcal
蛋白质	8.9 g
脂肪	5.2 g
碳水化合物	29.8 g
膳食纤维	1.2 g
钠	343.8 mg

烹制流程

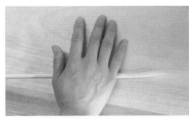

1. 面粉加 A 料搅拌和成面团，入压面机反复压制，搓成长条，盘起来刷油，饧发 20 分钟，面条再搓细，盘起刷油，饧发备用。

2. 西红柿切滚刀块，羊肉切片，圆葱、青红尖椒切条备用。

3. 锅内加水烧开，将面条扯细，下入锅内煮制 5 分钟，放入碗中。

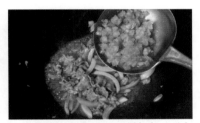

4. 锅留底油，加入 B 料炒香，下入羊肉煸炒，放老抽调色，下入圆葱、西红柿煸炒。

5. 倒入清水，放 C 料调味，加入青红尖椒条，浇在面条上，撒香菜即可。

拉条子

邋邋面

原料

面粉 500g、西红柿 450g、鸡蛋 100g、青椒丁 20g

调料

植物油 60g、清水 50g

A 料：盐 5g、清水 210g

B 料：葱花 10g、姜末 5g、蒜片 5g

C 料：生抽 5g、胡椒粉 0.2g、盐 5g、味精 2g

成熟技法 煮

成品特点 面条筋道 咸鲜适口

烹制份数 2 份

营养分析

名称	每 100 g
能量	184 kcal
蛋白质	6.9 g
脂肪	5.9 g
碳水化合物	26.7 g
膳食纤维	0.9 g
钠	315.5 mg

烹制流程

1. 西红柿切丁备用，面粉加 A 料搅拌和成面团，入压面机反复压制，饧发备用。

2. 搓成条，捏住两端上下甩动，慢慢拉长，锅内加水烧开，下入面条煮制 5 分钟，倒入碗中。

3. 锅留底油，加入鸡蛋炒熟备用。

4. 锅留底油，加入 B 料炒香，下入西红柿煸炒，倒入清水，放 C 料调味，加入青椒丁、鸡蛋，浇在面条上即可。

重庆小面

原料

面条 3000g、油菜 200g、芽菜 200g、花生碎 80g、香葱末 30g

调料

植物油 100g

A 料：酱油 50g、清水 50g、香叶 0.1g、八角 0.2g、桂皮 0.2g、小茴香 0.2g、葱 10g、姜 10g

B 料：鸡精 2g、花椒油 0.5g、蒜姜水 15g、花椒面 0.5g、红油 25g

成熟技法　煮

成品特点　麻辣鲜香　口感筋道

烹制份数　10 份

营养分析

名称	每 100 g
能量	166 kcal
蛋白质	4.8 g
脂肪	2.8 g
碳水化合物	31.1 g
膳食纤维	0.9 g
钠	174.6 mg

烹制流程

1. 锅留底油，加入芽菜煸香，油菜焯水备用。

2. A 料入锅烧开，小火烧制 5 分钟，制成复式酱油备用。

3. 锅内加水，加入面条煮熟备用。

4. 碗中加入 B 料、复式酱油，加入面条，倒入 250 克原汤，撒上油菜、芽菜、花生碎、香葱末即可。

杨凌蘸水面

原料

面粉 500g

调料

A 料：盐 5g、清水 240g、小苏打 1g

B 料：清水 100g、芝麻酱 80g、生抽 7g、
陈醋 3g、盐 2g、味精 1g、绵白
糖 1g、香油 5g、蒜末 20g

成熟技法　煮

成品特点　面条筋道　蘸水适口

烹制份数　2 份

营养分析

名称	每 100 g
能量	239 kcal
蛋白质	9.7 g
脂肪	6.2 g
碳水化合物	36.9 g
膳食纤维	1.1 g
钠	317.2 mg

烹制流程

1. 面粉加 A 料搅拌和成面团，入压面机压成 1 厘米厚的面皮，刷油饧置备用。

2. B 料混合，制成蘸水。

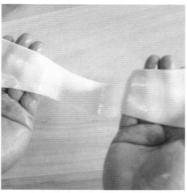

3. 面皮切成 5 厘米宽，捏住两端拉长。

4. 锅内加水烧开，下入面条煮制 3 分钟，装入碗中，倒入原汤，配蘸水即可。

羊肉烩面

原料

羊肉 1000g、面条 3000g、羊骨 1000g、香葱 20g、香菜 20g

调料

清水 15000g

A 料：小茴香 10g、干辣椒 5g、干花椒 4g、桂皮 5g、香叶 2g、葱 100g、姜片 50g

B 料：盐 70g、鸡精 30g、胡椒粉 6g

成熟技法　烩

成品特点　汤鲜味美　爽滑筋道

烹制份数　10 份

营养分析

名称	每 100 g
能量	270 kcal
蛋白质	11.1 g
脂肪	3.9 g
碳水化合物	47.9 g
膳食纤维	0.6 g
钠	705.1 mg

烹制流程

1. 羊肉、羊骨焯水。

2. 桶内倒入清水，加入羊肉、羊骨和 A 料，大火烧开，小火炖 50 分钟，捞出羊肉切片备用。

3. 汤放 B 料调味，再煮 50 分钟，制成底汤。

4. 锅内加水烧开，下入面条煮制 8 分钟。

5. 面条加入碗中，倒入底汤，放上羊肉，撒香葱、香菜即可。

羊肉烩面

武汉热干面

原料

面条 2000g、花生碎 100g、萝卜干 250g、香葱末 50g

调料

姜蒜水 200g（姜蒜水比例为姜 20g、蒜 20g、清水 200g）

A 料：芝麻酱 200g、香油 40g、葱油 60g、麻辣鲜 10g、白糖 10g、凉白开 20g

B 料：辣椒油 200g、香醋 40g、胡椒粉 15g

C 料：酱油 50g、清水 50g、香叶 0.1g、八角 0.2g、桂皮 0.2g、小茴香 0.2g、葱 10g、姜 10g

成熟技法 拌

成品特点 面条筋道 酱味香浓

烹制份数 10 份

营养分析

名称	每 100 g
能量	358 kcal
蛋白质	9 g
脂肪	14.5 g
碳水化合物	49 g
膳食纤维	1.7 g
钠	483.5 mg

烹制流程

1. 萝卜干切丁备用，A 料混合，搅拌均匀制成麻酱备用。

2. C 料入锅烧开，小火烧制，制成复式酱油备用。

3. 面条入开水中煮熟捞出过凉，加麻酱、姜蒜水、复式酱油、B 料搅拌均匀。

4. 撒花生碎、萝卜干、香葱末即可。

烤包子

原料

面粉 500g、羊肉 400g、圆葱 400g、蛋液 50g

调料

A 料：盐 5g、植物油 30g、酵母 3g、鸡蛋 50g、清水 180g

B 料：盐 5g、黑胡椒 8g、孜然粉 3g、清水 50g

成熟技法　烤

成品特点　皮色黄亮　肉质鲜嫩

烹制份数　23 个

营养分析

名称	每 100 g
能量	229 kcal
蛋白质	12 g
脂肪	7.5 g
碳水化合物	28.7 g
膳食纤维	1.2 g
钠	292.7 mg

烹制流程

1. 面粉加 A 料搅拌和成面团，饧发备用。

2. 羊肉、圆葱切丁，加 B 料搅拌均匀，制成馅料备用。

3. 面团揪成 35 克一个的剂坯，擀成面坯，包入馅料，再饧发 20 分钟，刷上蛋液。

4. 烤箱温度升至 220℃，放入生坯，烤制 10 分钟即可。

烤馕

原料

面粉 1000g、白芝麻 25g

调料

A 料：清 水 270g、 牛 奶 180g、 绵 白糖 100g、鸡蛋 150g、植物油 100g、泡打粉 2g、酵母 2g

成熟技法　烤

成品特点　香酥可口　奶香味浓

烹制份数　9 个

营养分析

名称	每 100 g
能量	345 kcal
蛋白质	12 g
脂肪	9.9 g
碳水化合物	53.2 g
膳食纤维	1.5 g
钠	20.2 mg

烹制流程

1. 面粉加 A 料搅拌和成面团，入压面机反复压制。

2. 面团揪成 200 克一个的剂坯，擀制成直径 20cm 大小的圆饼。

3. 将中间按平，做成外环厚中间薄的圆形，中间戳上小眼，撒上芝麻。

4. 烤箱温度升至 150℃，加入生坯烤制 5 分钟，升温至 200℃再烤制 15 分钟即可。

孟封饼

原料

面粉 500g、芝麻 30g、蛋黄 20g

调料

A 料：清水 260g、酵母 5g、泡打粉 3g

B 料：面粉 250g、菜籽油 140g、绵白糖 100g

C 料：蜂蜜 50g、清水 30g

成熟技法　烤

成品特点　色泽金黄　口味香甜

烹制份数　15 个

营养分析

名称	每 100 g
能量	438 kcal
蛋白质	11.7 g
脂肪	16.4 g
碳水化合物	62.3 g
膳食纤维	1.8 g
钠	5.2 mg

烹制流程

1. 面粉加 A 料搅拌和成面团，入压面机反复压制，饧发备用。

2. B 料混合，制成油酥，C 料混合，制成蜂蜜水备用。

3. 面团揪成 50 克一个的剂坯，按平，包入油酥。

4 揉成椭圆形，擀成面皮，卷起来，对半切开，刀切面向外。

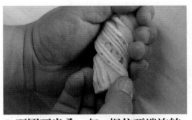

5. 面团两半叠一起，捏住两端旋转，按扁擀平，刷蛋黄，撒上芝麻，封闭饧发 30 分钟。

6. 烤箱温度升至 240℃，烤制 3 分钟后刷蜂蜜水，重复 2 次后再烤制 2 分钟即可。

莜面鱼鱼

原料

莜面 750g、五花肉 450g、胡萝卜花 30g、豇豆 150g、南瓜 150g、土豆 300g

调料

开水 750g、清水 1800g、植物油 180g

A 料：葱花 30g、姜末 30g、蒜片 30g、八角 6g

B 料：料酒 24g、生抽 60g、老抽 12g、味精 9g、盐 9g

C 料：蒜末 40g、陈醋 40g、香油 9g

成熟技法 炒

成品特点 口味鲜香 口感软嫩

烹制份数 3 份

营养分析

名称	每 100 g
能量	262 kcal
蛋白质	6.3 g
脂肪	17.4 g
碳水化合物	30 g
膳食纤维	0.6 g
钠	349.8 mg

烹制流程

1. 五花肉切片，豇豆切段，南瓜、土豆切条备用。

2. 面粉加 250 克开水搅拌和成面团，捏成 2 克一个的剂坯，搓成中间粗两头细的条，上锅蒸制 20 分钟。

3. 锅里底油，加入 A 料炒香，下入五花肉煸炒，放 B 料调味，倒入 600 克清水，小火炖 20 分钟。

4. 加入土豆、南瓜、豇豆炖 10 分钟，加入莜面炒匀，撒上 C 料出锅。

牛肉螺丝粉

原料

螺丝粉 110g、牛肉 50g、西红柿 100g、油菜 30g、葱花 5g、蒜末 10g

调料

植物油 50g、番茄酱 70g

A 料：盐 2g、绵白糖 6g

成熟技法　炒

成品特点　口味咸鲜　口感筋道

烹制份数　1 份

营养分析

名称	每 100 g
能量	242 kcal
蛋白质	6.9 g
脂肪	12.5 g
碳水化合物	25.5 g
膳食纤维	0.6 g
钠	214.2 mg

烹制流程

1. 螺丝粉入锅煮制 6 分钟，捞出备用。

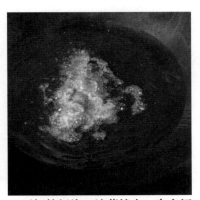

2. 西红柿切块，油菜焯水，牛肉切片上浆滑油备用。

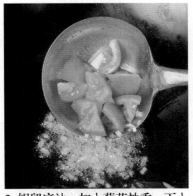

3. 锅留底油，加入葱花炒香，下入西红柿、番茄酱炒香。

4. 倒入清水，加入螺丝粉，放 A 料调味，加入牛肉、油菜，撒蒜末翻炒均匀出锅。

羊肉炒疙瘩

原料

面粉 250g、土豆 100g、胡萝卜 50g、
羊肉 50g

调料

清水 100g、植物油 15g、蒜末 5g

A 料：清水 130g、植物油 40g

B 料：葱花 10g、姜片 10g、蒜末 15g

C 料：生抽 10g、老抽 5g、料酒 3g、
　　　盐 2g、味精 1g

成熟技法　炒

成品特点　口感柔韧　醇香可口

烹制份数　1 份

营养分析

名称	每 100 g
能量	310 kcal
蛋白质	10.2 g
脂肪	13.3 g
碳水化合物	38.7 g
膳食纤维	1.5 g
钠	286.5 mg

烹制流程

1. 面粉加 A 料搅拌和成面团，擀平，切成小丁，锅内加水烧开，下入面疙瘩煮制 3 分钟捞出备用。

2. 羊肉切丁备用，土豆、胡萝卜切丁焯水断生备用。

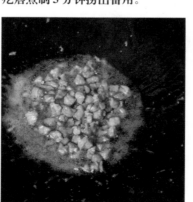

3. 锅留底油，加入羊肉煸炒，下入 B 料炒香，加入土豆、胡萝卜。

4. 放 C 料调味，加入面疙瘩，焖 2 分钟，撒上蒜末即可。

素炒猫耳朵

原料

面粉 250g、小油菜 70g、胡萝卜花 10g、鸡蛋 50g

调料

清水 55g、植物油 30g

A 料：葱花 10g、姜末 5g、蒜片 5g

B 料：盐 2g、味精 1g、生抽 25g、陈醋 8g

成熟技法　炒

成品特点　口味咸香　口感筋道

烹制份数　1 份

营养分析

名称	每 100 g
能量	292 kcal
蛋白质	11.1 g
脂肪	9.3 g
碳水化合物	41.9 g
膳食纤维	1.4 g
钠	538 mg

烹制流程

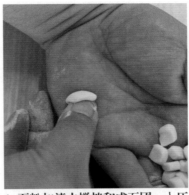

1. 面粉加清水搅拌和成面团，入压面机反复压制，切成小丁，大拇指碾压向前搓，制成猫耳朵形状。

2. 锅内加水烧开，下入猫耳朵生坯，煮至断生后捞出备用。

3. 锅留底油，加入鸡蛋炒熟，油菜、胡萝卜花焯水备用。

4. 锅留底油，加入 A 料炒香，加入猫耳朵、鸡蛋、油菜、胡萝卜花，放 B 料调味，翻炒均匀出锅。

五花肉石锅拌饭

原料

五花肉 1000g、辣白菜 500g、大米 1000g、香葱末 20g、西蓝花 800g、鸡蛋 500g

调料

植物油 150g、葱花 50g

A 料：葱花 10g、姜片 10g、蒜片 10g

B 料：绵白糖 15g、牛肉粉 25g、辣椒面 25g、生抽 30g、料酒 30g、盐 5g

C 料：盐 5g、胡椒粉 1g、香油 5g

成熟技法 /

成品特点 咸香甜辣 开胃爽口

烹制份数 10 份

营养分析

名称	每 100 g
能量	240 kcal
蛋白质	6.8 g
脂肪	14.3 g
碳水化合物	21.3 g
膳食纤维	0.5 g
钠	502 mg

烹制流程

1. 五花肉切片，西兰花、辣白菜切块备用，大米加水蒸熟，装入石锅内备用。

2. 五花肉入锅煸炒，西蓝花焯水断生备用。

3. 锅留底油，加入 A 料炒香，加入辣白菜煸炒，加入五花肉，放 B 料调味，炒匀铺在米饭上。

4. 锅留底油，加入葱花炒香，加入西蓝花，放 C 料调味，翻炒均匀出锅摆盘。

5. 鸡蛋煎熟，放入石锅，撒香葱末。

五花肉石锅拌饭

黑椒猪排饭

原料

猪里脊肉 500g、大米 1000g、胡萝卜丝 500g、青笋丝 500g、辣白菜 500g

调料

清水 300g、香油 10g、水淀粉（淀粉 10g、水 15g）、葱花 100g、植物油 200g

A 料：圆葱粒 10g、黑椒碎 10g、蒜蓉 5g

B 料：蚝油 40g、酱油 20g、鸡精 5g、老抽 8g

C 料：盐 2g、胡椒粉 1g、料酒 10g、葱段 150g、姜片 150g、鸡蛋 100g、生抽 10g、清水 50g、淀粉 100g

D 料：盐 5g、鸡精 2g、胡椒粉 1g、香油 5g

E 料：盐 5g、鸡精 2g、胡椒粉 1g、香油 5g

成熟技法　/

成品特点　口味咸鲜　黑椒味浓

烹制份数　10 份

营养分析

名称	每 100 g
能量	201 kcal
蛋白质	6.3 g
脂肪	8 g
碳水化合物	26.5 g
膳食纤维	0.7 g
钠	510.4 mg

烹制流程

1. 胡萝卜丝、青笋丝分别焯水断生备用。

2. 大米加水蒸熟，装入石锅内。

4. 锅留底油，加入葱花炒香，加入青笋丝，放 E 料调味，翻炒均匀装入石锅。

6. 生猪排加 C 料搅拌均后腌制，上锅煎熟，切条装入石锅内。

3. 锅留底油，加入葱花炒香，加入胡萝卜丝，放 D 料调味，翻炒均匀装入石锅内。

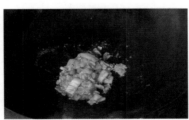

5. 锅留底油，加入辣白菜煸炒，装入石锅内。

7. 锅留底油，加入 A 料炒香，倒入清水，放 B 料调味，烧开勾芡，淋香油，浇在猪排上即可。

黑椒猪排饭

肥牛石锅拌饭

原料

大米 1000g、肥牛 500g、黄豆芽 500g、白萝卜丝 500g、包菜丝 500g、西蓝花 500g、桔梗 250g、胡萝卜丝 100g、鸡蛋 500g

调料

韩餐酱 500g、植物油 300g、葱花 200g
A 料：葱花 10g、姜片 10g
B 料：盐 3g、绵白糖 3g、酱油 22g、老抽 5g、料酒 20g、生抽 30g、鸡精 4g
C 料：盐 2g、鸡精 1g、胡椒粉 1g、香油 2g
D 料：盐 2g、鸡精 1g、胡椒粉 1g、香油 2g
E 料：盐 2g、鸡精 1g、胡椒粉 1g、香油 2g
F 料：盐 2g、鸡精 1g、胡椒粉 1g、香油 2g

成熟技法 /

成品特点
口味咸鲜　营养丰富　肥牛滑嫩

烹制份数 10 份

营养分析

名称	每 100 g
能量	180 kcal
蛋白质	6 g
脂肪	8.2 g
碳水化合物	21.2 g
膳食纤维	1 g
钠	404.5 mg

烹制流程

1. 肥牛、黄豆芽、白萝卜丝、包菜丝、胡萝卜丝、西蓝花分别焯水断生备用。

2. 大米加水蒸熟，装入石锅内，桔梗装入石锅。

3. 锅留底油，加入葱花炒香，加入黄豆芽，放 C 料调味，翻炒均匀装入石锅内。

4. 锅留底油，加入葱花炒香，加入白萝卜丝，放 D 料调味，翻炒均匀装入石锅内。

5. 锅留底油，加入葱花炒香，加入包菜丝、胡萝卜丝，放 E 料调味，翻炒均匀装入石锅内。

6. 锅留底油，加入葱花炒香，加入西蓝花，放 F 料调味，翻炒均匀装入石锅内。

7. 锅留底油，加入 A 料炒香，加入肥牛煸炒，放 B 料调味，翻炒均匀出锅装入石锅。

8. 鸡蛋煎熟装入石锅内，搭配韩餐酱。

660

经典石锅拌饭（素）

原料

香菇 250g、大米 1000g、绿豆芽 250g、胡萝卜丝 250g、青笋丝 250g、包菜丝 250g、桔梗 250g、白萝卜丝 250g、鸡蛋 500g

调料

植物油 200g、韩餐酱 500g、葱花 300g

A 料：盐 2g、味精 1g、鸡精 1g、胡椒粉 1g、香油 2g

B 料：盐 2g、味精 1g、鸡精 1g、胡椒粉 1g、香油 2g

C 料：盐 2g、味精 1g、鸡精 1g、胡椒粉 1g、香油 2g

D 料：盐 2g、味精 1g、鸡精 1g、胡椒粉 1g、香油 2g

E 料：盐 2g、味精 1g、鸡精 1g、胡椒粉 1g、香油 2g

F 料：盐 2g、味精 1g、鸡精 1g、胡椒粉 1g、香油 2g

成熟技法　/

成品特点　色泽亮丽　营养丰富

烹制份数　10 份

营养分析

名称	每 100 g
能量	199 kcal
蛋白质	4.7 g
脂肪	8 g
碳水化合物	27.6 g
膳食纤维	1.2 g
钠	471.8 mg

烹制流程

1. 香菇、绿豆芽、胡萝卜丝、青笋丝、包菜丝分别焯水断生备用。

2. 大米加水蒸熟，装入石锅内，桔梗装入石锅。

4. 锅留底油，加入葱花炒香，加入绿豆芽，放 B 料调味，翻炒均匀装入石锅内。

6. 锅留底油，加入葱花炒香，加入青笋丝，放 D 料调味，翻炒均匀装入石锅内。

8. 锅留底油，加入葱花炒香，加入包菜丝，放 F 料调味，翻炒均匀装入石锅内。

3. 锅留底油，加入葱花炒香，加入香菇，放 A 料调味，翻炒均匀装入石锅内。

5. 锅留底油，加入葱花炒香，加入胡萝卜丝，放 C 料调味，翻炒均匀装入石锅内。

7. 锅留底油，加入葱花炒香，加入白萝卜丝，放 E 料调味，翻炒均匀装入石锅内

9 鸡蛋入锅煎熟，装入石锅内，上桌搭配韩餐酱。

经典石锅拌饭（素）

老广腊味煲仔饭

原料

香米 150g、腊肉 30g、腊肠 30g、菜心 50g、香葱 5g

调料

植物油 50g、清水 140g、豉汁 15g、盐 1g

成熟技法 煲

成品特点 米饭甘香 口味微甜

烹制份数 1份

营养分析

名称	每 100 g
能量	422 kcal
蛋白质	8.2 g
脂肪	26.5 g
碳水化合物	38.7 g
膳食纤维	1.9 g
钠	543.2 mg

烹制流程

1. 腊肠、腊肉切片，菜心加盐焯水断生备用。

2. 煲仔刷油，倒入清水烧开，加入香米，小火焖 3 分钟。

3. 加入腊肉、腊肠再焖 5 分钟，淋植物油，焖至成熟。

4. 加入菜心，浇豉汁，撒香葱即可。

豉汁排骨煲仔饭

原料

香米 150g、排骨 95g、菜心 50g、香葱 5g

调料

清水 140g、植物油 50g、豉汁 15g

A 料：豆豉 15g、蒜 10g、干葱头 15g、
　　　姜 5g、红椒 5g、大葱 10g

B 料：生 抽 5g、 老 抽 2g、 蚝 油 5g、
　　　盐 3g、味精 2g、绵白糖 1g、胡
　　　椒粉 1g、植物油 15g

成熟技法　煲

成品特点　米饭甘香　排骨嫩滑

烹制份数　1 份

营养分析

名称	每 100 g
能量	333 kcal
蛋白质	7 g
脂肪	20.5 g
碳水化合物	31 g
膳食纤维	1.5 g
钠	803.4 mg

烹制流程

1. A 料剁碎、排骨剁块，加 B 料混合均匀，腌制备用。

2. 菜心加盐焯水断生备用。

3. 煲仔刷油，倒入清水烧开，加入香米，小火焖 3 分钟。

4. 加入排骨再焖 3 分钟，淋植物油，焖至成熟。

5. 加入菜心，浇豉汁，撒香葱即可。

豉汁排骨煲仔饭

香滑牛肉煲仔饭

原料

香米 150g、牛肉 65g、菜心 50g、香葱 5g

调料

清水 140g、植物油 50g、豉汁 15g

A 料：食用碱 1g、生抽 2g、淀粉 3g、清水 10g、植物油 5g

成熟技法 煲

成品特点 米饭甘香　牛肉嫩滑

烹制份数 1 份

营养分析

名称	每 100 g
能量	333 kcal
蛋白质	8.2 g
脂肪	17.5 g
碳水化合物	36.4 g
膳食纤维	1.8 g
钠	264.9 mg

烹制流程

1. 牛肉切片加 A 料腌制备用。

2. 菜心加盐焯水断生备用。

3. 锅仔刷油，倒入清水烧开，加入米饭，小火焖 3 分钟。

4. 加入牛肉再焖 5 分钟，淋植物油，焖至成熟。

5. 加入菜心，浇豉汁，撒香葱即可。

香滑牛肉煲仔饭

豉油皇菜心煲仔饭

原料

香米 150g、菜心 100g、熟五花肉 50g、
香葱 5g

调料

清水 140g、植物油 50g、豉汁 15g、
盐 1g

成熟技法　煲

成品特点　米饭甘香　菜心脆嫩

烹制份数　1 份

营养分析

名称	每 100 g
能量	319 kcal
蛋白质	5.4 g
脂肪	18.7 g
碳水化合物	33.3 g
膳食纤维	1.9 g
钠	309.3 mg

烹制流程

1. 菜心加盐焯水断生备用。

2. 煲仔刷油，倒入清水烧开，加入香米，小火焖 3 分钟。

3. 加入五花肉再焖 5 分钟，淋植物油，焖至成熟。

4. 加入菜心，浇豉汁，撒香葱即可。

广式白切鸡饭

原料

鸡腿 200g、大米 100g、土豆丝 150g、菜心 150g、黑芝麻 5g、葱花 20g

调料

清汤 17500g、清水 17500g、植物油 110g

A 料：盐 450g、鸡粉 120g、黄栀子 15g、大葱 100g、姜 100g

B 料：沙姜 15g、香叶 5g、大葱 250g、姜 250g、盐 250g

C 料：姜蓉 5g、葱蓉 1g、盐 1.5g、绵白糖 0.5g、香油 0.3g

D 料：盐 2g、鸡精 1g、胡椒粉 1g、香油 2g

E 料：盐 2g、鸡精 1g、胡椒粉 1g、香油 2g

成熟技法 卤

成品特点 熟而不烂 皮爽肉滑

烹制份数 1份

营养分析

名称	每 100 g
能量	231 kcal
蛋白质	6.6 g
脂肪	16.2 g
碳水化合物	15.3 g
膳食纤维	0.8 g
钠	321.5 mg

烹制流程

1. 清汤加入 A 料混合烧开，放凉制成清汤备用。

2. 鸡腿、菜心、土豆丝焯水断生备用。

4. 大米加水上锅蒸熟，摆入盘中，撒上黑芝麻。

6. 锅留底油，加入菜心煸炒，放 E 料调味，翻炒均匀出锅摆盘。

8. 加入鸡腿煮至成熟，捞出放入清汤中浸泡，改刀装盘，配蘸料即可。

3. C 料混合，浇入烧热的植物油，制成蘸料。

5. 锅留底油，加入葱花炒香，加入土豆丝，放 D 料调味，翻炒均匀出锅摆盘。

7. 桶内加入清水、B 料烧开，小火煮制滤出小料。

玫瑰豉油鸡饭

原料

三黄鸡 175g、大米 100g、油菜心 150g、
鸡蛋 60g、黑芝麻 5g、葱花 20g

调料

卤汤、麦芽糖 10g

A 料：盐 2g、味精 1g、鸡精 1g、胡椒
　　　粉 1g、香油 2g

成熟技法　卤

成品特点　咸鲜微甜　风味独特

烹制份数　1 份

营养分析

名称	每 100 g
能量	140 kcal
蛋白质	7.9 g
脂肪	4.2 g
碳水化合物	18.2 g
膳食纤维	0.9 g
钠	189.5 mg

烹制流程

1. 鸡蛋煮熟去皮，加入卤汤中焖 40
分钟备用。

2. 三黄鸡焯水，放入桶中卤制 30
分钟，捞出抹上麦芽糖。

3. 大米加水上锅蒸熟，摆入盘中，
撒上黑芝麻，油菜焯水备用。

4. 锅留底油，加入葱花炒香，加入
油菜，放 D 料调味，翻炒均匀出锅
摆盘，鸡蛋切半摆盘，三黄鸡改刀
装盘。

广式烤鸭饭

原料

白条鸭 500g、大米 100g、西蓝花 150g、
土豆丝 150g、黑芝麻 5g

调料

清水 120g、植物油 80g、葱花 20g

A 料：甘草粉 0.5g、沙姜粉 0.5g、八角
粉 0.5g、蒜头粉 0.6g、五香粉 0.3g、
鸡粉 1g、黑胡椒碎 1g、砂糖 11g、
盐 6.8g、小茴香 0.5g

B 料：海鲜酱 5g、白砂糖 0.75g、南乳
汁 0.5g、冰梅酱 3g、老抽 0.2g、
生抽 0.4g、白醋 0.8g、蚝油 0.4g、
米酒 0.4g、芝麻酱 0.4g、花生酱 0.4g

C 料：白醋 25g、麦芽糖 5g、米酒 6g、
浙醋 6g

D 料：盐 2g、鸡精 1g、胡椒粉 1g、香
油 2g

E 料：盐 2g、鸡精 1g、胡椒粉 1g、香
油 2g

成熟技法 烤

成品特点 色泽金黄 香气浓郁

烹制份数 1 份

营养分析

名称	每 100 g
能量	211 kcal
蛋白质	6.8 g
脂肪	14.9 g
碳水化合物	12.6 g
膳食纤维	0.5 g
钠	457.9 mg

3. 西蓝花、土豆丝焯水备用。

5. 锅留底油，西蓝花煸炒，放 E 料
调味，翻炒均匀出锅摆盘。

7. 穿上鸭针，打气，热水烫皮，挂
脆皮水，挂起风干，入烤炉烤至成
熟，改刀装盘即可。

烹制流程

1. A 料混合制成鸭盐，B 料混合制
成烧鸭酱，C 料混合制成脆皮水。

2. 大米加水上锅蒸熟，摆入盘中，
撒上黑芝麻。

4. 锅留底油，加入葱花炒香，加入
土豆丝，放 D 料调味，翻炒均匀出
锅摆盘。

6. 鸭子肚子内加入鸭盐、烧鸭酱。

广式烤鸭饭

广式叉烧肉饭

原料

去皮五花肉 320g、大米 100g、西蓝花 150g、土豆丝 150g、黑芝麻 5g

调料

清水 120g、植物油 80g、葱花 20g

A 料：陈村枧水 20g、食用碱 20g

B 料：绵白糖 63g、盐 5g、生抽 6g、芝麻酱 3g、花生酱 3g、海鲜酱 16g、南乳汁 7g、五香粉 0.2g、十三香 0.2g、蒜末 4g

C 料：盐 2g、鸡精 1g、胡椒粉 1g、香油 2g

D 料：盐 2g、鸡精 1g、胡椒粉 1g、香油 2g

成熟技法　烧

成品特点　咸鲜微甜　色泽红亮

烹制份数　1 份

营养分析

名称	每 100 g
能量	299 kcal
蛋白质	4.9 g
脂肪	22.4 g
碳水化合物	19.9 g
膳食纤维	0.6 g
钠	531.7 mg

烹制流程

1. 五花肉切条加 A 料涂抹均匀，腌制 90 分钟后冲洗干净。

2. 五花肉加 B 料混合均匀，腌制 4 小时。

3. 五花肉入烧腊炉，烤至成熟，切片。

4. 大米加水上锅蒸熟，摆入盘中，撒上黑芝麻，西蓝花、土豆丝焯水备用。

5. 锅留底油，加入葱花炒香，加入土豆丝，放 C 料调味，翻炒均匀出锅摆盘。

6. 锅留底油，加入西蓝花煸炒，放 D 料调味，翻炒均匀出锅摆盘，摆上叉烧肉即可。

宫保滑蛋饭

原料

鸡蛋 100g、大米 75g、猪五花肉末 50g、西蓝花 50g、包菜丝 10g、胡萝卜丝 20g

调料

水淀粉（淀粉 4g、水 10g）、植物油 40g、清汤 40g、水 95g、葱花 15g

A 料：泡椒酱 10g、葱花 2g、姜片 3g、蒜片 3g、干辣椒 2g、花椒 2g

B 料：绵白糖 60g、胡椒粉 1g、鸡精 2g、料酒 20g、酱油 3g、醋 55g

C 料：淀粉 8g、水 10g

D 料：盐 0.4g、鸡精 0.2g、胡椒粉 0.2g、香油 0.4g

E 料：盐 0.3g、鸡精 0.2g、胡椒粉 0.2g、香油 0.3g

成熟技法　/

成品特点　酸甜微辣　香味浓郁

烹制份数　1 份

营养分析

名称	每 100 g
能量	289 kcal
蛋白质	6.1 g
脂肪	16.3 g
碳水化合物	29.8 g
膳食纤维	0.5 g
钠	197.7 mg

烹制流程

1. 西蓝花、包菜丝、胡萝卜丝分别焯水断生，大米加水蒸熟，用碗扣入盘中。

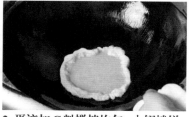

2. 蛋液加 C 料搅拌均匀，入锅摊饼，盖在米饭上。

3. 锅留底油，加入葱花炒香，加入西蓝花，放 D 料调味，翻炒均匀摆入盘中。

4. 锅留底油，加入葱花炒香，加入包菜丝、胡萝卜丝，放 E 料调味，翻炒均匀摆入盘中。

5. 锅留底油，下入五花肉末煸炒，加入 A 料炒香，倒入清汤，放 B 料调味，水淀粉勾芡，浇在鸡蛋上。

宫保滑蛋饭

培根滑蛋饭

原料

培根肉 50g、鸡蛋 100g、大米 75g、绿豆芽 75g、芹菜 50g、胡萝卜 5g

调料

植物油 60g、清水 95g、葱花 5g、姜片 5g

A 料：盐 1g、鸡精 1g、胡椒粉 0.5g、清水 10g、淀粉 8g

B 料：盐 0.3g、鸡精 1g

C 料：盐 0.5g、鸡精 1g、香油 1g

成熟技法 /

成品特点　口味咸鲜　营养丰富

烹制份数　1 份

营养分析

名称	每 100 g
能量	256 kcal
蛋白质	7.8 g
脂肪	18 g
碳水化合物	16 g
膳食纤维	0.5 g
钠	233.7 mg

烹制流程

1. 培根切片，芹菜切丁，绿豆芽去头去尾，胡萝卜切丝后分别焯水断生备用。

2. 大米加水上锅蒸熟，用小碗扣入盘中。

3. 锅留底油，下入葱花、姜片炒香，加入芹菜，放 B 料调味，翻炒均匀，摆入盘中。

4. 锅留底油，下入绿豆芽、胡萝卜，放 C 料调味，翻炒均匀，摆入盘中。

5. 蛋液加 A 料搅拌均匀，入锅摊饼，加入培根，两面煎熟，盖在米饭上即可。

培根滑蛋饭

滑蛋嫩牛肉

原料

鸡蛋 100g、大米 75g、牛肉 50g、白萝卜丝 100g、小油菜 50g

调料

植物油 40g、清水 90g、葱花 10g

A 料：清水 10g、淀粉 8g、姜丝 3g、鸡精 1g、胡椒粉 1g、盐 1g

B 料：盐 0.8g、鸡精 0.4g、胡椒粉 0.4g、香油 0.8g

C 料：盐 0.4g、鸡精 0.2g、胡椒粉 0.2g、香油 0.4g

成熟技法 /

成品特点 口味咸鲜 牛肉嫩滑

烹制份数 1份

营养分析

名称	每 100 g
能量	206 kcal
蛋白质	7.3 g
脂肪	12.7 g
碳水化合物	15.9 g
膳食纤维	0.5 g
钠	268.7 mg

烹制流程

1. 大米加水上锅蒸熟，用小碗扣入盘中。

2. 小油菜、白萝卜丝分别焯水备用，牛肉切片上浆滑油备用。

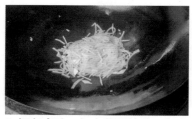

3. 锅留底油，加入葱花炒香，加入白萝卜丝，放 B 料调味，翻炒均匀摆入盘中。

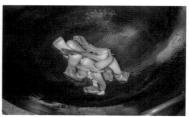

4. 锅留底油，加入葱花炒香，加入小油菜，放 C 料调味，翻炒均匀摆入盘中。

5. 蛋液加 A 料搅拌均匀，加入牛肉，入锅煎成饼状，盖在米饭上即可。

滑蛋嫩牛肉

虾仁滑蛋饭

原料

虾仁 70g、鸡蛋 100g、大米 75g、西蓝花 50g、白萝卜丝 75g、胡萝卜丝 5g

调料

植物油 60g、葱花 5g、姜片 5g、盐 0.3g

A 料：盐 1g、胡椒粉 0.5g、清水 10g、淀粉 8g

B 料：盐 0.5g、香油 1g

C 料：蛋清 3g、盐 0.2g、淀粉 5g、胡椒粉 0.1g、料酒 0.5g

成熟技法　/

成品特点　口味咸鲜　口感滑嫩

烹制份数　1份

营养分析

名称	每 100 g
能量	254 kcal
蛋白质	8.3 g
脂肪	16.1 g
碳水化合物	19.4 g
膳食纤维	0.5 g
钠	269.4 mg

烹制流程

1. 大米加水上锅蒸熟，用小碗扣入盘中。

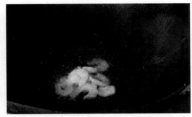

2. 虾仁加 C 料上浆，入四成热油中滑熟，西蓝花、白萝卜、胡萝卜焯水断生备用。

3. 锅留底油，下入葱花、姜片炒香，下入西蓝花，放盐调味，翻炒均匀，摆入盘中。

4. 锅留底油，下入葱花、姜片炒香，加入白萝卜、胡萝卜，放 B 料调味，翻炒均匀，摆入盘中。

5. 蛋液加 A 料搅拌均匀，入锅摊饼，加入虾仁，两面煎熟，盖在米饭上即可。

虾仁滑蛋饭

粟米滑蛋饭

原料

粟米 50g、鸡蛋 100g、大米 75g、西蓝花 50g、包菜丝 75g、胡萝卜丝 5g

调料

植物油 60g、葱花 5g、姜片 5g、盐 0.3

A 料：盐 1g、鸡精 1g、胡椒粉 0.5g、清水 10g、淀粉 8g

B 料：盐 0.5g、香油 1g

成熟技法 /

成品特点 口味咸鲜 口感滑嫩

烹制份数 1 份

营养分析

名称	每 100 g
能量	250 kcal
蛋白质	5.8 g
脂肪	17.1 g
碳水化合物	18.6 g
膳食纤维	0.9 g
钠	214.6 mg

烹制流程

1. 大米加水上锅蒸熟，用小碗扣入盘中。

2. 粟米、西蓝花、包菜、胡萝卜分别焯水断生备用。

3. 锅留底油，下入葱花、姜片炒香，下入西蓝花，放盐调味，翻炒均匀摆入盘中。

4. 锅留底油，下入葱花、姜片炒香，加入包菜、胡萝卜，放 B 料调味，翻炒均匀摆入盘中。

5. 蛋液加 A 料搅拌均匀，入锅摊饼，撒上粟米，盖在米饭上即可。

粟米滑蛋饭

豆豉爆鸡饭

原料

鸡腿肉 1500g、大米 1000g、绿豆芽 800g、圆葱丝 500g、玉米粒 500g、熟黑芝麻 10g、青椒粒 5g、红椒粒 5g、圆葱粒 5g

调料

植物油 250g、清水 400g、水淀粉（淀粉 10g、水 15g）、蒜末 5g、豆豉 40g、葱花 100g

A料：葱花 80g、姜片 80g、蒜片 80g、盐 5g、胡椒粉 3g、料酒 50g、鸡蛋 150g、淀粉 100g

B料：酱油 60g、蚝油 40g、老抽 15g、绵白糖 5g、鸡精 4g

C料：盐 5g、鸡精 2g、胡椒粉 1g、香油 5g

D料：盐 5g、鸡精 2g、胡椒粉 1g、香油 5g

成熟技法　/

成品特点　口味咸鲜　豉香味浓

烹制份数　10份

营养分析

名称	每 100 g
能量	192 kcal
蛋白质	9.2 g
脂肪	8.5 g
碳水化合物	20 g
膳食纤维	0.8 g
钠	303.8 mg

烹制流程

1. 绿豆芽、玉米粒分别焯水断生备用，圆葱丝垫入盘底。

2. 大米加水蒸熟，装入盘中，撒上黑芝麻。

3. 锅留底油，加入葱花炒香，加入玉米粒，放C料调味，翻炒均匀出锅装盘。

4. 锅留底油，加入葱花炒香，加入绿豆芽，放D料调味，翻炒均匀出锅装盘。

5. 鸡腿肉加A料拌匀腌制，上铁板煎熟，切条装入盘中。

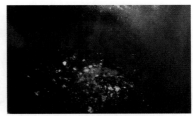
6. 锅留底油，加入蒜末炒香，加入豆豉煸炒，倒入清水，放B料调味，水淀粉勾芡，撒入青红椒粒、圆葱粒，浇在鸡腿肉上即可。

韩式鸡腿肉饭

原料

鸡腿肉 1500g、大米 1000g、西蓝花 800g、白萝卜丝 800g、圆葱丝 500g、熟黑芝麻 10g

调料

植物油 200g、葱花 100g、韩餐酱 650g

A 料：葱花 80g、姜片 80g、蒜片 80g、盐 5g、胡椒粉 3g、料酒 50g、鸡蛋 150g、淀粉 100g

B 料：盐 5g、鸡精 2g、胡椒粉 1g、香油 5g

C 料：盐 5g、鸡精 2g、胡椒粉 1g、香油 5g

成熟技法 /

成品特点 咸鲜微辣 色泽分明

烹制份数 10 份

营养分析

名称	每 100 g
能量	180 kcal
蛋白质	8.2 g
脂肪	7.3 g
碳水化合物	20.9 g
膳食纤维	0.6 g
钠	329.4 mg

烹制流程

1. 西蓝花、白萝卜丝分别焯水断生备用，圆葱丝垫入盘底。

2. 大米加水蒸熟，装入盘中，撒上黑芝麻。

3. 锅留底油，加入葱花炒香，加入西蓝花，放 B 料调味，翻炒均匀出锅装盘。

4. 锅留底油，加入葱花炒香，加入白萝卜丝，放 C 料调味，翻炒均匀出锅装盘。

5. 鸡腿肉加 A 料拌匀腌制，上铁板煎熟，切条装入盘中，浇上韩餐酱即可。

韩式鸡腿肉饭

照烧鸡排饭

原料

去骨鸡腿 1500g、大米 1000g、包菜丝 800g、酸豇豆 500g、圆葱丝 500g、胡萝卜丝 100g、熟黑芝麻 10g

调料

清水 1000g、水淀粉（淀粉 15g、水 20g）、葱花 100g、植物油 200g

A 料：葱花 80g、姜片 80g、蒜片 80g、盐 5g、胡椒粉 3g、料酒 50g、鸡蛋 150g、淀粉 100g

B 料：葱花 50g、姜片 50g、照烧汁 250g、生抽 60g、冰糖 70g、糖稀 50g、胡椒粉 4g

C 料：盐 5g、胡椒粉 1g、香油 5g

D 料：盐 5g、胡椒粉 1g、香油 5g

成熟技法　/

成品特点　咸鲜微甜　焦香嫩滑

烹制份数　10 份

营养分析

名称	每 100 g
能量	178 kcal
蛋白质	8.5 g
脂肪	6.7 g
碳水化合物	21.3 g
膳食纤维	0.9 g
钠	369.1 mg

烹制流程

1. 酸豇豆切段，与包菜、胡萝卜分别焯水断生备用，圆葱丝垫入盘底。

2. 锅留底油，加入葱花炒香，加入包菜、胡萝卜丝，放 C 料调味，翻炒均匀出锅装盘。

3. 锅留底油，加入葱花炒香，加入酸豇豆，放 D 料调味，翻炒均匀出锅装盘。

4. 大米加水蒸熟，装入盘中，撒上黑芝麻。

5. 鸡腿加 A 料拌匀腌制，上铁板煎熟，切条装入盘中。

6. 锅内加入清水，加入 B 料，大火烧开，小火熬至成熟，水淀粉勾芡，浇在鸡腿上即可。

鸭肉拌饭

原料

料理鸭胸 1500g、大米 1000g、西蓝花 800g、白萝卜丝 800g、圆葱丝 500g、熟黑芝麻 10g、熟白芝麻 10g

调料

清水 600g、蒜末 10g、葱花 100g、植物油 260g

A 料：孜然碎 10g、辣椒面 10g、蚝油 200g、鸡精 10g、胡椒粉 4g、老抽 12g、绵白糖 4g

B 料：盐 5g、鸡精 2g、胡椒粉 1g、香油 5g

C 料：盐 5g、鸡精 2g、胡椒粉 1g、香油 5g

成熟技法 /

成品特点 咸鲜微辣 营养丰富

烹制份数 10 份

营养分析

名称	每 100 g
能量	158 kcal
蛋白质	7 g
脂肪	6.2 g
碳水化合物	19.1 g
膳食纤维	0.7 g
钠	283.8 mg

烹制流程

1. 料理鸭胸切片备用，西蓝花、白萝卜丝分别焯水断生备用，圆葱丝垫入盘底备用。

2. 大米加水蒸熟，装入盘中撒上黑芝麻，鸭胸煎熟，装入盘中。

3. 锅留底油，加入葱花炒香，加入西蓝花，放 B 料调味，翻炒均匀出锅装盘。

4. 锅留底油，加入葱花炒香，加入白萝卜丝，放 C 料调味，翻炒均匀出锅装盘。

5. 锅留底油，加入蒜末炒香，倒入清水，放 A 料调味，烧开撒芝麻，浇在鸭胸上。

鸭肉拌饭

培根肉拌饭

原料

培根肉片 1500g、大米 1000g、青笋丝 800g、酸豇豆段 500g、圆葱丝 500g、胡萝卜丝 100g、熟黑芝麻 10g、熟白芝麻 10g

调料

清水 600g、蒜末 10g、葱花 100g、植物油 260g

A 料：孜然碎 10g、辣椒面 10g、蚝油 200g、鸡精 10g、胡椒粉 4g、老抽 12g、绵白糖 4g

B 料：盐 5g、鸡精 2g、胡椒粉 1g、香油 5g

C 料：盐 5g、鸡精 2g、胡椒粉 1g、香油 5g

成熟技法　/

成品特点　咸鲜微辣　营养丰富

烹制份数　10 份

营养分析

名称	每 100 g
能量	192 kcal
蛋白质	9.2 g
脂肪	8.7 g
碳水化合物	19.6 g
膳食纤维	0.9 g
钠	285.6 mg

烹制流程

1. 酸豇豆、包菜、青笋分别焯水断生备用，圆葱丝垫入盘底。

2. 大米加水蒸熟，装入盘中，撒上黑芝麻，培根煎熟，装入盘中。

3. 锅留底油，加入葱花炒香，加入青笋、胡萝卜丝，放 B 料调味，翻炒均匀出锅装盘。

4. 锅留底油，加入葱花炒香，加入酸豇豆，放 C 料调味，翻炒均匀出锅装盘。

5. 锅留底油，加入蒜末炒香，倒入清水，放 A 料调味，烧开撒芝麻，浇在培根上。

培根肉拌饭

芝士牛肉饭

原料

肥牛片 1000g、大米 1000g、包菜丝 800g、玉米粒 800g、绿豆芽 800g、圆葱丝 500g、香葱末 20g、圆葱粒 20g、熟黑芝麻 10g

调料

芝士 150g、植物油 300g、葱花 150g

A 料：葱花 10g、姜片 10g

B 料：盐 3g、绵白糖 3g、酱油 22g、老抽 5g、料酒 20g、生抽 30g

C 料：盐 5g、胡椒粉 1g、香油 5g

D 料：盐 5g、胡椒粉 1g、香油 5g

E 料：盐 5g、胡椒粉 1g、香油 5g

成熟技法 /

成品特点 口味咸鲜 肥牛鲜嫩

烹制份数 10 份

营养分析

名称	每 100 g
能量	177 kcal
蛋白质	6.9 g
脂肪	8 g
碳水化合物	19.9 g
膳食纤维	1 g
钠	226.5 mg

3. 锅留底油，加入葱花炒香，加入包菜丝，放 C 料调味，翻炒均匀出锅装盘。

5. 锅留底油，加入葱花炒香，加入绿豆芽，放 E 料调味，翻炒均匀出锅装盘。

7. 芝士撒在肥牛上，上火加热至融化，撒香葱末、圆葱粒即可。

烹制流程

1. 肥牛、包菜、玉米粒、绿豆芽分别焯水断生，圆葱丝垫入盘底。

2. 大米加水蒸熟，装入盘中，撒上黑芝麻。

4. 锅留底油，加入葱花炒香，加入玉米粒，放 D 料调味，翻炒均匀出锅装盘。

6. 锅留底油，加入 A 料炒香，加入肥牛煸炒，放 B 料调味，翻炒均匀出锅装盘。

芝士牛肉饭

孜然鱿鱼拌饭

原料

鱿鱼 1500g、大米 1000g、绿豆芽 800g、青笋丝 800g、圆葱丝 500g、圆葱圈 100g、青尖椒圈 100g、红尖椒圈 100g、熟白芝麻 20g、熟黑芝麻 10g

调料

韩餐酱 500g、孜然碎 150g、植物油 250g、葱花 100g、清水 150g

A 料：葱花 50g、姜片 50g、蒜片 50g

B 料：盐 30g、胡椒粉 10g、料酒 100g、葱段 100g、姜片 100g

C 料：盐 5g、胡椒粉 1g、香油 5g

D 料：盐 5g、胡椒粉 1g、香油 5g

成熟技法　/

成品特点　咸鲜微辣　营养丰富

烹制份数　10 份

营养分析

名称	每 100 g
能量	158 kcal
蛋白质	6.8 g
脂肪	6 g
碳水化合物	19.7 g
膳食纤维	0.8 g
钠	460.9 mg

烹制流程

1. 鱿鱼加 B 料搅拌均匀，腌制备用，圆葱丝垫入盘底，青笋、绿豆芽焯水断生备用。

2. 大米加水蒸熟，装入盘中，撒上黑芝麻。

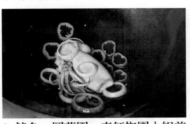

3. 鱿鱼、圆葱圈、青红椒圈入锅煎熟，鱿鱼改刀装入盘中。

4. 锅留底油，加入葱花炒香，加入绿豆芽，放 C 料调味，翻炒均匀出锅装盘。

5. 锅留底油，加入葱花炒香，加入青笋丝，放 D 料调味，翻炒均匀出锅装盘。

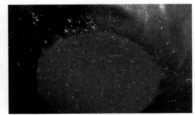

6. 锅留底油，加入 A 料炒香，加入孜然碎、韩餐酱，倒入清水，撒入芝麻，小火搅拌烧开，浇在鱿鱼上即可。